NAIL ART
미용사 네일 필기+실기
+무료동영상
TECHNICIAN
24'

구민사

Introduction

이 책의 특성 및 구성

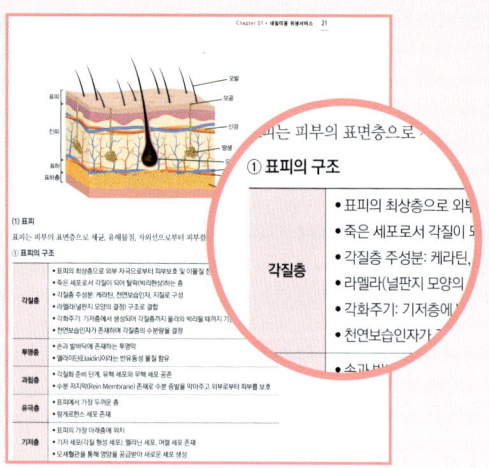

출제 기준에 기반한 핵심 이론 정리

출제 기준에 기반하여 체계적으로 이론을 정리하였고, 수험생들이 알기 쉽도록 정리하였습니다.

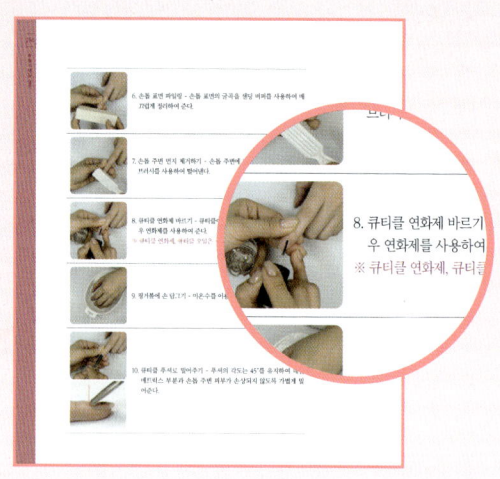

실기시험 완벽 마스터

네일미용자격증 시험 실기에 앞서 필요한 준비물과 과제 및 유의사항 등을 사진을 통해 알기 쉽게 설명하였습니다.

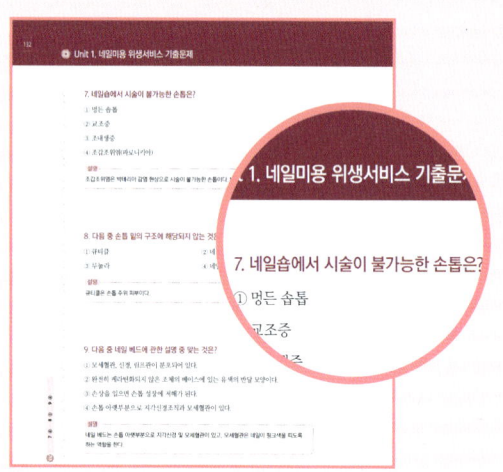

기출문제 복원을 통해 시험 준비 완성

그동안 자격증 시험에서 출제된 문제들을 과목별로 정리하여 제시하였고, 설명을 통해 문제의 이해도를 높였습니다.

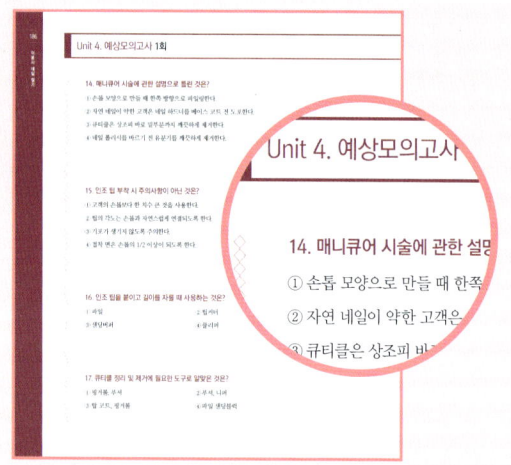

예상 모의고사 수록

네일미용사자격증 필기 시험을 대비한 모의고사를 수록하여 합격할 수 있는 확률을 높였습니다.

● 무료 동영상 시청 방법

NAVER 카페 | 카페 | 뷰티미용사자격증연구소 | 검색

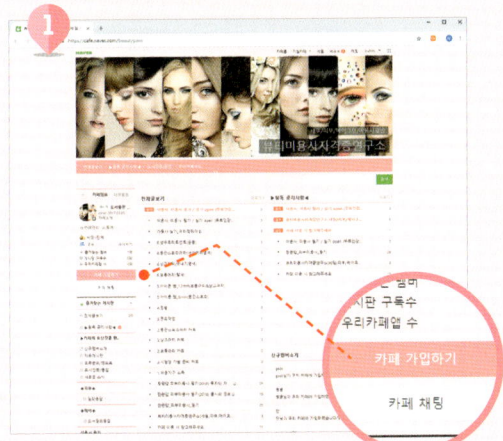

STEP 01 네이버 카페 '뷰티미용사자격증연구소'를 검색한다.

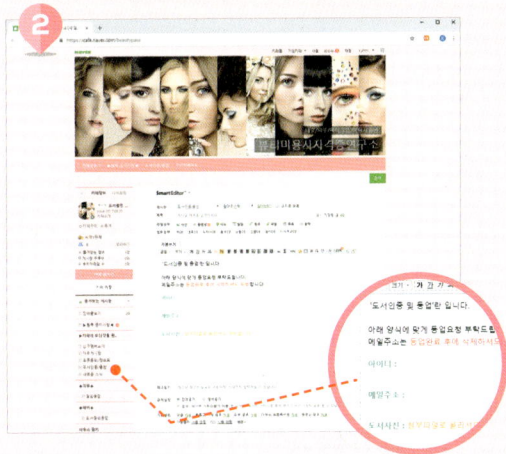

STEP 02 아이디와 이메일 주소를 입력하여 도서 구매 인증을 한다.

STEP 03 무료 동영상을 시청한다.

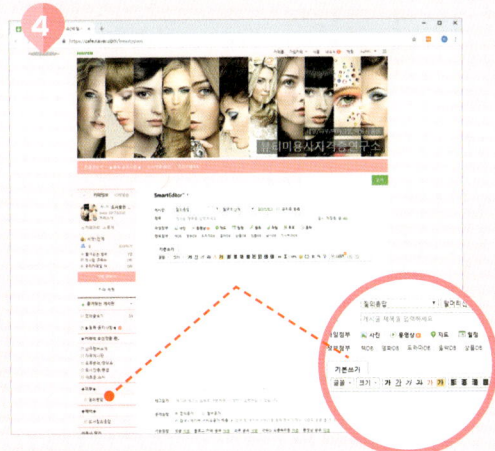

STEP 04 질의응답 게시판을 통해 시험 정보 및 부족한 부분을 보완한다.

미용사(네일) 자격 시험 안내

개요

네일미용에 관한 숙련기능을 가지고 현장업무를 수행할 수 있는 능력을 가진 전문기능인력을 양성하고자 자격제도를 제정

수행 직무

손톱·발톱을 건강하고 아름답게 하기 위하여 적절한 관리법과 기기 및 제품을 사용하여 네일 미용 업무 수행

자격 시험 개요

* **시행처** : 한국산업인력공단

* **시행과목**

필기	네일미용 위생 서비스, 네일 화장물 제거, 네일 기본관리, 네일 화장물 적용 전 처리, 자연 네일 보강, 네일 컬러링, 네일 폴리시 아트, 팁 위드 파우더, 팁 위드 랩, 랩 네일, 젤 네일, 아크릴 네일, 인조 네일 보수, 네일 화장물 적용 마무리, 공중위생관리
실기	네일미용 위생서비스, 네일 화장물 제거, 네일 화장물 적용 전 처리, 네일 화장물 적용 마무리, 네일 기본관리, 네일 컬러링, 팁 위드 파우더, 자연 네일 보강, 팁 위드 랩, 랩 네일, 아크릴 네일, 네일 폴리시 아트, 젤 네일,

* **검정방법**

필기	필기 객관식 4지 택일형, 60문항(60분)
실기	실기 작업형(2시간 30분 정도)

* **합격기준** : 100점 만점에 60점 이상
* **응시자격** : 제한 없음

머리말

오늘날 네일 미용산업은 소자본 고소득의 부가가치를 창출하는 유망산업의 한 축으로 비약적인 발전을 거듭하고 있습니다. 여성의 사회 진출이 보편화 되면서 건강하고 아름다운 손 관리는 대인관계에 긍정적인 이미지를 심어주며, 단지 손톱과 발톱을 아름답게 가꾸는 개념을 넘어 자기 만족감을 부여해주고, 심리적으로 행복감을 선사하여 삶의 질 향상에도 도움을 주는 요인으로 각광받고 있습니다.

이처럼 네일아트의 필요성이 중시되는 시점에서 네일미용사자격증에 대한 수요도의 증가와 2023년 새롭게 개정된 NCS 출제기준에 따라 현장실기시험 준비 노하우와 전년도 기출문제를 토대로 체계적인 핵심 이론을 정리하여 네일미용사자격증 취득을 준비하는 예비 네일미용인들에게 네일미용사자격증 시험의 명확한 기준을 제시하여 합격의 지름길을 안내하고자 합니다.

저자들은 대학 강의와 실무경험을 기반으로 얻은 노하우와 수험자였던 한 사람으로 실기시험 준비과정에서 느꼈던 궁금한 사항들과 과제 전반에서의 시술과정을 한눈에 파악할 수 있도록 정리하여 혼자서도 학습할 수 있도록 교재를 구성하였습니다.

이 책은 필기와 실기 총 10강으로 구성되어 있으며, 네일미용 위생서비스, 네일미용 기술, 공중위생관리, 기출문제 복원, 시험준비과정, 매니큐어, 페디큐어, 젤 매니큐어, 인조 네일, 인조 네일 제거 등을 수록하였습니다.

'아무리 재능이 많은 사람도 노력하는 사람은 이길 수 없다.'는 말이 있듯 최선의 노력을 다하면 이루지 못 할 일은 없습니다.

네일미용인의 첫걸음을 시작하는 분들이 이 책을 통하여 원하는 결실을 맺을 수 있도록 기원하며, 마지막으로 책을 출판하기까지 많은 지도와 함께 집필해 주신 임주이 대표님과 구민사 조규백 대표님을 비롯한 관계자 분들께 감사의 인사를 드립니다.

미용사(네일) 필기 출제기준

직무 분야	이용·숙박 ·여행·오락·스포츠	중직무 분야	이용·미용	자격 종목	미용사(네일)	적용 기간	2022.1.1. ~ 2026.12.31.

● 직무내용 : 고객의 건강하고 아름다운 네일을 유지·보호하기 위해 네일 케어, 컬러링, 인조 네일, 네일아트 등의 서비스를 제공하는 직무이다.

필기 검정 방법	객관식	문제수	60	시험시간	1시간

필기과목명	문제수	주요항목	세부항목	세세항목
네일 화장물 적용 및 네일미용 관리	60	1. 네일미용 위생 서비스	1. 네일미용의 이해	1. 네일미용의 개념과 역사
			2. 네일숍 청결 작업	1. 네일숍 시설 및 물품 청결 2. 네일숍 환경 위생 관리
			3. 네일숍 안전 관리	1. 네일숍 안전수칙 2. 네일숍 시설·설비
			4. 미용기구 소독	1. 네일미용 기기 소독 2. 네일미용 도구 소독
			5. 개인위생 관리	1. 네일미용 작업자 위생 관리 2. 네일미용 고객 위생 관리 3. 네일의 병변
			6. 고객응대 서비스	1. 고객응대 및 상담
			7. 피부의 이해	1. 피부와 피부 부속 기관 2. 피부유형분석 3. 피부와 영양 4. 피부와 광선 5. 피부면역 6. 피부노화 7. 피부장애와 질환
			8. 화장품 분류	1. 화장품 기초 2. 화장품 제조 3. 화장품의 종류와 기능
			9. 손발의 구조와 기능	1. 뼈(골)의 형태 및 발생 2. 손과 발의 뼈대(골격) 3. 손과 발의 근육 4. 손과 발의 신경
		2. 네일 화장물 제거	1. 일반 네일 폴리시 제거	1. 일반 네일 폴리시 성분 2. 일반 네일 폴리시 제거 작업

필기과목명	문제수	주요항목	세부항목	세세항목
			2. 젤 네일 폴리시 제거	1. 젤 네일 폴리시 성분 2. 젤 네일 폴리시 제거 작업
			3. 인조 네일 제거	1. 인조 네일 제거방법 선택 및 제거 작업
		3. 네일 기본관리	1. 프리에지 모양 만들기	1. 네일 파일 사용 2. 자연 네일 프리에지 모양
			2. 큐티클 부분 정리	1. 자연 네일의 구조 2. 자연 네일의 특징 3. 큐티클 부분 정리 작업 4. 큐티클 부분 정리 도구
			3. 보습제 도포	1. 네일미용 보습 제품 적용
		4. 네일 화장물 적용 전 처리	1. 일반 네일 폴리시 전 처리	1. 네일 유분기 및 잔여물 제거 2. 일반 네일 폴리시 전 처리 작업
			2. 젤 네일 폴리시 전 처리	1. 젤 네일 폴리시 전 처리 작업
			3. 인조 네일 전 처리	1. 인조 네일 전 처리 작업
		5. 자연 네일 보강	1. 네일 랩 화장물 보강	1. 네일 랩 화장물 보강 작업 및 도구
			2. 아크릴 화장물 보강	1. 아크릴 화장물 보강 작업 및 도구
			3. 젤 화장물 보강	1. 젤 화장물 보강 작업 및 도구
		6. 네일 컬러링	1. 풀 코트 컬러 도포	1. 풀 코트 컬러링
			2. 프렌치 컬러 도포	1. 프렌치 컬러링
			3. 딥 프렌치 컬러 도포	1. 딥 프렌치 컬러링
			4. 그러데이션 컬러 도포	1. 그러데이션 컬러링
		7. 네일 폴리시 아트	1. 일반 네일 폴리시 아트	1. 기초 색채 배색 및 일반 네일 폴리시 아트 작업
			2. 젤 네일 폴리시 아트	1. 기초 디자인 적용 및 젤 네일 폴리시 아트 작업
			3. 통 젤 네일 폴리시 아트	1. 네일 폴리시 디자인 도구 및 통 젤 네일 폴리시 아트 작업

필기과목명	문제수	주요항목	세부항목	세세항목
		8. 팁 위드 파우더	1. 네일 팁 선택	1. 네일 상태에 따른 네일 팁 선택
			2. 풀 커버 팁 작업	1. 풀 커버 팁 활용 및 도구
			3. 프렌치 팁 작업	1. 프렌치 팁 활용 및 도구
			4. 내추럴 팁 작업	1. 내추럴 팁 활용 및 도구
		9. 팁 위드 랩	1. 팁 위드 랩 네일 팁 적용	1. 네일 팁 턱 제거 및 적용 작업
			2. 네일 랩 적용	1. 네일 랩 오버레이 및 네일 랩 적용 작업
		10. 랩 네일	1. 네일 랩 재단	1. 네일 랩 재료 및 작업
			2. 네일 랩 접착	1. 네일 랩 접착제 및 접착 작업
			3. 네일 랩 연장	1. 인조 네일 구조 및 네일 랩 연장 작업
		11. 젤 네일	1. 젤 화장물 활용	1. 젤 네일 기구 및 젤 화장물 사용방법
			2. 젤 원톤 스컬프처	1. 네일 폼 적용 및 젤 원톤 스컬프처 작업
			3. 젤 프렌치 스컬프처	1. 젤 브러시 활용 및 젤 프렌치 스컬프처 작업
		12. 아크릴 네일	1. 아크릴 화장물 활용	1. 아크릴 네일 도구 및 사용방법
			2. 아크릴 원톤 스컬프처	1. 아크릴 브러시 활용 및 아크릴 원톤 스컬프처 작업
			3. 아크릴 프렌치 스컬프처	1. 스마일 라인 조형 및 아크릴 프렌치 스컬프처 작업
		13. 인조 네일 보수	1. 팁 네일 보수	1. 팁 네일 상태에 따른 화장물 제거 및 보수작업
			2. 랩 네일 보수	1. 랩 네일 상태에 따른 화장물 제거 및 보수작업
			3. 아크릴 네일 보수	1. 아크릴 네일 상태에 따른 화장물 제거 및 보수작업
			4. 젤 네일 보수	1. 젤 네일 상태에 따른 화장물 제거 및 보수작업

필기과목명	문제수	주요항목	세부항목	세세항목
		14. 네일 화장물 적용 마무리	1. 일반 네일 폴리시 마무리	1. 일반 네일 폴리시 잔여물 정리 및 건조
			2. 젤 네일 폴리시 마무리	1. 젤 네일 폴리시 잔여물 정리 및 경화
			3. 인조 네일 마무리	1. 인조 네일 잔여물 정리 및 광택
		15. 공중위생관리	1. 공중보건	1. 공중보건 기초 2. 질병관리 3. 가족 및 노인보건 4. 환경보건 5. 식품위생과 영양 6. 보건행정
			2. 소독	1. 소독의 정의 및 분류 2. 미생물 총론 3. 병원성 미생물 4. 소독방법 5. 분야별 위생·소독
			3. 공중위생관리법규 (법, 시행령, 시행규칙)	1. 목적 및 정의 2. 영업의 신고 및 폐업 3. 영업자 준수사항 4. 면허 5. 업무 6. 행정지도감독 7. 업소 위생등급 8. 위생교육 9. 벌칙 10. 시행령 및 시행규칙 관련 사항

미용사(네일) 실기 출제기준

직무 분야	이용·숙박 ·여행·오락·스포츠	중직무 분야	이용·미용	자격 종목	미용사(네일)	적용 기간	2022.1.1. ~ 2026.12.31.

- **직무내용** : 고객의 건강하고 아름다운 네일을 유지·보호하기 위해 네일 케어, 컬러링, 인조 네일, 네일아트 등의 서비스를 제공하는 직무
- **수행준거** :
  1. 고객에게 안전하고 위생적인 서비스를 제공하기 위해 작업자와 고객의 위생을 관리하고 네일숍 환경을 청결하게 관리할 수 있다.
  2. 고객의 네일을 손상시키지 않고 기 작업된 네일 화장물을 네일 파일과 제거제를 사용하여 제거할 수 있다.
  3. 네일 폴리시와 인조 네일 화장물의 접착력을 높이기 위하여 네일 표면을 사전 작업할 수 있다.
  4. 네일에 적용하는 화장물의 종류, 작업 방법에 따라 마무리 과정을 선택하여 작업할 수 있다.
  5. 프리에지의 모양을 만들고 큐티클을 정리하여 네일을 보호하고 네일 주변을 건강하게 관리할 수 있다.
  6. 고객의 미적요구를 충족하기 위하여 네일 폴리시를 다양한 방법으로 도포할 수 있다.
  7. 네일 팁과 필러 파우더를 적용하여 네일의 길이를 연장하고 조형할 수 있다.
  8. 자연 네일이 손상되지 않도록 네일 화장물을 사용하여 자연 네일을 보강할 수 있다.
  9. 네일 팁과 네일 랩을 적용하여 네일의 길이를 연장하고 조형할 수 있다.
  10. 네일 랩과 필러 파우더를 적용하여 네일의 길이를 연장하고 조형할 수 있다.
  11. 네일 폼과 아크릴을 적용하여 네일의 길이를 연장하고 조형할 수 있다.
  12. 네일 폴리시와 도구를 사용하여 네일을 디자인할 수 있다.
  13. 네일 폼과 젤을 적용하여 네일의 길이를 연장하고 조형할 수 있다.

실기검정방법	작업형	시험시간	1시간

실기과목명	주요항목	세부항목	세세항목
네일미용 실무	1. 네일미용 위생서비스	1. 네일숍 청결 작업하기	1. 청소도구를 활용하여 실내를 청소할 수 있다. 2. 정리요령에 따라 집기류를 정리할 수 있다. 3. 청소 점검표에 따라 청결상태를 점검할 수 있다.
		2. 네일숍 안전 관리하기	1. 전기안전 수칙에 따라 안전 상태를 수시로 점검할 수 있다. 2. 안전사고 발생 시 대책기관의 연락망을 확보할 수 있다.
		3. 미용기구 소독하기	1. 기구유형에 따라 효율적인 소독방법을 결정할 수 있다. 2. 소독방법에 따라 미용기구를 소독할 수 있다. 3. 일회용 네일 용품을 위생적으로 관리할 수 있다. 4. 위생 점검표에 따라 미용기구의 소독상태를 점검하고 정리할 수 있다.

실기과목명	주요항목	세부항목	세세항목
		4. 개인위생 관리하기	1. 소독제품의 특성에 따라 소독방법을 선정할 수 있다. 2. 작업자의 개인위생 관리를 위해 손을 소독할 수 있다. 3. 고객의 개인위생 관리를 위해 네일과 네일 주변을 소독할 수 있다.
	2. 네일 화장물 제거	1. 일반 네일 폴리시 제거하기	1. 일반 네일 폴리시 제거를 위한 제거제를 선택할 수 있다. 2. 기 작업된 일반 네일 폴리시 제거를 위해 제거제를 사용할 수 있다. 3. 일반 네일 폴리시의 완전 제거 상태를 확인할 수 있다.
		2. 젤 네일 폴리시 제거하기	1. 젤 네일 폴리시 제거를 위한 제거제를 선택할 수 있다. 2. 기 작업된 젤 네일 폴리시 제거를 위해 네일 파일과 제거제를 사용할 수 있다. 2. 젤 네일 폴리시의 완전 제거 상태를 확인할 수 있다.
		3. 인조 네일 제거하기	1. 인조 네일 제거를 위한 제거제를 선택할 수 있다. 2. 기 작업된 인조 네일 제거를 위해 네일 파일과 제거제를 사용할 수 있다. 3. 인조 네일의 완전 제거 상태를 확인할 수 있다.
	3. 네일 화장물 적용 전 처리	1. 일반 네일 폴리시 전 처리하기	1. 고객의 요청에 따라 적합한 네일 길이와 모양을 만들 수 있다. 2. 네일 상태에 따라 표면을 정리하여 일반 네일 폴리시의 밀착력을 높일 수 있다. 3. 네일 상태에 따라 큐티클을 정리할 수 있다. 4. 네일 상태에 따라 유분기와 잔여물을 제거할 수 있다.
		2. 젤 네일 폴리시 전 처리하기	1. 고객의 요청에 따라 작업에 적합한 네일 길이와 모양을 만들 수 있다. 2. 네일 상태에 따라 표면을 정리하여 젤 네일 폴리시의 밀착력을 높일 수 있다. 3. 네일 상태에 따라 큐티클을 정리할 수 있다. 4. 젤 네일 접착력을 높이기 위하여 전 처리제를 도포할 수 있다.

실기과목명	주요항목	세부항목	세세항목
		3. 인조 네일 전 처리하기	1. 고객의 요청에 따라 작업에 적합한 네일 길이와 모양을 만들 수 있다. 2. 네일 상태에 따라 표면을 정리하여 인조 네일 화장물의 밀착력을 높일 수 있다. 3. 네일 상태에 따라 큐티클을 정리할 수 있다. 4. 인조 네일 접착력을 높이기 위하여 전 처리제를 도포할 수 있다.
	4. 네일 화장물 적용 마무리	1. 일반 네일 폴리시 마무리하기	1. 일반 네일 폴리시의 잔여물을 네일 폴리시리무버를 사용하여 정리할 수 있다. 2. 일반 네일 폴리시의 건조를 위해 네일 폴리시 건조 촉진제를 사용할 수 있다. 3. 보습을 위해 네일 주변에 큐티클 오일을 사용할 수 있다.
		2. 젤 네일 폴리시 마무리하기	1. 경화 상태에 따라 미경화 젤을 젤 클렌저를 사용하여 제거할 수 있다. 2. 네일 표면을 매끄럽게 네일 파일 작업을 할 수 있다. 3. 작업 완료를 위해 톱 젤을 도포할 수 있다. 4. 청결을 위해 냉·온 수건과 멸균거즈를 사용할 수 있다. 5. 보습을 위해 네일 주변에 큐티클 오일을 사용할 수 있다.
		3. 인조 네일 마무리하기	1. 작업된 화장물에 따라 네일 표면의 광택방법을 선택할 수 있다. 2. 분진 제거를 위해 미온수와 네일 더스트 브러시를 사용할 수 있다. 3. 청결을 위해 냉·온 수건과 멸균거즈를 사용할 수 있다. 4. 보습을 위해 네일 주변에 큐티클 오일을 사용할 수 있다.
		4. 네일 기본관리 마무리하기	1. 작업 방법에 따라 네일과 네일 주변의 유분기를 제거할 수 있다. 2. 청결을 위해 냉·온 수건과 멸균거즈를 사용할 수 있다. 3. 고객의 요청에 따라 마무리 방법을 선택할 수 있다. 4. 사용한 제품의 정리정돈을 할 수 있다.
	5. 네일 기본관리	1. 프리에지 모양 만들기	1. 고객의 요청에 따라 자연 네일의 길이를 조절할 수 있다. 2. 고객의 요청에 따라 자연 네일의 프리에지 모양을 만들 수 있다. 3. 자연 네일의 상태에 따라 표면을 정리할 수 있다. 4. 프리에지의 거스러미를 정리할 수 있다.

실기과목명	주요항목	세부항목	세세항목
		2. 큐티클 부분 정리하기	1. 큐티클 부분을 연화하기 위해 손톱과 손톱 주변을 핑거볼에 담글 수 있다. 2. 큐티클 부분을 연화하기 위해 발톱과 발톱 주변을 족욕기에 담글 수 있다. 3. 큐티클 부분을 연화하기 위해 큐티클 연화제를 선택하여 사용할 수 있다. 4. 큐티클 부분 정리 작업 과정에 따라 도구를 선택할 수 있다. 5. 큐티클 부분의 상태에 따라 정리할 수 있다. 6. 정리된 큐티클 부분을 소독할 수 있다.
		3. 보습제 도포하기	1. 피부 상태에 따라 보습 제품을 선택할 수 있다. 2. 보습 제품을 사용하여 큐티클을 부드럽게 할 수 있다.
	6. 네일 컬러링	1. 풀 코트 컬러 도포하기	1. 풀 코트 컬러를 위해 베이스코트와 베이스 젤을 얇게 도포할 수 있다. 2. 풀 코트 컬러 도포 방법을 선정하고 네일 폴리시를 도포할 수 있다. 3. 네일 폴리시를 얼룩 없이 균일하게 도포할 수 있다. 4. 젤 네일 폴리시 작업 시 젤 램프기기를 사용할 수 있다. 5. 풀 코트의 컬러 보호와 광택 부여를 위해 톱코트와 톱 젤을 도포할 수 있다.
		2. 프렌치 컬러 도포하기	1. 프렌치 컬러를 위해 베이스코트와 베이스 젤을 얇게 도포할 수 있다. 2. 프렌치 컬러 도포 방법을 선정하고 네일 폴리시를 도포할 수 있다. 3. 균일한 스마일 라인을 위하여 옐로우 라인에 맞추어 프리에지 부분에 네일 폴리시를 도포할 수 있다. 4. 스마일 라인을 고려하여 얼룩 없이 균일하게 도포할 수 있다. 5. 젤 네일 폴리시 작업 시 젤 램프기기를 사용할 수 있다. 6. 프렌치의 컬러 보호와 광택 부여를 위해 톱코트와 톱 젤을 도포할 수 있다.

실기과목명	주요항목	세부항목	세세항목
		3. 딥 프렌치 컬러 도포하기	1. 딥 프렌치 컬러를 위해 베이스코트와 베이스 젤을 얇게 도포할 수 있다. 2. 딥 프렌치 컬러 도포 방법을 선정하고 네일 폴리시를 도포할 수 있다. 3. 균일한 스마일 라인을 위하여 자연 네일 길이의 1/2 이상 부분에 네일 폴리시를 도포할 수 있다. 4. 스마일 라인을 고려하여 얼룩 없이 균일하게 도포할 수 있다. 5. 젤 네일 폴리시 작업 시 젤 램프기기를 사용할 수 있다. 6. 프렌치 컬러 보호와 광택 부여를 위해 톱코트와 톱 젤을 도포할 수 있다.
		4. 그러데이션 컬러 도포하기	1. 그러데이션 컬러 도포를 위해 베이스코트와 베이스 젤을 얇게 도포할 수 있다. 2. 그러데이션 컬러 도포 방법을 선정하고 네일 폴리시를 도포할 수 있다. 3. 그러데이션의 위치를 선정하여 경계 없이 그러데이션을 표현할 수 있다. 4. 젤 네일 폴리시 작업 시 젤 램프기기를 사용할 수 있다. 5. 그러데이션 컬러 보호와 광택 부여를 위해 톱코트와 톱 젤을 도포할 수 있다.
	7. 팁 위드 파우더	1. 네일 팁 선택하기	1. 자연 네일의 모양에 따라 적합한 네일 팁을 선택할 수 있다. 2. 자연 네일의 크기에 알맞은 네일 팁의 크기를 선택할 수 있다. 3. 고객의 요청에 따라 다양한 네일 팁을 선택할 수 있다.
		2. 풀 커버 팁 작업하기	1. 큐티클 부분 라인의 형태에 따라 풀 커버 팁을 사전 조형할 수 있다. 2. 필러 파우더를 선택적으로 적용하여 자연 네일의 굴곡을 매끄럽게 할 수 있다. 3. 네일 접착제를 사용하여 기포가 들어가지 않도록 풀 커버 팁을 접착할 수 있다. 4. 고객의 요청에 따라 길이와 모양을 조절할 수 있다.
		3. 프렌치 팁 작업하기	1. 자연 네일의 크기와 모양에 따라 알맞은 프렌치 팁을 선택할 수 있다. 2. 네일 접착제를 사용하여 기포가 들어가지 않도록 프렌치 팁을 접착할 수 있다. 3. 필러 파우더를 사용하여 프렌치 팁의 구조를 조형할 수 있다. 4. 프렌치 팁의 완성을 위하여 네일 파일을 선택하여 작업할 수 있다.

실기과목명	주요항목	세부항목	세세항목
		4. 내추럴 팁 작업하기	1. 네일의 크기와 모양에 따라 알맞은 내추럴 팁을 선택할 수 있다. 2. 네일 접착제를 사용하여 기포가 들어가지 않도록 내추럴 팁을 접착할 수 있다. 3. 내추럴 팁의 팁 턱을 자연 네일의 손상 없이 제거할 수 있다. 4. 필러 파우더를 사용하여 내추럴 팁의 구조를 조형할 수 있다. 5. 내추럴 팁의 완성을 위하여 네일 파일을 선택하여 작업할 수 있다.
	8. 자연 네일 보강	1. 네일 랩 화장물 보강	1. 네일 랩을 이용하여 약해진 자연 네일을 전체적으로 보강할 수 있다. 2. 네일 랩을 이용하여 손상된 자연 네일을 부분적으로 보강할 수 있다. 3. 네일 랩을 이용하여 찢어진 자연 네일을 보강할 수 있다.
		2. 아크릴 화장물 보강	1. 아크릴을 이용하여 약해진 자연 네일을 전체적으로 보강할 수 있다. 2. 아크릴을 이용하여 손상된 자연 네일을 부분적으로 보강할 수 있다. 3. 아크릴을 이용하여 찢어진 자연 네일을 보강할 수 있다.
		3. 젤 화장물 보강	1. 젤을 이용하여 약해진 자연 네일을 전체적으로 보강할 수 있다. 2. 젤을 이용하여 손상된 자연 네일을 부분적으로 보강할 수 있다. 3. 젤을 이용하여 찢어진 자연 네일을 보강할 수 있다.
	9. 팁 위드 랩	1. 팁 위드 랩 네일 팁 적용하기	1. 자연 네일의 크기와 모양에 따라 네일 팁을 선택할 수 있다 2. 손가락과 손톱 방향에 따라 네일 팁을 접착할 수 있다. 3. 네일 팁의 종류에 따라 팁 턱을 제거할 수 있다.
		2. 네일 랩 적용하기	1. 인조 네일의 보강을 위하여 네일 랩을 적용할 수 있다. 2. 네일 상태에 따라 팁 위드 랩의 두께를 조절할 수 있다. 3. 형태를 조형하기 위해 기초 구조를 만들 수 있다.

실기과목명	주요항목	세부항목	세세항목
		3. 팁 위드 랩 네일 파일 적용하기	1. 팁 위드 랩 구조를 고려하여 네일 파일을 선택할 수 있다. 2. 네일 파일을 사용하여 팁 위드 랩 형태를 조형할 수 있다. 3. 팁 위드 랩 완성도를 위하여 순차적인 네일 파일을 선택하여 광택을 낼 수 있다.
	10. 랩 네일	1. 네일 랩 재단하기	1. 자연 네일 크기에 따라 네일 랩의 폭과 길이를 측정할 수 있다. 2. 자연 네일 상태에 따라 네일 랩의 재단 방법을 선택할 수 있다. 3. 방법에 따라 네일 랩을 자연 네일에 맞추어 재단할 수 있다.
		2. 네일 랩 접착하기	1. 네일 랩에 기포가 들어가지 않도록 네일 표면에 접착할 수 있다. 2. 접착된 네일 랩의 상태에 따라 여분을 자를 수 있다. 3. 네일 랩 고정을 위해 네일 접착제를 도포할 수 있다.
		3. 네일 랩 연장하기	1. 고객의 요구에 따라 프리에지의 길이를 연장할 수 있다. 2. 고객의 요구에 따라 랩 네일의 프리에지 형태를 조형할 수 있다. 3. 고객의 요구에 따라 랩 네일의 두께를 조절할 수 있다. 4. 고객의 요구에 따라 랩 네일의 형태를 조형할 수 있다.
	11. 아크릴 네일	1. 아크릴 화장물 활용하기	1. 연습용 인조 손에 자연 네일 대용의 네일 팁을 장착할 수 있다. 2. 연습용 인조 손을 활용하여 아크릴 화장물의 사용방법을 숙련할 수 있다. 3. 연습용 인조 손을 활용하여 올바르게 네일 폼을 적용할 수 있다. 4. 적합한 방법으로 아크릴 브러시를 사용할 수 있다. 5. 네일 파일을 활용하여 아크릴 네일의 파일 방법을 숙련할 수 있다.
		2. 아크릴 원톤 스컬프처 하기	1. 고객의 요구에 따라 프리에지의 길이를 연장할 수 있다. 2. 고객의 요구에 따라 아크릴 원톤 스컬프처를 위한 두께를 조절할 수 있다. 3. 고객의 요구에 따라 아크릴 원톤 스컬프처의 형태를 조형할 수 있다.

실기과목명	주요항목	세부항목	세세항목
		3. 아크릴 프렌치 스컬프처하기	1. 화이트 아크릴 파우더로 스마일 라인을 조형할 수 있다. 2. 고객의 요구에 따라 프리에지의 길이를 연장할 수 있다. 3. 고객의 요구에 따라 아크릴 프렌치 스컬프처를 위한 두께를 조절할 수 있다. 4. 고객의 요구에 따라 아크릴 프렌치 스컬프처의 형태를 조형할 수 있다.
	12. 네일 폴리시 아트	1. 일반 네일 폴리시 아트 하기	1. 네일미용 도구를 사용하여 일반 네일 폴리시 아트를 작업할 수 있다. 2. 페인팅 브러시를 사용하여 일반 네일 폴리시를 조화롭게 디자인할 수 있다. 3. 일반 네일 폴리시의 성질을 이용하여 마블 기법을 시행할 수 있다. 4. 톱코트를 사용하여 일반 네일 폴리시 아트의 지속성을 높일 수 있다.
		2. 젤 네일 폴리시 아트 하기	1. 네일미용 도구를 사용하여 젤 네일 폴리시 아트를 작업할 수 있다. 2. 젤 페인팅 브러시를 사용하여 젤 네일 폴리시를 조화롭게 디자인할 수 있다. 3. 젤 네일 폴리시의 성질을 이용하여 마블 기법을 시행할 수 있다. 4. 톱 젤을 사용하여 젤 네일 폴리시 아트의 지속성을 높일 수 있다.
		3. 통 젤 네일 폴리시 아트하기	1. 네일미용 도구를 사용하여 통 젤 네일 폴리시 아트를 작업할 수 있다. 2. 젤 페인팅 브러시를 사용하여 다양한 색상의 통 젤 네일 폴리시 아트를 조화롭게 디자인할 수 있다. 3. 통 젤 네일 폴리시의 성질을 이용하여 세밀한 디자인을 작업할 수 있다. 4. 톱 젤을 사용하여 통 젤 네일 폴리시 아트의 지속성을 높일 수 있다.
	13. 젤 네일	1. 젤 화장물 활용하기	1. 연습용 인조 손에 자연 네일 대용의 네일 팁을 장착할 수 있다. 2. 연습용 인조 손을 활용하여 젤 화장물의 사용방법을 숙련할 수 있다. 3. 연습용 인조 손을 활용하여 올바르게 네일 폼을 적용할 수 있다. 4. 적합한 방법으로 젤 브러시를 사용할 수 있다. 5. 네일 파일을 활용하여 젤 네일의 파일 방법을 숙련할 수 있다. 6. 젤 램프기기를 이용하여 젤을 경화할 수 있다.

실기과목명	주요항목	세부항목	세세항목
		2. 젤 원톤 스컬프처하기	1. 젤 원톤 스컬프처를 위한 베이스 젤을 적용할 수 있다. 2. 고객의 요구에 따라 프리에지의 길이를 연장할 수 있다. 3. 젤 램프기기를 이용하여 인조 네일을 경화할 수 있다. 4. 고객의 요구에 따라 젤 원톤 스컬프처를 위한 두께를 조절할 수 있다. 5. 고객의 요구에 따라 원톤 스컬프처의 형태를 조형할 수 있다.
		3. 젤 프렌치 스컬프처하기	1. 젤 프렌치 스컬프처를 위한 베이스 젤을 적용할 수 있다. 2. 화이트 젤로 스마일 라인을 조형할 수 있다. 3. 고객의 요구에 따라 프리에지의 길이를 연장할 수 있다. 4. 젤 램프기기를 이용하여 젤을 경화할 수 있다. 5. 고객의 요구에 따라 젤 프렌치 스컬프처를 위한 두께를 조절할 수 있다. 6. 고객의 요구에 따라 젤 프렌치 스컬프처의 형태를 조형할 수 있다.

Contents

미용사 네일 필기

Chapter 1
네일미용 위생서비스

- Unit 1 네일미용의 이해 — 04
- Unit 2 피부의 이해 — 20
- Unit 3 화장품 분류 — 34
- Unit 4 손발의 구조와 기능 — 45

Chapter 2
네일미용 기술

- Unit 1 손톱 및 발톱관리 — 56
- Unit 2 인조 네일 — 63
- Unit 3 네일 제품의 이해 — 73

Chapter 3
공중위생관리

- Unit 1 공중보건 — 86
- Unit 2 소독 — 102
- Unit 3 공중위생관리법규(법, 시행령, 시행규칙) — 111

Chapter 4
기출문제 복원

- Unit 1 네일미용 위생서비스 기출문제 — 130
- Unit 2 네일미용 기술 기출문제 — 157
- Unit 3 공중위생관리법규 기출문제 — 165
- Unit 4 예상모의고사 — 182

Contents
미용사 네일 실기

Chapter 1 준비
- Unit 1 　매니큐어와 페디큐어 준비사항 및 준비도구 — 232

Chapter 2 매니큐어
- Unit 0 　매니큐어 작업대 준비 — 248
- Unit 1 　풀 코트 매니큐어 — 250
- Unit 2 　프렌치 매니큐어 — 259
- Unit 3 　딥 프렌치 매니큐어 — 267
- Unit 4 　그러데이션 매니큐어 — 276

Chapter 3 페디큐어
- Unit 0 　페디큐어 작업대 준비 — 288
- Unit 1 　풀 코트 페디큐어 — 289
- Unit 2 　딥 프렌치 페디큐어 — 297
- Unit 3 　그러데이션 페디큐어 — 305

Chapter 4 젤 매니큐어
- Unit 0 　젤 매니큐어 작업대 준비 — 316
- Unit 1 　선 마블링 젤 매니큐어 — 318
- Unit 2 　부채꼴 마블링 젤 매니큐어 — 328

Chapter 5 인조 네일
- Unit 0 　인조 네일 스타일 — 342
- Unit 1 　내추럴 팁 위드 랩 — 343
- Unit 2 　젤 원톤 스컬프처 — 356
- Unit 3 　아크릴 프렌치 스컬프처 — 367
- Unit 4 　네일 랩 익스텐션 — 378

Chapter 6 인조 네일 제거
- Unit 0 　인조 네일 제거 — 392

Section 1
미용사 네일 필기

01

네일미용 위생 서비스

- Unit 1 • 네일미용의 이해
- Unit 2 • 피부의 이해
- Unit 3 • 화장품 분류
- Unit 4 • 손발의 구조와 기능

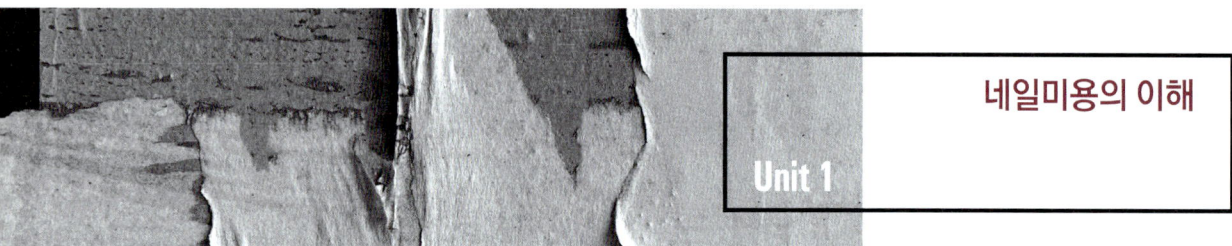

네일미용의 이해

Unit 1

1 네일미용의 역사

매니큐어는 처음 시작으로부터 5000년에 걸쳐 변화하여 왔다. 최초의 매니큐어는 B.C 3000년 이집트와 중국의 귀족층에서 누렸던 것으로 기록되어 있다.

1) 한국의 네일미용

고려시대	고려시대 충신왕 때 봉선화 꽃물을 들인 궁녀 이야기가 전해지고 부녀자와 처녀들 사이에서 '염지갑화'라고 하는 봉선화 물들이기 풍습이 이루어졌는데, 이것이 한국 네일 역사의 시작이다.
조선시대	조선시대에 강희안의 '화목구품' 중 봉선화를 9품에 넣었고, '동국세시기'에는 젊은 각시와 어린이들이 봉선화를 따다가 손톱에 물을 들였다. 귀천에 관계없이 손톱을 물들이는 풍속이 유행하고 미인의 조건이 "손바닥에 혈색이 붉어야 한다"고 하였다.
1992년	최초의 네일 아트숍인 '그리피스'가 이태원에 오픈하였다.
1996년	인기 연예인들이 네일미용을 시작하면서 네일 아트의 대중화가 시작되었고, 재료 회사들이 등장하였다.
1998년~2000년	민간협회가 창립되고 민간자격증 제도가 생기면서 미용학과에서 네일미용사 배출이 시작되었다.
2000년 초반에서 후반까지	네일 산업의 호황기와 활성기, 네일 산업은 5000여 억 원 이상의 시장 규모로 성장하였다.
2014년	네일미용사 국가자격증 제도화가 시작되었다.

2) 외국의 네일미용

고대 이집트	관목에서 나오는 헤나(henna)의 붉은 오렌지색으로 손톱을 염색하였다. 왕과 왕비와 같이 신분이 높은 층은 진한 적색을 물들이고, 신분이 낮을수록 옅은 색상을 물들여 손톱 색상을 통해 신분과 지위를 확인할 수 있었다.
중국	상류층 여자와 남자들의 경우 부의 상징으로 손톱을 길렀으며, 손톱 손상을 막기 위해 보석이나 대나무를 이용해 손톱을 보호했다. 입술연지를 만드는 '홍화'를 손톱에도 발랐는데 이를 '조홍'이라 한다. B.C 600년 중국의 귀족들은 금색과 은색으로 색을 칠하였으며, 15세기에 들어와 중국 명나라 왕족들은 흑색과 적색을 손톱에 칠하였다.
1800년대	손톱 화장이 점점 대중화되었다. 손톱 끝이 뾰족한 아몬드형 네일이 유행하였고, 붉은색 기름을 바르고 샤미스(chamois: 염소나 양의 부드러운 가죽)로 광택을 냈다.
1830년대	유럽의 발 전문의사 시트가 치과에서 사용되던 기구와 도구에서 착안한 오렌지 우드 스틱을 네일 관리에 사용하기 시작하였다.
1885년	에나멜의 필름 형성제인 니트로 셀룰로즈가 개발되었다.
1892년	발 전문의 시트(Sitts)의 조카에 의해 유럽에서 매니큐어가 본격적으로 발전하여 여성들에게 새로운 직업으로 창출되었다.
1900년대	메탈 파일이나 메탈 가위를 이용하여 네일관리를 하기 시작했고, 옅은 색의 크림이나 가루로 네일에 광을 주거나 낙타털을 이용한 붓으로 네일에 임시적으로 광을 내기도 했다. 유럽에서 네일관리가 본격적으로 시작되었다.
1927년	프렌치 매니큐어에 사용되는 흰색 에나멜이 출시되었고. 큐티클 크림, 큐티클 리무버가 출시되었다.
1935년	인조 네일이 개발되었다.
1957년	페디큐어 시술이 시작되었다. 헬렌걸 리가 미용학교에서 네일을 강의하였다.
1960년	실크와 린넨을 이용한 손톱이 보강되었다.
1970년	아크릴 스컬프쳐 활성화가 시작되었다.
1975년	미국 식약청(FDA)에서 메틸 메타크릴레이트 제품의 아크릴을 사용 금지하였다.
1994년	독일에서 라이트 큐어드 젤 시스템(light cured gel system)이 등장하였고, 뉴욕주에서는 네일 테크니션 면허 제도를 도입하였다.
2000년	젤 스컬프쳐, 다양한 아트 기법, 핸드페인팅, 에어브러시 등의 아트 네일이 등장하였다.

2 네일숍 청결 작업

1) 네일숍의 실내 공기환경
① 숍의 실내 온도는 18±2℃, 습도는 40~75% 유지
② 자연 환기와 신선한 공기의 유입을 고려한 창문 설치
③ 공기보다 무거운 성분이 있으므로 환기구를 아래쪽에도 설치
④ 천정에 배관을 설치하여 실내 전체에 인공 환기 장치를 설치
⑤ 여름과 겨울에는 냉난방을 고려한 공기 청정 장치를 준비
⑥ 작업장에 흡진기를 설치

3 네일숍 안전관리

1) 네일숍 화학물질의 안전관리

(1) 물질 안전 보건자료(MSDS: Material Safety Data Sheet)
① 화학물질을 안전하게 사용하고 관리하기 위해 필요한 정보를 기재한 시트(sheet)
② 제조자명, 제품명, 성분과 성질, 취급상의 주의, 적용 부위, 사고 시의 응급처치 방법 등을 기입

(2) 네일숍에 사용하는 화학물질의 형태와 특징

화학물질의 상은 고체, 액체, 기체, 수증기로 나뉜다.

형태	성질	제품	특징
고체	형태를 가진 물질 (작은 입자를 구성하는 먼지나 섬유질 또는 분말을 포함한다.)	• UV 젤 • 아크릴 리퀴드 • 아크릴 파우더	• 매우 조밀하고 견고하여 제거가 쉽지 않다. • UV 젤 사용 시 빛을 차단시켜야 한다. • 백열전등의 열을 이용함으로써 수분을 증발시킨다.
액체	유동성이 있는 물질	• 글루 • 베이스 코트 • 탑 코트 • 프라이머 • 네일 폴리시	• 네일 폴리시나 탑 코트는 수분 증발을 통해 건조 과정이 요구된다. • 부착력이 약하고 견고성이 떨어지며 쉽게 제거된다.
기체	대기 중에 부유하는 물질	• 자외선(UV)	–
수증기	공기 중으로 증발한 액체로부터 발생한다(아세톤 액체는 열려진 병 속에 들어있던 액체가 공기 중으로 증발되면서 아세톤 수증기로 생성됨).	• 폴리시 리무버 (아세톤)	• 아세톤(41℃에서 반응 최적)

4 개인위생관리

1) 네일미용 작업자의 자세

① 용모와 복장은 항상 단정하고 청결히 하도록 한다.
② 시술 전 소독은 필수가 되어야 하고 시술 테이블 및 시술 도구는 항상 소독하고, 파일, 오렌지 우드스틱, 솜 등 일회용 제품은 사용 후 바로 폐기하도록 한다.
③ 손과 발에 사용하는 제품은 반드시 구분하여 사용하도록 한다.
④ 고객들에게 항상 친절하고 예의 바르게 말하고 인사하도록 한다.

⑤ 정직하고 성실한 자세로 네일인에 대한 자부심을 가지고 일하도록 한다.
⑥ 정확한 제품의 사용 방법과 시술 방법을 제대로 숙지하고 시술하도록 한다.
⑦ 미용업 관련 법규나 네일숍에 운영되는 정책이나 규칙을 준수하도록 한다.

5 네일의 구조와 이해

1) 네일의 구조

(1) 조갑 자체의 구조

조체, 조판, 조갑 (네일 바디/네일 플레이트) Nail body/Nail plate	일반적으로 손톱이라고 하며, 여러 층으로 구성되어 있다. 큐티클에서 손톱 끝까지 연결되어 있는 부분으로 신경이나 혈관은 없다.
조근 (네일 루트 Nail root)	손톱의 가장 근본이 되는 곳으로 네일 베이스의 피부 밑에 묻혀 있는 얇고 부드러운 조근은 손톱의 새로운 세포가 만들어져 성장이 시작되는 곳이다.
자유연 (프리에지 Free edge)	손톱의 끝 부분으로서 조상(nail bed) 없이 손톱만 자라 나온 곳이다.
스트레스 포인트	옐로우 라인의 시작점. 외부적인 충격을 많이 받아 찢어지기 시작하는 부분이다.

(2) 조갑 아래

조상 네일 베드 Nail bed	손톱 밑 부분으로 지각신경조직과 모세혈관이 들어오고, 모세혈관은 네일이 핑크색을 띠도록 하는 역할을 해 주며, 손톱 밑 아래에 있는 진피에는 수많은 말초신경이 있어 촉감 기능을 수행하고 물체를 조작하는 것을 돕는다.
조반월 루눌라 Lunula	완전히 케라틴화되지 않은 조체의 베이스에 있는 유색의 반달 모양을 일컫는다.
조모 매트릭스 Matrix	조근 밑에 있으며 모세혈관, 신경, 림프관이 분포하여 손상을 입게 되면 손톱 성장에 저해가 되므로 특별히 주의해야 한다.
옐로우 라인	네일 조체(바디)와 프리에지(자유연)의 경계

(3) 조갑주의 피부

조소피 큐티클 Cuticle	손톱 주위를 덮고 있는 신경이 없는 피부
상조피 에포니키움 Eponychium	조갑(nail body)의 시작점에서 자라나는 피부로, 잘못된 큐티클 정리 시술로 에포니키움에 상처가 생기면 질병 감염 우려가 있다.
하조피 하이포니키움 Hyponychium	자유연(free edge) 밑 부분의 피부로서 병원균의 침입으로부터 손톱을 보호한다.
조피/조주름 네일 폴드 Nail fold	조근(nail root)이 시작되는 곳에서 조갑에 맞추어 형성되어 있는 네일 주위에 있는 깊은 주름
조구 네일 글루브 Nail groove	조상(nail bed)의 양 측면에 좁게 패인 곳

2) 네일의 성장과 형태

(1) 조갑의 성장

손톱은 하루에 평균 0.1mm 정도, 1개월에 3~5mm 정도 성장한다. 나이와 건강 상태에 따라 다소의 차이는 있지만 손톱이 완전히 재생되는데 약 5~6개월 정도 소요되며, 겨울보다 여름에 더 빨리 자란다.

중지 손톱이 가장 빨리 자라고, 엄지 손톱이 가장 늦게 성장한다. 왼손잡이는 왼손의 손톱이 빨리 자라고 발톱은 손톱의 1/2 정도의 속도로 서서히 성장한다.

(2) 조갑의 형태

손톱은 피부의 일부이며 이는 피부나 머리카락과 같은 단백질과 각질(keratin)로 만들어져 있다. 손톱은 가장 강한 각질로 구성되어 있는데, 머리카락의 각질도 강하지만 손톱만큼 강하지는 못하다. 그리고 피부는 부드러운 각질로 되어 있다. 손톱을 전문용어로 오닉스(onxy)라 한다.

(3) 건강한 손톱의 특징

① 단단하고 탄력이 있으며 둥근 아치를 이룬다.

② 매끄럽고 투명하며 연한 핑크색으로 희미하게 세로줄이 나 있다.

③ 손톱의 유연함을 유지하기 위해서는 수분이 15~18%와 지질 0.15~0.75%를 함유하고 있다.

④ 세균의 감염이 쉽지 않아야 한다.

(4) 손톱의 모양

모양	특징
스퀘어(사각 네일) Square nail	• 파일 각도는 90°로 네일 양 측면이 직각 • 강한 느낌의 모양 • 네일 끝을 많이 사용하거나 손을 많이 쓰는 사람들이 선호하는 모양 • 내구성이 좋음 • 인조 네일 대회에서 많이 활용되는 모양/네일 국가 3과제 인조 네일 시술에서 나오는 모양
스퀘어 오프(라운드 스퀘어) Square off nail	• 파일 각도는 90°로 양 측면 모서리는 45°로 양쪽 끝을 약간 둥글게 하는 모양 • 손톱과 발톱에 많이 활용 • 세련되고 도회적인 느낌으로 스퀘어보다 부드러움 • 손 끝을 많이 사용하는 사람에게 유용한 모양
라운드(둥근 네일) Round nail	• 파일 각도는 45°로 스트레스 포인트에서부터 직선이 살아있는 것이 중요 핵심 • 원의 일부를 옮겨 놓듯이 표현 • 손톱이 짧은 경우나 남성의 경우 가장 선호하고 누구에게나 어울리는 모양 • 정리된 듯 아름다운 느낌으로 가장 많이 활용되는 모양

모양	특징
오발 Oval nail	• 파일 각도는 15~45°로 양쪽 끝이 라운드보다 경사진 타원형 모양 • 손 노출이 많은 직업 여성에게 좋음 • 손이 길고 가늘어 보여 여성적 느낌을 주는 모양 • 우아한 아름다움이 매력 • 통통한 손에 어울림
아몬드(포인트 네일) Almond nail	• 파일 각도는 10°로 뉘여서 타원형보다 양쪽 끝을 더 많이 갈아 뾰족하게 만들어 주는 모양 • 세련되고 개성이 강한 사람들에게 잘 어울리는 타입 • 손이 길고 가늘어 보임 • 충격이 가해지면 흡수 면적이 작기 때문에 부러지기 쉬운 단점이 있음

3) 네일의 병변

(1) 시술이 가능한 손톱

교조증 Onychophagia	손톱을 심하게 물어뜯는 현상이다. 인조 네일 시술
조내생증 Ingrown nail	손톱이나 발톱이 피부 속으로 파고 들어가는 현상이다. 발톱에 주로 발생. 신발이 작아 불편할 경우 발톱에 압박을 주어 조내생증이 생기기도 한다.
주름진 손톱 Corrugations	네일이 전체적으로 밭고랑처럼 주름이 져 있는 상태이다. 식습관이나 질병, 신경성 등에 기인하는데, 네일의 외관을 위해 버핑 작업을 하거나 인조 네일을 부착할 수 있다.
거스러미 손톱 Hangnails	물어뜯거나 하는 계속적인 자극으로 생기는데, 손톱에 작은 거스러미로 나타난다. 거스러미를 물거나 뜯으면 감염이 될 수 있다. 매니큐어 리스트는 소독된 클리퍼(clipper)로 조금씩 자연스럽게 자르고 마사지 크림을 사용하여 부드럽게 손질하도록 한다.
계란껍질 손톱/조연화증 Eggshell nails	계란껍질처럼 손톱 전체가 희고 얇으며 특히 자유연/프리에지가 밑으로 휘어져 있으므로 아주 부드러운 파일을 조심스럽게 사용하여야 한다.
조갑위축증 오니코아트로피아	주로 새끼 발톱에서 생기는데 부서져 없어지는 현상으로, 광택이 없어지고 오므라들면서 떨어져 나가는데 심하면 완전히 없어질 수도 있다

멍든 손톱/혈종 Hematoma	상해로 인해 손톱 밑의 혈액이 응고되어 전체가 시커멓게 변하거나 플레이트에 손톱이 새로 자라 나온다.
조갑비대증 오니콕시스 Onychauxis	손톱, 발톱의 끝이 과잉 성장으로 두껍게 자라거나 조상/네일 바디가 휘어져 성장한다.
조백반증 루코니키아, Leuconychia	가장 일반적인 손톱 이상으로 손톱 표면에 작은 흰 점이 나타난다.
조갑종렬증 오니코렉시스 Onychorrhexis	손톱이 세로로 갈라지고 찢어지면서 부서지는 증세로 골이 파인다.
조갑익상편 테리지움 Pterygium	큐티클의 과잉 성장으로 손톱 위로 자라나오는 증상이다.
무조증	선천성 발육부전증이나 심한 감염 등에서 볼 수 있다. 스티브 존슨(Steven-Johnson) 증후군의 후유증으로 영구적인 조갑 탈락이 발생하기도 한다.
스푼형 조갑	손톱이 숟가락 모양으로 함몰하는 증상이다. 철분이 결핍되었거나 손톱 주위에 만성 외상이 있을 때 발생하기도 한다.
모반	손톱 표면의 색소 침착으로 인한 거무스름한 얼룩현상이 나타난다

(2) 시술이 불가능한 손톱

무좀/족부백선 티니아 페디스 Tinea pedis	진균(곰팡이의 일종)에 의한 감염으로 발바닥 전체나 발가락 사이에 붉은색의 물집이 잡히거나 여러 군데에 핑크빛 점들이 생긴다. 그 상태로 방치하면 물집이 생겨 가렵고 피부가 갈라지는 증상으로 발전하게 된다. 특히 이 질병은 발가락 주변에 심하게 나타난다.
주위염 파로니키아 Paronychia	손톱 주위의 조직이 박테리아에 의해 감염되어 병든 상태이다. 비위생적인 도구를 사용하여 큐티클에 압박을 주거나 너무 많이 잘라낼 때 발생하기도 한다. 염증과 고름을 동반하며, 큐티클 주위의 통증을 유발하기도 하므로 의사에게 진료받도록 권한다.
조체진균증 오니코마이코시스 Onychomycosis	진균에 의해 감염되는 것으로 감염된 조체/네일 바디가 불균형적으로 얇아지고 어떤 부분은 떨어져 나가기도 한다.

종류	설명
조염/손발톱염 오니키아 Onychia	염증과 고름이 생기는 증상으로 박테리아나 진균 감염으로 손톱에 염증이 생겨서 빨갛게 붓고, 고름이 생기는 상태로 이것은 도구나 기구를 소독, 위생처리하지 않고 사용했을 때 발생한다.
조갑구만증 오니코그리포시스 Onychogryphosis	손톱의 만곡 상태가 심해지는 현상으로 손톱이 두꺼워지고 구부러진다. 정확한 원인은 밝혀지지 않았다.
조갑탈락증 오니콥토시스 Onychoptosis	손톱이 주기적으로 떨어져 나가는 상태로 매독이나 심한 외상으로 발생한다.
조갑박리증 오니코리시스 Onycholysis	손톱과 조체/네일 베드 사이에 틈이 생겨 점차 벌어진다.
화농성 육아종 파이로제닉그래뉴로마 Pygenic Granuloma	매우 심한 염증 상태로 손톱 주위에 붉은빛을 띠는 조직이 자라 나온다. 비위생적인 도구 사용 시 발생한다.
사상균증 몰드 Mold	청색. 검은색으로 인조 네일 시술 시 습기가 생기고 곰팡이균이 생긴다.

4) 네일기기 및 재료

종류	용도
젤 램프기	• 젤 시술 시 젤을 응고시키는 용도 • UV/LED 가시광선 등의 전구가 들어 있고 기계에 따라 젤을 응고시키는 시간은 차이가 있다.
전기 네일 건조기	• 기계 윗면에 팬이 회전하면서 네일 폴리시를 건조시키도록 한다. • 폴리시는 30분 이상 건조해야 손상되지 않는다.
각탕기	• 페디큐어 시 발을 씻을 수 있고 시술 전에 고객들에게 심신안정을 하도록 도와준다. • 버블이 생겨서 발관리 효과와 온도 조절을 할 수 있고 혈액순환에 도움이 된다. • 고혈압 환자는 피하는 것이 좋다.
자외선 살균소독기	• 시술도구(니퍼, 푸셔, 클리퍼 등)를 사용 전에 넣어 보관하는 기기이다.
파라핀기	• 응고된 파라핀 용액을 녹이는 기계이다. • 파라핀은 혈액순환과 거친 피부에 도움을 주어 보습효과가 뛰어나다.

종류	용도
드릴 머신	• 네일관리 시 니퍼, 파일 등의 네일 시술을 비트에 맞춰 사용하여 네일관리 시 시술시간을 단축할 수 있다. • 비트에 맞춰 시술하도록 하며 시술 시 주의를 요한다.
에어브러시	• 컴프레서를 사용해서 아크릴 물감을 부분 상태로 뿜어주는 네일 아트를 할 때 사용하는 기기이다.
로션 워머기	• 거친 큐티클 고객에게 핑거볼 대용으로 사용하며, 오일이나 크림을 따뜻하게 하도록 한다.
손소독제(안티셉틱)	• 손톱과 손의 소독제이다. • 시술 전후에 반드시 사용하도록 한다.
화장솜	• 손을 소독하거나 폴리시, 인조 네일 제거 시 리무버나 아세톤에 적셔서 사용한다.
흰색수건(위생타월)	• 시술 전 테이블에 깔고 시술하도록 한다.
팔받침대	• 모델 손이나 손목을 받치고 시술하도록 한다.
종이타월	• 위생타월 위에 깔고 사용하며 시술 시 젖거나 분진가루, 에나멜이 묻었을 경우 교체하여 시술하도록 한다.
파일꽂이	• 우드 파일, 인조 파일, 광택 파일, 버퍼, 디스크 파일, 샌딩 블록 등 파일을 모두 보관하도록 한다.
보관통(스테인리스/유리/플라스틱 재질)	• 멸균거즈, 화장솜, 스펀지 등을 보관한다.
분무기	• 발관리 시 발을 불리는 용도로 사용한다.
지혈제	• 시술 중 출혈이 발생하면 사용한다.
바구니	• 모든 재료를 세팅하도록 한다.
비닐봉지	• 작업 테이블에 부착하여 시술 시 지저분한 재료나 일회용 재료를 폐기하도록 한다.
디스펜서	• 폴리시 리무버나 아세톤을 담아 놓는 통이다.
핑거볼	• 손톱 주변(큐티클)의 굳은 살을 불릴 때 쓰는 용기이다.
폴리시 리무버	• 네일 컬러를 닦을 때 사용하는 액체로 자주 사용하게 되면 조갑이 약해질 수 있다.
큐티클 오일	• 큐티클을 부드럽게 보호하고 손거스러미를 방지하는 역할을 한다.

종 류	용 도
큐티클 리무버	• 큐티클을 부드럽게 하여 손질하기 쉽게 한다. • 액체 타입과 크림 타입 등이 있다.
큐티클 용해제	• 손과 발을 시술할 때, 푸셔를 사용하기 전에 큐티클을 부드럽고 느슨하게 만들 때 사용한다.
우드 파일	• 자연 네일 손톱 모양을 만들 때 사용한다.
디스크 패드	• 프리에지 아래 부분 거스러미를 정리할 때 사용한다.
샌딩 블럭(버퍼)	• 네일 표면 정리 시 사용한다.
더스트 브러시	• 손톱과 손의 분진가루 제거 시 사용한다. • 반드시 소독용기(유리재질)에 알코올을 담아 보관한다.
스펀지	• 그러데이션 시술 시 사용한다.
오렌지 우드스틱	• 큐티클을 밀거나 손톱의 이물질을 제거하거나 네일 폴리시 수정에 사용한다. • 간단한 아트 작업 시에도 사용한다. • 반드시 소독용기(유리재질)에 알코올을 담아 우드스틱을 보관한다.
푸셔	• 큐티클을 밀어 올릴 때 사용하는 금속제 도구이다. • 잘못 사용하면 손톱에 상처가 생길 수 있으므로 주의한다. • 45도 각도로 사용한다. • 반드시 소독용기(유리재질)에 알코올을 담아 푸셔를 보관한다.
니퍼	• 손톱 주변의 굳은 살(큐티클)이나 거스러미를 제거하는 도구이다. • 반드시 소독용기(유리재질)에 알코올을 담아 니퍼를 보관한다.
클리퍼	• 손톱. 발톱. 인조 네일 길이를 줄일 때 사용한다. • 반드시 소독용기(유리재질)에 알코올을 담아 보관한다.
소독용기(유리 재질)	• 더스트 브러시, 니퍼, 푸셔, 클리퍼, 오렌지 우드스틱을 거즈를 깔고 알코올을 용기에 담아 살균소독을 위해 사용한다.
멸균거즈	• 피부 주변 소독이나 피부에 묻은 에나멜 정리나 알코올에 젖은 더스트 브러시를 닦을 때 사용한다.
토우 세퍼레이터	• 네일 에나멜을 바르기 전 발가락 사이에 끼워 발가락을 분리할 때 사용한다.
잘라둔 호일	• 그러데이션 시술 시, 네일 에나멜량 조절 시 또는 젤마블 시 사용하기도 한다. 팔레트 대용으로 사용한다. • 인조 네일 제거 시 감싸는 용도로 사용한다.

종류	용도
베이스 코트	• 손톱 보호제, 네일 컬러를 칠하기 전에 칠하는 것으로, 네일 컬러를 칠해서 손톱이 누렇게 되거나, 색소가 손톱에 베어드는 것을 막고 네일 컬러를 잘 유지시키는 역할을 한다. 손톱과 폴리시의 접착력을 높인다. 1회 사용한다.
에나멜(폴리시/락커)	• 유색 폴리시, 락커라고도 하며 손톱에 발라 주는 유색의 화장제이다. • 45도 각도로 사용하고 브러시를 너무 눕혀서 사용하거나 힘을 너무 주고 사용하면 브러시 결이 남을 수 있으므로 주의한다. 2회 사용한다.
탑 코트	• 네일 에나멜 사용 후 광택을 더해주면서 네일 컬러를 오래 유지시켜 준다. 1회 사용한다.
본 더	• 젤 사용 시 밀착력을 높이도록 한다.
베이스 젤	• 젤 컬러 시술 시 젤 네일이 오랫동안 유지하도록 한다. • 모든 젤 시술 시 피부에 묻게 되면 리프팅의 원인이 되기도 한다. • 라이트기에 큐어링해야 한다. 1회 사용한다.
젤 컬러	• 젤 컬러 또는 컬러 젤은 라이트기에 넣어 큐어를 해야 굳는다. • 일반 에나멜에 비해 오래 유지하고 결이 남지 않아 쉽게 사용할 수 있다. 2회 사용한다.
탑 젤	• 탑 젤은 젤 컬러 광택을 더해주고 젤 컬러를 오래 유지시켜 준다. 1회 사용한다.
젤 클렌저	• 젤 큐어링 후 미경화가 남아 끈적임을 제거하도록 한다.
아트 브러시	• 아트 브러시, 라인 브러시, 세필 브러시라고도 한다. 아트 시술 시 사용하고 마블에 선을 표현할 때 사용한다.
인조 파일	• 파일에는 그릿수가 있다. 거칠수록 숫자가 낮고 부드러울수록 숫자가 높다. • 아크릴이나 실크 시술 시 150그릿이나 180그릿 파일을 사용한다. 100그릿은 인조 네일 제거 시 사용한다.
광택용 파일	• 샌딩 버퍼 후 광택을 내기 위해 사용한다.
샌딩 버퍼	• 표면 정리나 광택을 없앨 때 사용한다. • 스크래치가 없어지도록 사용한다. • 사각형 블록 모양이나 긴 파일 모양으로 200 이상 그릿수를 사용한다.
실크	• 부러진 손톱을 보수할 때 쓰는 랩(실크)으로, 손톱에 오버레이하거나 길이를 연장하는 천이다.
실크 가위	• 실크나 폼을 재단 시 사용한다.

종 류	용 도
젤 글루	• 젤 글루(브러시 젤) 인조 손톱을 붙이거나 오버레이 시술 시 사용한다.
글루	• 인조 손톱을 붙이는 접착제로 부러진 손톱의 보수에도 사용한다. 한순간에 접착하므로 주의한다.
글루 드라이어	• 글루나 젤 글루를 빨리 굳게 하는 재료
레귤러 팁	• 인조 손톱을 붙일 때 쓰는 재료
팁 커터	• 인조팁에 길이 조절 시 팁을 자르는 도구
필러 파우더	• 들뜬 손톱이나 갈라진 손톱 보강에 사용하는 아크릴 가루. 팁 위드 오버레이 시술 시 사용한다.
프라이머	• 아크릴 시술 시 아크릴 접착력을 높이기 위해 사용한다. • 산성이라 피부에 묻지 않도록 주의한다.
모노머	• 아크릴 리퀴드, 아크릴 파우더와 혼합해서 쓰는 용액
아크릴 파우더 (클리어/클리어핑크 파우더)	• 스컬프쳐 네일 등을 만들 때 아크릴 수지의 파우더 리퀴드와 함께 사용
아크릴 화이트 파우더	• 아크릴 프렌치 스컬프쳐 길이 연장 시, 프리에지 끝 부분이 화이트로 표현 시 사용한다.
네일 화이트너	• 손톱의 프리에지 부분을 희게 보이도록 해 주는 것으로, 주성분은 산화연, 티타늄, 디옥사이드이다.
스프라이핑 테이프	• 골드, 실버 등 여러 색상의 라이 테이프로 선을 만들 때 사용한다. 이 테이프는 끈적끈적한 뒷면을 가지고 있어 표피와 프리에지로부터 1/16인치 떨어져 테이프를 잘라야 벗겨지지 않고 손톱에서 말려 떨어져 나가지 않게 된다. 테이프 위에 탑 코트를 바른다.
아크릴 물감	• 속건성, 내수성이 뛰어나기 때문에 네일 아트에 적합한 물감이다. 네일 아트 한 다음 탑 코트를 발라주면 색상의 선명함과 지속성을 더할 수 있다.
인조 보석	• 큐빅 등 작은 모조 다이아몬드로 여러 가지 색깔과 크기가 있다. 베이스 코트와 폴리시를 바른 후 라인 스톤을 오렌지 우드스틱을 사용해서 디자인한다. 그 다음 탑 코트를 바른다.
워터 데칼	• 폴리시가 마른 다음 원하는 디자인을 오려서 물에 30초 정도 담갔다가 그림만 떼어내어 손톱 위에 붙인다. 탑 코트를 바른다.
콘커터	• 발바닥의 굳은 살을 제거하는 재료이다.

6 고객 응대 서비스

1) 고객상담
① 고객의 손톱과 피부 상태 확인
② 고객 요구사항 충분히 파악
③ 네일 서비스 종류 설명
④ 네일 서비스 선택

2) 상담자의 3요소
① **신뢰(고객카드 작성)**
- 네일 실전 기술에 들어가기 전에 고객과의 상담을 통하여 문제점을 조언하며, 고객카드를 작성한다.
- 고객의 생활습관, 건강 상태, 기호를 이해함으로써 만족감을 느낄 수 있는 서비스를 통해 바람직한 신뢰감을 줄 수 있도록 한다.

② **지식**
- 네일에 관련한 전문 이론 및 임상 결과로 쌓인 노하우와 고객 질문 시 유연한 답변 능력 등이 요구된다.
- 상담 시 실전 기술 서비스에 대하여 충분히 알려준다.
- 시술이 불가능한 네일의 경우 의사의 진찰을 권유한다.
- 전문 지식뿐만 아니라 자기계발을 끊임없이 노력해야 고객에게 더 가까이 갈 수 있다.
- 새로운 네일 제품에 대한 충분한 이해를 통해 올바른 제품 선택을 할 수 있다.

③ **배려**
- 고객관리는 고객을 만족시키는 데 있다.
- 고객을 진심으로 관리하겠다는 마음가짐이 요구된다.

3) 고객 상담자의 자세
① 상담 시 다른 고객의 신상이나 관리 정보를 유출하지 않는다.

② 상담자 자신의 자세와 몸짓이 어떤 의미를 전달하는지 주의하고, 이는 자신이 의도한 것인지를 분명히 파악해야 한다.
③ 효과적인 상담을 위해서는 고객의 말에 귀 기울이는 태도가 있어야 한다.
④ 고객에게 항상 배려하는 마음으로 상담하도록 한다.

4) 고객 상담 시 주의 사항

① **네일관리 전 상담 시 주의사항**
- 네일관리는 지속적임을 알려준다. 고객의 네일 유형을 자연스럽게 언급해주고 관리는 어떻게 해야 하는지 알려준다.
- 네일관리의 노력이 부족하다고 하기보다는 좋은 습관으로 유도시키도록 한다.
- 네일관리의 전 과정은 고객의 신뢰와 의지가 필요하므로 과장된 표현은 자제한다.

② **네일관리 중 상담 시 주의사항**
- 정확한 지식을 전달한다.
- 관리 전후의 정확한 비교와 분석을 시행한다.
- 고객의 심리적, 사회 환경적 상황을 배려한다.
- 주기적인 관리 상담이 요구된다.

③ **네일관리 후 상담 시 주의사항**
- 고객에 대한 장기적인 관심과 배려를 갖는다.
- 네일관리는 '네일리스트와 함께'라는 평생관리라는 인식을 갖게 한다.
- 네일관리는 고객 자신의 문제로서 꾸준한 노력이 요구됨을 인식시킨다.

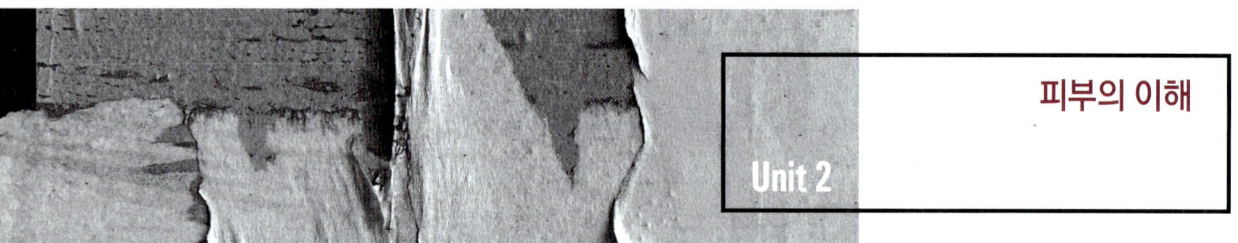

Unit 2   피부의 이해

1 피부와 피부 부속기관

1) 피부의 구조

피부는 표피, 진피, 피하조직으로 구성되어 있고, 부속기관으로 한선, 피지선, 모발, 손발톱이 있다.

피부	표피	각질층
		투명층
		과립층
		유극층
		기저층
	진피	유두층
		망상층
	피하조직	피하지방
부속기관	모발, 한선, 피지선, 손발톱	

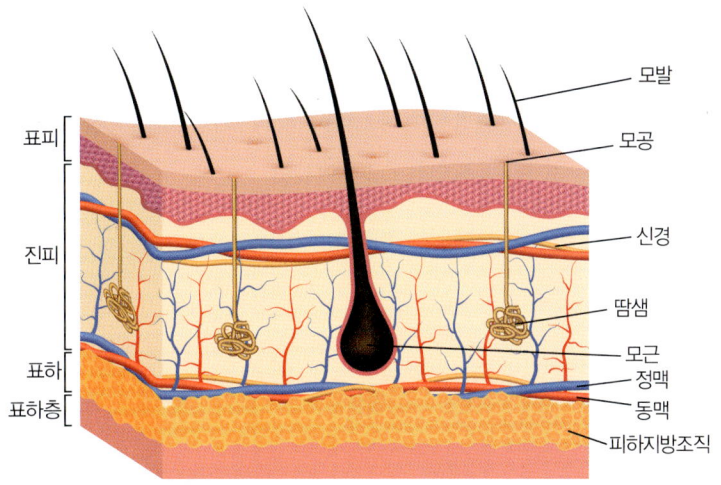

(1) 표피

표피는 피부의 표면층으로 세균, 유해물질, 자외선으로부터 피부를 보호한다.

① 표피의 구조

각질층	• 표피의 최상층으로 외부 자극으로부터 피부보호 및 이물질 침투 방지 • 죽은 세포로서 각질이 되어 탈락(박리현상)하는 층 • 각질층 주성분: 케라틴, 천연보습인자, 지질로 구성 • 라멜라(널판지 모양의 결정) 구조로 결합 • 각화주기: 기저층에서 생성되어 각질층까지 올라와 박리될 때까지 기간(약 28일 소요) • 천연보습인자가 존재하며 각질층의 수분량을 결정
투명층	• 손과 발바닥에 존재하는 투명막 • 엘라이딘(Elaidin)이라는 반유동성 물질 함유
과립층	• 각질화 준비 단계, 유핵 세포와 무핵 세포 공존 • 수분 저지막(Rein Membrane) 존재로 수분 증발을 막아주고 외부로부터 피부를 보호
유극층	• 표피에서 가장 두꺼운 층 • 랑게르한스 세포 존재
기저층	• 표피의 가장 아래층에 위치 • 기저 세포(각질 형성 세포), 멜라닌 세포, 머켈 세포 존재 • 모세혈관을 통해 영양을 공급받아 새로운 세포 생성

② 표피의 구성 세포

각질형성 세포	표피의 주요 구성성분, 각화 세포
멜라닌 세포	기저층에 위치, 색소 세포로서 피부가 손상되는 것을 방지
랑게르한스 세포	유극층에 위치, 피부 면역 담당
머켈 세포	기저층에 위치, 촉각 세포로서 촉각을 감지

The 알아보기

표피의 각화현상: 표피의 기저층에서 발생된 각질 형성 세포가 기저층 → 유극층 → 과립층 → 투명층 → 각질층으로 이동되어 각질로 탈락되는 현상이며, 약 28일(4주)이 소요된다.

(2) 진피

진피는 표피와 피하지방층 사이에 위치하고 유두층과 망상층으로 구성되어 있다.

① 진피의 구조 및 구성성분

유두층	• 진피의 상단 부분 • 모세혈관, 림프관, 신경이 분포됨 • 혈관을 통해 기저층에 영양공급, 림프관으로 표피의 노폐물을 배설
망상층	• 유두층 아래에 위치하고 있으며, 망상구조의 결합조직 • 교원섬유(콜라겐 섬유), 탄력섬유(엘라스틴 섬유), 기질(무코다당류)로 구성 　① 콜라겐 섬유: 피부에 탄력성과 장력 제공, 보습 작용 　② 엘라스틴 섬유: 피부 탄력성 유지 　③ 무코다당류: 세포와 섬유성분 사이를 채우고 있는 물질

② 진피의 구성 세포

섬유아 세포(fibroblast)	콜라겐, 엘라스틴, 기질을 합성하는 역할(결합조직 세포라고도 함)
대식 세포(Macrophage)	면역 담당 세포
비만 세포(Mast Cell)	알레르기 반응을 일으키는 세포

(3) 피하조직(피하지방조직)

피하조직은 진피와 근육 사이에 위치하고 피부의 가장 아래층에 해당된다.

① 피하조직의 기능

- 외부 충격에 방어하여 피부를 보호
- 체온조절 및 보호 기능
- 에너지 저장 기능
- 수분 조절 기능
- 탄력성 유지 및 체내 신진대사 조절 기능

2) 피부의 기능(역할)

보호 기능	외부 자극(각종 세균, 미생물, 자외선 등)에 대한 보호
체온조절 기능	혈관 확장과 수축으로 열과 땀 분비를 하여 체온 조절
분비 및 배설 작용	피지와 땀으로 각종 노폐물을 피부 표면으로 배출
감각 작용	통각, 촉각, 냉각, 압각, 온각(통각이 가장 넓게 분포)
호흡 작용	산소 흡수, 이산화탄소를 방출

3) 피부 부속기관의 구조 및 기능

피부 부속기관에는 한선, 피지선, 모발, 손발톱이 있다

(1) 한선(땀샘)

소한선(에크린선)	• 입술, 생식기, 손발톱을 제외한 전신에 분포(손·발바닥, 이마에 많이 분포) • 체온 조절 및 노폐물 배출 역할 • 무색 무취의 맑은 액체를 분비
대한선(아포크린선)	• 귀, 겨드랑이, 배꼽 주위, 성기 주변 등 특정 부위에 존재 • 공기에 산화되어 특유의 냄새 발생(액취증) • 남성보다 여성이 발달(흑인 > 백인 > 동양인)

(2) 피지선(기름샘)

① 피지선은 진피의 망상층에 위치

② 손바닥과 발바닥을 제외한 전신에 분포

③ 수분 증발 억제 작용과 모발의 윤기와 광택 유지 효과

④ 피부의 pH를 약산성으로 유지시켜 세균 및 이물질 침투를 방지

> **The 알아보기**
>
> 성인이 1일 분비하는 피지 분비량 : 1~2g

(3) 모발

① 모발의 개요

- 모발의 구성: 케라틴(단백질 성분), 멜라닌, 지질, 수분 등으로 구성
- 모발의 성장 속도: 0.34 ~ 0.35mm (1일), 1~1.5cm (30일)
- 모발의 성장 사이클: 발생기 → 성장기 → 퇴화기 → 휴지기 → 발생기
- 모발의 수명: 3~6년(남성: 3~5년, 여성: 4~6년)

② 모발의 구조

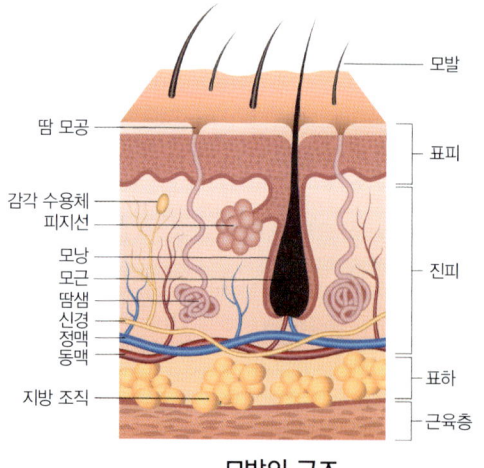

모발의 구조

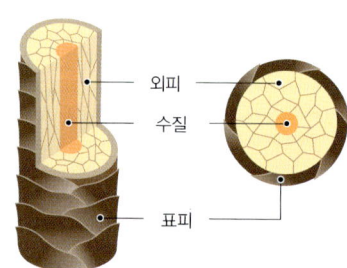

모발의 단면

- 모간부: 피부 밖으로 나와 있는 부분

모표피	모발의 가장 바깥 부분으로 얇은 비늘 모양
모피질	모표피의 안쪽부로 멜라닌 색소를 함유하고 있어 모발의 색상 결정
모수질	모발의 중심부, 수질 세포로 공기 함유

- 모근부: 피부 속 모낭에 있는 모발

모낭	모근을 싸고 있는 주머니 모양의 조직
모구	모근의 뿌리 부분
모유두	모낭 끝에 위치하고 있으며 모발에 영양 공급
모모 세포	모유두에 인접한 세포층으로 새로운 머리카락을 형성

The 알아보기

멜라닌 색소(모발 색상 결정)

멜라닌 색소	페오멜라닌	노란색과 빨간색 모발(서양인 모발)
	유멜라닌	흑갈색과 검은색 모발(동양인 모발)

2 피부 유형 분석

피부 타입은 정상, 건성, 지성, 민감성, 복합성, 노화성 피부 등으로 구분된다.

피부 타입	성상 및 특징	관리 방법
정상 피부	가장 이상적인 피부로 수분과 피지분비량이 적당하고, 피부결이 부드럽고 탄력이 있는 피부	유분과 수분의 균형관리를 하도록 노력한다.
건성 피부	유분과 수분 함량이 부족하여 피부 탄력 저하가 발생한 피부로, 피부결이 얇아지고 색소침착, 주름이 쉽게 생긴다.	충분한 유분과 수분이 함유된 화장품을 사용한다.
지성 피부	모공이 넓고, 피부가 두꺼우며 피지 분비가 많아 여드름과 뽀루지가 생기기 쉽고 블랙헤드가 쉽게 생긴다.	피지제거와 세정을 주기적으로 진행한다.

피부 타입	성상 및 특징	관리 방법
민감성 피부	모세혈관이 확장되어 실핏줄이 드러나 있고, 홍반, 색소 침착 등이 발생되는 피부로, 외부 환경이나 화장품에 쉽게 반응한다.	무알코올 계통, 저자극성 화장품을 사용한다.
복합성 피부	2가지 이상의 피부 타입이 공존하는 피부로, T존 부위는 피지분비가 많고, U존 부위는 건성인 피부	각각 부위별로 차별적 관리가 필요하다.
노화성 피부	노화 현상으로 피부 탄력성이 저하, 주름이 발생되는 피부로, 표피와 각질층이 두꺼워지며, 세안 후 당김 현상이 많은 피부	피부 재생과 영양공급을 주 목적으로 관리한다.

3 피부와 영양

1) 3대 영양소, 비타민, 무기질

(1) 영양소의 구성

3대 영양소	탄수화물, 단백질, 지방
5대 영양소	탄수화물, 단백질, 지방, 비타민, 무기질
6대 영양소	탄수화물, 단백질, 지방, 비타민, 무기질, 물

➕ The 알아보기

영양소: 음식물 속에 들어있는 에너지원이나 몸의 구성성분이 되는 물질

(2) 영양소의 기능

열량 영양소	에너지 보급, 신체의 체온 유지	탄수화물, 단백질, 지방
구성 영양소	신체조직의 형성과 보수, 혈액 및 골격을 형성	단백질, 무기질, 물
조절 영양소	생리기능의 조절 보조 작용	비타민 무기질, 물

2) 피부와 영양

(1) 3대 영양소와 피부

탄수화물	① 기능: 에너지 공급(1g당 4kcal의 에너지 생산), 혈당 유지 ② 종류: 단당류(포도당, 과당), 이당류(맥아당), 다당류(전분, 글리코겐) 등 ③ 피부의 영향 • 피부 세포에 활력, 보습효과, 체온 조절 및 피로회복에 도움을 줌 • 과잉 섭취 시 피지분비량 증가, 피부염
단백질	① 기능: 에너지 공급(1g당 4kcal의 에너지 생산), pH 조절, 면역 세포와 항체 형성 역할 ② 종류: 필수 아미노산 10종(식품을 통해서만 섭취 가능) ③ 피부의 영향 • 손톱과 발톱을 건강하게 유지, 피부 건조 방지, 피부 재생에 도움을 줌 • 과잉 섭취 시 수분 부족
지방	① 기능: 에너지 공급(1g당 9kcal의 에너지 생산), 체온 유지, 신체장기 보호 ② 종류: 포화지방산, 불포화지방산, 중성지방 등 ③ 피부의 영향 • 피부 건조 방지, 피부 재생에 도움을 줌 • 과잉 섭취 시 피부 탄력성 및 보습력이 저하됨(콜레스테롤이 혈관벽에 쌓여 영양 및 과산소 공급 저하 현상 발생)

(2) 비타민, 무기질과 피부

비타민	① 기능: 생리대사의 보조역할, 세포의 성장 촉진, 신경 안정 ② 종류: 지용성 비타민(A, D, E, K), 수용성 비타민(B1, B2, B12, C) ③ 피부의 영향 • 피부재생 촉진 (A), 피부 면역성 향상(K), 콜라겐 형성(C), 피부병 치료에 도움(P) 등
무기질	① 기능: 효소와 호르몬의 주성분, 근육의 탄력성 유지 ② 종류: 칼슘, 인, 마그네슘, 나트륨, 칼륨, 황, 아연, 구리, 요오드, 크롬, 코발트 등 ③ 피부의 영향 • 피부 신진대사 촉진(칼슘), 산소와 영양소를 피부에 운반(철), 수분 조절(칼륨) 등 • 과잉 섭취 시 부종, 고혈압 등

🔹 **The 알아보기**

비타민의 기능과 특성

① 지용성 비타민

종류	기능	결핍 시 증상	함유 식품
비타민 A	피부 재생, 노화 방지	야맹증, 피부건조증	녹황색 채소, 해조류, 토마토, 계란
비타민 D	뼈의 발육 촉진	구루병, 피부건선	우유, 버섯, 계란
비타민 E	황산화 기능, 노화 지연	빈혈, 피부노화	푸른 야채, 식물성 기름
비타민 K	혈액응고 관여, 모세혈관 강화	혈액응고 지연	녹황색 채소, 우유, 간

② 수용성 비타민 (지용성을 제외한 비타민류)

종류	기능	결핍 시 증상	함유 식품
비타민 B1	피부면역 증진	각기병, 여드름	돼지고기, 콩류
비타민 B2	보습과 성장 촉진	구순염, 습진	우유, 치즈
비타민 B12	혈액 생산, 세포 재생	빈혈, 피부염	우유, 소고기, 계란
비타민 C	노화 예방, 피부탄력 유지	괴혈병, 색소 침착	감귤, 녹황색 채소

3) 체형과 영양

(1) 체형의 변화 요인

① 경제 발전, 소득 증가로 인한 식생활 환경(고열량, 간편식 제품)의 변화

② 바쁜 일상으로 인한 불규칙한 식사, 간식과 야식, 과식과 폭식 등의 식습관 고착화

③ 편리한 생활 환경, 운동량 감소에 따른 미소진된 에너지의 과도한 체내 저장(비만)

(2) 체형과 영양

① 영양과 건강을 고려한 필수영양소의 적절한 섭취

② 균형 잡힌 식습관 유지

③ 일상 생활습관으로의 운동(걷기, 스트레칭, 요가 등)을 통한 기초 대사량 증대

🔹 **The 알아보기**

기초 대사량: 생명 유지에 필요한 최소한의 열량

4 피부장애와 질환

1) 원발진과 속발진

(1) 원발진: 피부질환 형태의 초기 증상

반점	피부 표면의 피부 색조 변화(기미 주근깨)
반	반점보다 넓은 피부 색조 변화
구진	직경 1cm 미만의 단단한 피부 융기물
결절	1cm 이상의 단단한 융기물
종양	2cm 이상의 피부 융기물
팽진	일시적 부종으로 가려움증을 동반한 발진현상(모기에 물렸을 때)
소수포	액체나 피가 고인 피부 융기물(화상 상처)
농포	고름이 생긴 형태(여드름)

(2) 속발진: 2차적 피부질환

미란	표피가 벗겨진 증상
찰상	긁어서 생기는 표피의 결손
인설	각질이 떨어져 나가는 현상
가피	고름 등이 표피에 말라 붙은 것
태선화	표피 등이 건조화되면서 가죽처럼 두꺼워지는 현상
반흔	일반적인 상처나 흉터를 의미함

2) 피부질환

(1) 색소 이상 증상

① **과색소 침착**: 멜라닌 색소 증가
- 표피: 기미 주근깨, 갈색반점, 흑색종
- 진피: 몽고반점

② **저색소 침착:** 멜라닌 색소 감소
- 백색증: 선천적으로 멜라닌 색소가 결핍되어 나타나는 질환
- 백반증: 후천적으로 멜라닌 색소가 감소되어 나타나는 질환

(2) 습진에 의한 피부질환

① **접촉성 피부염:** 외부 환경 및 대상에 접촉되어 발생되는 피부염

② **지루성 피부염:** 과다한 피지 분비로 머리, 얼굴, 가슴 등에 발생하는 염증성 피부염

③ **아토피성 피부염:** 유전적, 환경적 요인으로 인해 발생되는 만성 습진

(3) 감염성 피부질환

① **바이러스성 피부질환**

단순포진	입술 주위에 생기는 급성 수포성 질환
대상포진	수두 바이러스가 원인이 되어 발생되고, 심한 통증을 동반
수두	소아에게 발생되는 피부 전염성 수포질환으로 흉터를 남김
홍역	소아에게 발생되는 급성 발진성 질환

② **진균성 피부질환**
- 원인균: 효모균과 피부사상균에 의해 발병되어 나타나는 피부질환
- 종류: 족부백선(무좀), 두부백선(두피에 발병), 조갑백선(손발톱 무좀), 완선(사타구니 습진), 칸디다증(붉은반점과 소양증을 동반)

(4) 열에 의한 피부질환

① **화상**

1도 화상	피부가 붉게 변하고 국소 열감과 통증 수반
2도 화상	진피층까지 손상되어 수포 발생
3도 화상	피부의 전층 및 신경 손상까지 동반한 상태
4도 화상	피부의 전층, 근육, 신경, 뼈, 조직까지 손상된 상태

② **땀띠(한진):** 과도한 땀이나 자극으로 인해 피부에 생기는 붉은색의 작은 수포성 발진

③ **열성 홍반:** 강한 열에 지속적으로 노출되어 피부에 홍반과 과색소 침착을 일으키는 질환

(5) 기타 피부질환

비립종	눈 아래 모공과 땀구멍에서 발생
하지정맥류	정맥과 혈관이 비정상적으로 확장되고 신전되거나 비틀려서 피부 밖으로 돌출되어 보이는 현상
주사	혈관 흐름이 원활하지 않아서 발생하며 코 주위에 붉게 나타나는 현상
여드름	피지의 과다 분비나 각질이 모공을 막으면서 발생

5 피부와 광선

1) 자외선이 미치는 영향

(1) 역할

태양광의 스펙트럼을 사진으로 찍었을 때 가시광선보다 짧은 파장(200~400nm)으로 눈에 보이지 않는 빛이다.

(2) 종류

종류	파장	기능 및 역할
UV-A	320~400nm(장파장)	진피층까지 침투, 색소 침착, 광노화 발생
UV-B	290~320nm(중파장)	표피의 기저층까지 도달, 홍반 수포, 주근깨 유발
UV-C	200~290nm(단파장)	대기 오존층에서 흡수됨, 오존층 파괴 시 피부에 노출되면 피부암

(3) 자외선이 피부에 미치는 영향

① **긍정:** 살균 및 소독, 비타민 D 형성, 혈액순환 촉진

② **부정:** 일광화상, 색소 침착, 홍반 반응, 광노화 현상, 광과민(일광알레르기) 등

➕ The 알아보기

광노화 현상: 자외선에 과다 노출될 경우 피부를 보호하기 위해 기저층의 각질 형성, 세포 증식이 빨라져 피부가 두꺼워지는 현상

2) 적외선이 미치는 영향

(1) 역할
인체의 별다른 영향 없이 피부 깊숙하게 침투하여 체온을 상승시키는 열선 역할을 한다.

(2) 종류

근적외선	진피에 침투, 소독과 멸균, 근육치료에 이용
원적외선	표피 전층 침투, 진정 효과, 탈취 효과

(3) 적외선의 효과
혈액순환 및 신진대사 촉진, 통증 완화, 진정 효과, 근육이완과 수축

6 피부 면역

1) 면역의 종류와 작용

(1) 면역의 정의
외부의 미생물(세균, 바이러스)이나 화학물질로부터 생체를 방어하는 기능으로서 특정 병원체나 독소에 대한 저항력을 가지는 상태이다.

(2) 면역의 종류와 작용

① **선천적 면역**: 태어날 때부터 가지고 있는 면역체계로 인종, 종족에 따른 차이가 있다.

② **후천적 면역**: 후천적으로 형성된 면역이다.

능동면역	자연 능동면역	전염병 감염에 의해 형성된 면역
	인공 능동면역	예방접종의 결과로 획득된 면역
수동면역	자연 수동면역	모체로부터 생성된 면역
	인공 수동면역	면역 혈청주사에 의해 획득된 면역

(3) 면역 반응(면역 메커니즘)

B 림프구	특정 항원에만 반응하는 체액성 면역(항체를 형성하여 면역 역할 수행)
T 림프구	직접 항원을 파괴하는 세포성 면역, 피부 및 장기 이식 시 거부 반응에 관여

7 피부노화

1) 피부노화의 원인

(1) **노화의 정의**: 나이가 들어가면서 신체의 전반적인 활력이 떨어지고, 모든 생리적인 기능이 저하되는 과정을 말한다.

2) 피부노화 현상

내인성 노화 (생리적 노화)	나이에 따른 과정성 노화	• 표피와 진피가 얇아짐 • 피부가 건조해지고 잔주름 증가 • 면역(랑게르한스 세포 감소), 신진대사 기능 저하 • 색소 침착
광노화 (환경적 노화 현상)	생활 여건, 외부 환경, 노출로 일어나는 노화 현상	• 각질층이 두꺼워짐, 주근깨, 색소 침착 • 면역성 감소(랑게르한스 세포수 감소) • 과도한 색소 침착

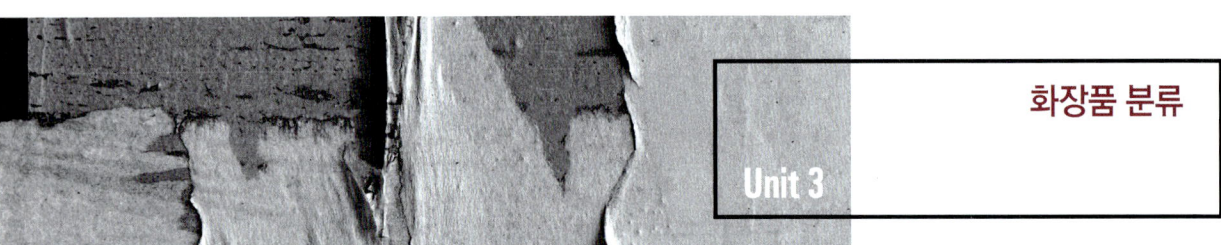

화장품 분류

Unit 3

1 화장품 기초

1) 화장품의 정의

(1) 화장품의 정의

① 인체를 청결, 미화하여 매력을 더하고 용모를 밝게 변화시키거나
② 피부·모발의 건강을 유지 또는 증진하기 위하여 인체에 바르고 뿌리는 등의 방법으로 사용되는 물품으로서
③ 인체에 대한 작용이 경미한 것을 말한다(화장품법).
④ 의약품에 해당하는 물품은 제외한다(약사법).

(2) 화장품, 의약부외품, 의약품의 구분

구분	대상	사용 목적	기간	부작용	비고
화장품	정상인	청결, 미화	장기	없어야 함	스킨, 로션, 크림 등
의약부외품	정상인	위생, 미화	장기	없어야 함	탈모제, 염모제 등
의약품	환자	질병의 진단 및 치료	단기	있을 수도 있음	항생제, 스테로이드, 연고 등

2) 화장품의 분류

사용 목적과 대상에 따른 분류	기초 화장품, 메이크업 화장품, 방향 화장품, 바디 화장품
허가 규정에 따른 분류	일반 화장품, 기능성 화장품
대상에 따른 분류	여성용 화장품, 남성용 화장품, 어린이용 화장품, 유아용, 공용 화장품 등

2 화장품 제조

1) 화장품의 원료

화장품은 수성 원료, 유성 원료, 계면활성제, 보습제, 방부제, 색소, 기타 성분 등으로 구성된다.

(1) 수성 원료: 정제수(물), 에틸알코올(에탄올)

(2) 유성 원료 (오일, 왁스)

① **오일류:** 보습 작용, 오염물질 침투 방지 효과

식물성 오일	식물의 열매, 종자, 꽃 등에서 추출	올리브, 동백, 아보카도, 파마자, 아몬드, 호호바 오일 등
동물성 오일	동물의 피하조직 및 장기에서 추출	스쿠알렌 (상어간), 밍크 오일(밍크의 피하지방)
광물성 오일	석유 등에서 추출	유동파라핀, 미네랄, 바세린, 실리콘 오일

② **왁스류:** 화장품의 고형화 작용

식물성 왁스	칸데릴라 왁스(칸데릴라 식물), 카우나우바 왁스(야자나무의 잎 등)
동물성 왁스	밀랍(꿀벌), 라놀린(양털), 경납(향유고래)

(3) 계면활성제: 물의 표면장력을 저하시키는 물질

양이온성	살균 소독 작용 우수	헤어린스, 헤어 트리트먼트 등
음이온성	세정 작용, 기포 형성 작용 우수	비누, 샴푸, 클렌징 폼
비이온성	피부자극이 적어 기초화장품에 사용	화장수의 가용화제, 크림의 유화제
양쪽성	세정 작용, 피부자극이 적음	베이비 샴푸, 저 자극 샴푸

✚ The 알아보기

계면활성제의 피부 자극 순서: 양이온성 > 음이온성 > 양쪽이온성 > 비이온성
계면활성제의 세정력 순서: 음이온성 > 양쪽이온성 > 양이온성 > 비이온성

(4) 보습제: 피부의 건조함을 방지하는 역할

천연보습인자(NMF)	아미노산(40%), 젖산(12%), 요소(7%), 지방산 등
고분자 보습제	가수분해 콜라겐, 히아루론산염 등
폴리올계	글리세린, 프로필렌글리콜 등

(5) 방부제: 화장품의 변질 방지 및 살균 작용

파라벤, 이미다졸리디닐우레아, 파라옥시안식향산메틸, 파라옥시안식향산프로필 등이 있다.

(6) 색소(염료와 안료): 채색 및 자외선 차단의 역할

염료	화장품의 색상 효과	물이나 오일에 잘 녹으며, 수용성 염료와 유용성 염료가 있음
안료	빛 반사 및 차단의 역할	물이나 오일에 녹지 않으며, 유기 안료와 무기 안료가 있음

2) 화장품의 제조 기술

화장품은 분산 공정, 유화 공정, 가용화 공정, 혼합 공정, 분쇄 공정을 거쳐 제조된다.

(1) 분산(Dispersion)

① 물 또는 오일에 미세한 고체 입자가 계면활성제에 의해 균일하게 혼합되어 있는 상태의 제품
② 립스틱, 마스카라, 아이섀도, 아이라이너, 파운데이션

(2) 유화(Emulsion)

① 물에 오일 성분이 계면활성제에 의해 우유빛 상태로 섞여 있는 상태의 제품
② 크림과 로션

➕ **The 알아보기**

O/W	물(W)에 오일(O)이 분산되어 있는 형태(수중유 유화)	로션
W/O	오일(O)에 물(W)이 분산되어 있는 형태(유중수 유화)	영양크림, 클렌징크림

(3) 가용화(Solubilization)
① 계면활성제 성분에 의해 물에 소량의 오일 성분이 투명하게 용해되어 있는 상태의 제품
② 화장수, 투명 에멀전, 에센스, 립스틱, 네일에나멜, 향수, 헤어 토닉

3) 화장품의 특성

(1) 화장품 품질의 4대 특성
① **안전성**: 피부에 자극, 독성, 알러지 반응이 없어야 한다.
② **안정성**: 보관 시 변질, 변색, 변취 및 미생물 오염이 없어야 한다
③ **사용성**: 피부에 잘 스며들고 부드러우며 촉촉해야 한다.
④ **유효성**: 적절한 보습, 노화 억제, 미백 효과, 주름 방지, 세정, 색채 효과 등을 부여할 수 있어야 한다.

(2) 화장품 용기 기재 사항
① 화장품의 명칭
② 제조업자 및 제조판매업자의 상호 및 주소
③ 내용물의 용량 또는 중량
④ 제조번호
⑤ 사용기간 또는 개봉 후 사용기간
⑥ 가격 및 주의 사항

3 화장품의 종류와 기능

기초 화장품	세안용 화장품, 피부 정돈 화장품, 피부 보호 화장품
메이크업 화장품	베이스 메이크업, 포인트 메이크업 화장품
모발 화장품	세정용, 정발용, 트리트먼트, 염모제, 탈색제, 퍼머넌트제 등
바디관리 화장품	세정제, 트리트먼트, 각질 제거, 체취 방지 제품 등
네일 화장품	리무버, 큐티클 오일, 네일 에나멜 등
방향 화장품(향수)	퍼퓸, 오데퍼퓸, 오데토일렛 등
에센셜(아로마) 및 캐리어 오일	에센셜 오일, 캐리어 오일
기능성 화장품	미백, 주름개선, 자외선 차단, 썬텐, 탈색, 탈염, 제모, 여드름 및 아토피케어 화장품 외

1) 기초 화장품: 피부 세정, 정돈 및 보호를 위해 사용하는 기초적인 화장품을 말한다.

(1) 기초 화장품의 종류와 기능

피부 세정	피부의 노폐물 및 화장품의 잔여물 제거	클렌징(크림, 로션, 오일, 젤, 폼, 워터)
피부 정돈	피부에 수분 공급, pH 조절, 피부 진정	화장수(skin), 스킨로션, 스킨토너, 토닝로션 등
피부 보호	피부에 수분과 영양 공급	로션, 크림, 에센스

2) 메이크업 화장품

피부에 색조 효과를 부여하고 음영 효과를 주어 입체감 연출을 위해 사용하는 화장품을 말한다.

(1) 베이스 메이크업

메이크업 베이스 (Make-up base)	피부톤을 정돈하고 화장의 지속성을 높여주는 역할	다양한 색상이 있음
파운데이션 (Foundation)	베이스 컬러, 얼굴색의 변화와 피부의 결점을 보완	리퀴드, 크림, 압축 고형 파우더
파우더 (Powder)	색조 효과 부여, 피부가 번들거리는 것을 감추어 주는 역할	콤펙트 파우더, 루스 파우더

(2) 포인트 메이크업 화장품

아이섀도(Eye shadow)	눈과 눈썹 부위에 색채와 음영 효과
마스카라(Mascara)	속눈썹을 길게 연출하고, 눈매를 아름답게 표현
아이브로우(Eyebrow)	비어있는 눈썹을 채워주고, 눈썹 모양을 연출
아이라이너(Eye liner)	눈매 수정, 뚜렷한 눈매 연출
립스틱(Lipstic)	입술에 색채와 광택 부여, 수분 증발 방지 효과
블러셔(Blusher)	볼에 도포하여 음영과 윤곽을 주어 입체감 연출

3) 모발 화장품

모발을 청결히 유지하고 모발의 스타일을 연출하기 위하여 사용하는 화장품을 통칭한다.

세발용	모발 및 두피를 청결하게 관리하는 목적	샴푸, 린스
정발용	보습 효과 및 헤어 스타일링 유지 목적	헤어 오일, 포마드, 헤어 스프레이, 젤, 헤어 무스
트리트먼트	모발 손상 방지 및 손상된 모발 복구	헤어 트리트먼트 크림, 헤어팩, 헤어코트

4) 바디관리 화장품

바디의 세정과 바디관리에 도움을 주는 화장품을 말한다.

세정제(목욕제)	피부 노폐물 제거	비누, 바디클렌져, 입욕제
바디 각질 제거제	피부의 각질을 제거	바디스크럽, 바디솔트
바디 트리트먼트	수분과 영양 공급	(바디 & 핸드) 로션 (바디 & 핸드) 오일
액취 방지제	신체의 냄새를 억제하는 기능	데오도란트
태닝 제품	피부를 균일하게 그을려 건강한 피부 표현	선케어 제품
슬리밍 제품	노폐물을 배출하고 지방을 분해하는데 도움	지방분해 크림, 바스트 크림

5) 네일 화장품

손, 발톱에 색상과 광택을 부여하거나, 유분과 수분을 공급하여 손발톱을 보호하는 화장품을 말한다.

네일 에나멜	손, 발톱에 색상을 주는 제품, 네일 폴리시 또는 래커라고도 함
베이스 코트	손, 발톱 표면에 바르는 투명한 액체, 손톱 변색과 오염 방지 및 에나멜 밀착력을 높임
탑 코트	에나멜 위에 도포하여 에나멜의 광택이 지속적으로 유지되도록 하는 역할
프라이머	손, 발톱 표면의 pH 밸런스를 조절하여 아크릴의 접착력을 높이는 역할
에나멜 리무버	손, 발톱의 에나멜을 제거할 때 사용, 폴리시 리무버라고도 함
큐티클 오일	손, 발톱 주변의 큐티클을 부드럽게 제거하기 위하여 사용

6) 방향용 화장품(향수)

(1) 희석 정도에 따른 분류

종류	부향률	지속시간	특성
퍼퓸(Perfume)	15~30 %	6~7시간	향이 풍부하고 고가임
오데퍼퓸(Eau de perfume)	9~12 %	5~6시간	퍼퓸과 오데토일렛의 중간
오데토일렛(Eau de toilette)	6~8 %	3~5시간	가장 범용적으로 사용
오데코롱(Eau de cologne)	3~5 %	1~2시간	상쾌한 향취, 향수 입문자에게 적합
샤워코롱(Shower cologne)	1~3 %	1시간	가장 낮은 농도로 은은하고 산뜻한 향, 샤워 후 바디에 분사

> **The 알아보기**
>
> **부향률, 지속시간 순서:** 퍼퓸 > 오데퍼퓸 > 오데토일렛 > 오데코롱 > 샤워코롱
> **부향률:** 향료와 알코올의 배합 비율(향수에 포함되어 있는 원액의 비율)

(2) 향수의 발산 속도에 따른 분류

탑 노트 (Top note)	• 처음 느끼게 되는 향(향수 용기를 열거나, 뿌렸을 때) • 휘발성이 강한 에센스 사용(오렌지, 라임 등)
미들 노트 (Middle note)	• 중간 단계의 향, 향수가 가진 본연의 향 • 꽃과 과일향 류(라벤더, 카모마일 등)
베이스 노트 (Base note)	• 마지막 남는 향, 사용자의 체취와 혼합되어 발산되는 자신의 향 • 휘발성이 낮은 향료(페출리, 시더우드 등)

> **The 알아보기**
>
> **향을 맡을 수 있는 순서:** ① 탑노트 → ② 미들노트 → ③ 베이스 노트

7) 에센셜(아로마) 오일 및 캐리어 오일

(1) 아로마 오일

아로마 오일은 식물의 꽃, 줄기, 잎, 뿌리, 열매 등 다양한 부위에서 추출된 휘발성 높은 방향성 오일을 통칭하며, 고농축 원액 상태를 에센셜 오일(Essential oil)이라고 한다.

① 아로마 오일의 효능

- 혈액순환, 림프순환 촉진
- 항염, 항균, 피부 진정 작용
- 노폐물과 독소 배출에 기여

➕ The 알아보기

아로마테라피(Aromatherapy): 에센셜 오일과 향을 이용하여 스트레스와 통증을 완화시켜 주는 향기법

Aroma(향) + Therapy(치료) = Aromatherapy

(2) 아로마(에센셜) 오일의 종류

분류	종류	효능
꽃	라벤더	상처 치유, 불면증, 스트레스 완화 등
	캐모마일	사과향, 항균 진정 효과
	재스민	정서적 안정감, 호르몬 조절에 도움
허브	페퍼민트	피로회복, 통증 완화에 도움
	로즈마리	기억력 증진, 두통제거, 이뇨 작용 촉진 등
	티트리	살균, 소독, 무좀, 화상 완화 등
과일	레몬	기미 완화, 림프 순환 촉진
	오렌지	면역 작용, 살균, 미백 작용 등
수목	유칼립투스	항균, 항박테리아, 근육통 치유에 도움

(3) 에센셜(아로마) 오일의 추출 방법

수증기 증류법	증발되는 향기 물질을 냉각시켜 추출하는 방법
압착법	과일즙 만드는 방법과 같이 압착하여 향을 추출하는 방법
용매추출법	용매를 이용하여 향기 성분을 녹여서 추출하는 방법

(4) 에센셜(아로마) 오일의 사용 방법

마사지법	오일을 피부에 도포 후 마사지로 혈액 순환, 정서적 안정을 주는 방법
흡입법	뜨거운 물, 손수건 등에 오일을 떨어뜨려 흡입하는 방법
목욕법	욕조에 에센셜 오일을 넣고 몸을 담그는 방법(전신욕, 반신욕, 좌욕 등)
습포법	수건 등을 이용하여 냉습포, 온습포로 찜질하는 방법
확산법	아로마 램프 등을 이용하여 흡입하는 방법

(5) 에센셜(아로마) 오일의 보관 방법

① 희석하여 적정 용량을 사용할 것을 권장한다.
② 사용 전 피부 테스트를 하고 직접 눈 부위에 접촉하지 않도록 유의한다.
③ 임산부, 고혈압 환자, 심장병 환자, 과민한 사람은 사용 자제를 권장한다.
③ 갈색병에 담아 어두운 곳에 보관한다.

(6) 캐리어 오일(베이스 오일)

캐리어 오일은 에센셜 오일을 희석시켜 피부 흡수율을 높이기 위해 사용하는 식물성 오일을 말하며 베이스 오일이라고도 한다.

호호바 오일	인체 피지와 유사하여 피부 흡수가 잘됨, 여드름 케어에 효과적
아보카도 오일	비타민, 단백질 등 영양성분 풍부, 노화피부에 효과
아몬드 오일	크림, 마사지 용도로 사용, 가려움증, 튼 살에 효과
올리브 오일	유분 함량이 높고, 튼 살에 효과

8) 기능성 화장품

(1) 기능성 화장품의 범위(화장품법)

① 피부의 미백에 도움을 주는 화장품

② 피부 주름을 완화 또는 개선하는 기능을 가진 화장품

③ 피부를 곱게 태워주거나, 자외선으로부터 피부를 보호하는 기능을 가진 화장품

④ 모발의 색상을 변화(탈염, 탈색)시키는 기능을 가진 화장품(단 일시적으로 색상을 변화시키는 제품은 제외)

⑤ 체모 제거 기능을 가진 화장품(단 물리적으로 체모를 제거하는 제품은 제외)

⑥ 여드름성 피부를 완화하는데 도움을 주는 화장품

⑦ 아토피성 피부로 인한 건조함 등을 완화하는데 도움을 주는 화장품

⑧ 튼 살로 인한 붉은선을 엷게 하는데 도움을 주는 화장품

(2) 기능성 화장품의 종류

미백 화장품	멜라닌 색소 침착 방지, 기미 주근깨 생성을 억제하여 피부 미백에 도움을 주는 화장품
주름 완화 개선 화장품	피부노화를 억제하고 세포 재생 효과 기능을 가진 화장품
썬케어 화장품	자외선을 산란, 반사시켜 차단하는 기능을 가진 화장품(썬스크린 화장품) 피부 손상없이 갈색 피부톤으로 피부를 그을리게 도움을 주는 화장품(썬텐 화장품)
탈염제, 탈색제	염색으로 착색된 색상을 제거(탈염) 혹은 모발의 멜라닌 색소를 분해(탈색)하는 화장품
제모 화장품	미용 목적으로 얼굴, 팔, 다리, 겨드랑이 등에 털을 제모하기 위한 화장품(제모제)
여드름 케어 화장품	피지 분비와 배출을 촉진시켜 여드름 치료에 도움을 주는 화장품
아토피 케어 화장품	피부에 유·수분을 공급하여 피부 장벽을 보호하는데 도움을 주는 화장품
튼 살용 화장품	피부의 붉은선이나 띠를 완화시키는데 도움을 주는 화장품

손발의 구조와 기능

Unit 4

1 뼈골의 형태 및 발생

1) 골격의 기능

① **보호 기능:** 뇌 및 내장기관 보호
② **저장 기능:** 칼슘, 인 등의 무기질 저장
③ **지지 기능:** 인체를 지지
④ **운동 기능:** 근육의 운동
⑤ **조혈 기능:** 골수에서의 혈액 생성

2) 골격

인체의 골격은 총 206개의 뼈로 구성되어 있고, 체중의 약 20%를 차지한다.

3) 뼈의 성장

① **길이 성장:** 골단연골(성장판)에서 활발한 세포 분열에 의해 성장한다.
② **부피 성장:** 골아 세포와 파골 세포의 작용에 의해 성장한다.

4) 형태에 따른 분류

형태	내용	종류
장골(긴뼈)	길이가 긴 뼈	상완골, 요골, 척골, 대퇴골, 경골, 비골 등
단골(짧은뼈)	길이가 짧은 뼈	수근골, 족근골
편평골(납작뼈)	납작한 모양의 뼈	두개골, 견갑골, 늑골
불규칙골	모양이 일정하지 않은 뼈	척추골, 관골
종자골	씨앗 모양의 뼈	전두골, 슬개골
함기골	공기가 차 있는 뼈	전두골, 상악골, 사골, 접형골, 측두골

5) 뼈(골)의 구조

① **골막:** 뼈의 바깥면을 덮고 있는 두꺼운 결합조직층으로 섬유막으로 보호, 영양, 재생, 성장을 담당한다.
② **골단:** 초자연골로 구성되며 뼈 나이 판정에 이용하며 골과 골 사이의 충격을 흡수하는 결합조직이다.
③ **치밀골:** 뼈의 가장 바깥쪽 신경과 혈관의 통로인 하버스관과 볼크만관이 존재한다.
④ **해면골:** 뼈의 중심 내부를 구성한다.
⑤ **골수강:** 뼈의 내부에 골수가 차 있는 공간을 말한다.
  - 적색골수: 조혈(혈액을 만드는) 기능이 있는 골수(대퇴골, 척추, 늑골, 관골)
  - 황색골수: 지방으로 채워져 황색을 띠며 조혈 기능을 상실한 골수

2 손과 발의 뼈대(골격)

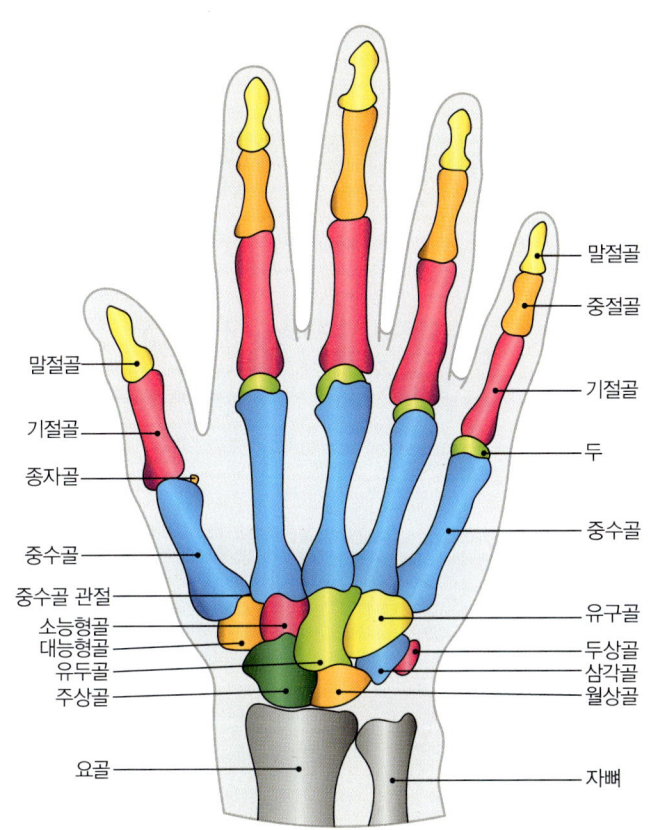

1) 손의 골격

손뼈는 27개의 뼈로 구성되어 있고, 수근골(8개), 중수골(5개), 수지골(14)로 구성되어 있다.

손 골격		세부 항목
수지골	손가락뼈	기절골(첫마디), 중절골(중간마디), 말절골(끝마디), 1지(기절골, 말절골), 2~5지(기절골, 중절골, 말절골)
중수골	손바닥뼈	1지~5지 중수골(엄지 손허리뼈~소지 손허리뼈)
수근골	손목뼈	원위부, 근위부
척골	아래팔의 내측	손목뼈와 소지방향으로 연결
요골	아래팔의 외측	손목뼈와 무지방향으로 연결

2) 발의 골격

발은 26개의 뼈로 구성되어 있고 측근골(7개), 중족골(5개), 족지골(14개)로 분류된다.

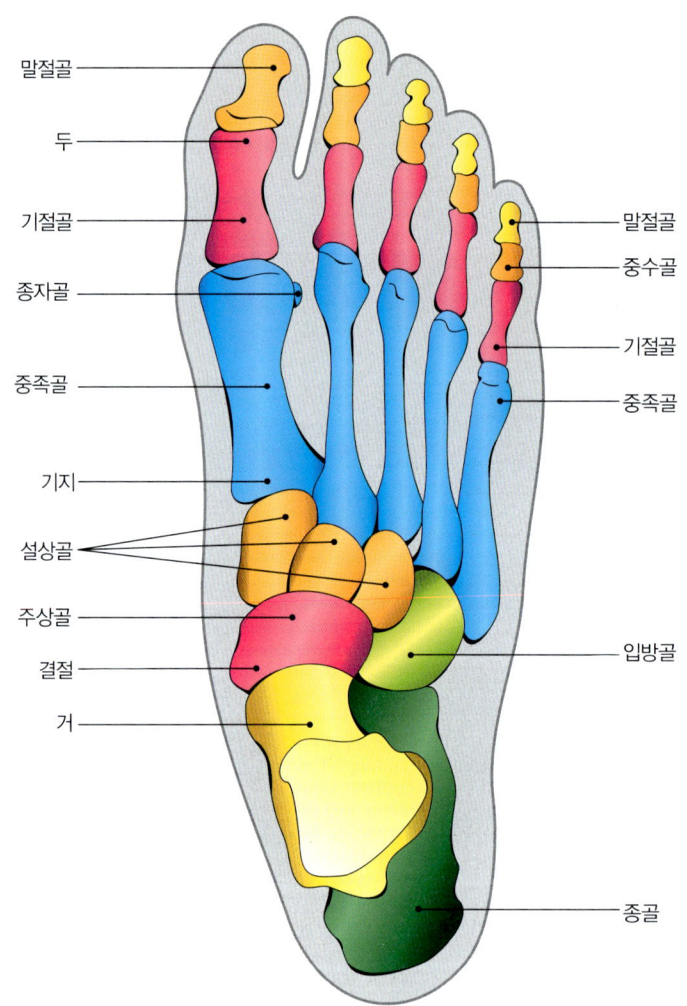

발 골격		세부 항목
측근골	발가락뼈	기절골(첫마디 5개), 중절골(중간마디 4개), 말절골(끝마디 5개), 1지(기절골, 말절골), 2~5지(기절골, 중절골, 말절골)
중족골	발등뼈	엄지발허리뼈 ~ 소지발 허리뼈
족지골	발목뼈	원위부, 근위부로 몸의 무게를 지탱해주는 뼈

3) 손과 발의 근육

(1) 근육의 분류

골격근	뼈와 뼈 사이에 붙어 있는 근육	수의근 (의지에 의해 통제될 수 있는 근육)
평활근	위, 방광, 자궁 등의 벽을 이루고 있는 근육(내장근)	불수의근 (의지대로 움직이지 않는 근육)
심근	심장에 있는 근육(심장근)	

(2) 근육의 기능

① 신체 내부 운동을 담당

② 혈관 수축에 의한 혈액순환 촉진

③ 소화관 운동에 의한 음식물 이동

④ 배뇨, 배변 활동

⑤ 호흡 운동을 담당

(3) 손(발)의 근육 형태

신근(펴근)	손·발가락을 벌리거나 펴서 내·외측 회전과 내·외향에 작용
외전근(벌림근)	손·발가락 사이를 벌리는 근육
굴근(굽힘근)	손·발목과 손·발가락을 구부리는 내·외향에 작용
내전근(모음근)	손·발가락 사이로 모으거나 붙이는 근육
대립근(맞섬근)	물건을 쥐거나 잡을 때 사용하는 근육
회의근	손·발바닥을 위로 향하게 하는 근육
회내근	손·발목을 안쪽으로 혹은 위쪽으로 향하게 하는 근육
승모근	견갑골을 올리고 내·외측 회전에 관여하여 위팔을 올리거나 바깥으로 돌릴 때 사용하는 근육

(4) 손의 근육 종류

① 무지구근(엄지손가락 근육)

엄지 폄근	단무지 신근	엄지손가락 및 손목을 펴는 근육
	장무지 신근	엄지를 펴는 근육
엄지 굽힘근	단무지 굴근	엄지손가락을 구부리는 근육
	장무지 굴근	엄지손가락을 구부리는 근육
엄지 벌림근	단무지 외전근	엄지손가락을 벌리는 근육
	장무지 외전근	엄지손가락 및 손목을 벌리는 근육
엄지 모음근	무지 내전근	엄지손가락을 모으는 근육
엄지 맞섬근	무지 대립근	엄지손가락을 다른 손가락과 마주보고 물건을 잡게 하는 근육

② 중수근, 중간근(손가락뼈 사이의 근육)

벌레근	중앙근	손허리뼈 사이를 메워주고, 글쓰기, 식사 동작을 하게 하는 근육
손등쪽 뼈 사이근	배측 골간근	3지손가락을 기준으로 손가락을 펴는 기능
손바닥뼈 사이근	장측 골간근	2지, 4지, 5손가락을 3지를 중심으로 모으고 손가락 사이를 좁히는 기능
얕은 손가락 굽힘근	천지굴근	2~5지손가락뼈 사이 관절을 굽히는 근육
깊은 손가락 굽힘근	심지굴근	2~5지손가락뼈 사이 관절을 굽히는 근육
손가락 폄근	지신근	2지~5지손가락을 펴는 근육
검지손가락 폄근	시지신근	2지손가락을 펴는 근육

③ 소지구근(소지손가락 근육)

소지 폄근	소지신근	소지손가락을 펴는 근육
소지 굽힘근	소지굴근	소지손가락을 구부리는 근육
소지 벌림근	소지외전근	소지손가락을 벌리는 근육
소지 맞섬근	소지대립근	소지손가락을 구부리고 모아주는 근육

(5) 발의 근육 종류

① 족배근(발등의 근육)

엄지 폄근	단무지 신근	엄지발가락을 펴게 도와주는 근육
	장무지 신근	엄지발가락 및 발목을 펴는 근육
	단지 신근	1~4지발가락을 펴는 근육
	장지 신근	2~5지발가락을 펴는 근육

② 중족골, 중간근(발허리뼈 사이의 근육)

벌레근	충양근	발허리 발가락 관절을 굽히고 발가락뼈 사이 관절을 펴는 근육
발등쪽 뼈 사이근	배측 골간근	2~5지발가락을 벌리는 근육
발바닥쪽 사이근	저측 골간근	3~5지발가락을 모으는 근육

③ 족저근(발바닥 근육)

엄지 굽힘근	단무지 굴근	엄지발가락을 굽히는 근육
	장무지 굴근	엄지발가락과 발목 관절을 굽히는 근육
발가락 굽힘근	단지 굴근	2~5지발가락을 굽히는 근육
	장지 굴근	2~5지발가락을 굽히는 근육
소지 굽힘근	단소지 굴근	2~5지발가락을 굽히는 근육
엄지 발림근	무지 외전근	엄지발가락을 벌리는 근육
소지 발림근	소지 외전근	소지발가락을 벌리는 근육
엄지 모음근	무지 내전근	엄지발가락을 모으는 근육
발바닥 네모근	족저 방형근, 축척 방형근	발가락을 발바닥 쪽으로 구부리도록 하는 근육

4) 손과 발의 신경

(1) 신경계

① **뉴런(신경원)**
- 최소 단위의 신경 세포이며 자극을 신경 세포체에 전달한다.
- 수상돌기: 외부로부터의 자극을 세포체에 전달한다.
- 세포체: 수상돌기를 통해 받은 자극을 축삭에 전달하고 신경 세포에서 필수적인 생명 근원으로 핵이 존재한다.
- 축삭돌기: 세포체에서 받은 자극을 다른 뉴런의 말초 수상돌기로 신호를 전달한다.

② **시냅스**: 하나의 신경 세포가 다른 신경 세포로 연결되는 부위이며 축삭돌기와 수상돌기가 연결되는 곳이다.

③ **신경교세포**: 뉴런을 지지하고 보호하는 역할을 하며 신경섬유의 재생과 보호에 관여한다.

(2) 신경계의 기능

① **운동 기능**: 조직이나 세포가 맡은 역할을 할 수 있도록 작용한다.
② **감각 기능**: 외부의 자극을 받아들이고 느끼는 기능이다.
③ **조정 기능**: 중추신경계를 통해 통합하고 조절하는 기능이다.
④ **전달 기능**: 일정한 방향으로 전달하는 기능이다.

(3) 손의 신경

액와신경(겨드랑이신경)	겨드랑이 부위의 신경
근피신경(근육피부)	위쪽 팔근육, 아래 팔 피부를 담당하는 근육
정중신경	일부 손가락의 감각, 움직임 등의 운동 기능을 담당하는 신경
요골신경	팔과 손등의 외측을 지배하는 혼합성 신경
척골신경	앞팔 내측 피부의 감각을 지배하는 신경
지골신경	손가락의 열, 한기, 통증 등의 감각을 느끼는 신경

(4) 발의 신경

대퇴신경	근육을 지배하고 감각을 느끼는 신경
좌골신경	다리의 감각을 느끼고 근육의 운동을 조절하는 신경
천비골신경	주로 감각을 느끼는 신경

02

네일미용 기술

- **Unit 1** • 손톱 및 발톱관리
- **Unit 2** • 인조 네일
- **Unit 3** • 네일 제품의 이해

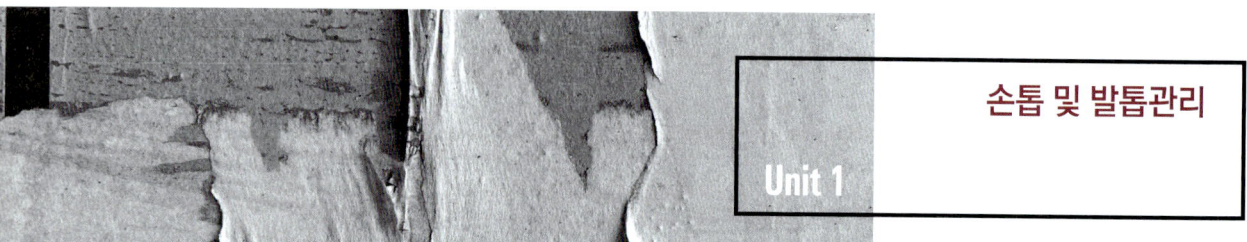

손톱 및 발톱관리
Unit 1

1 매니큐어(손톱)

1) 매니큐어의 정의

손톱의 형태를 다듬어주고 큐티클 정리, 마사지, 컬러링 등의 전체적인 손관리를 의미하며, 손과 손톱을 손질해주어 청결함과 아름다움을 유지시키는 것이다.

> **The 알아보기**
>
> **매니큐어의 어원:** 라틴어의 마누스(손)와 큐라(관리)의 합성어로 '손관리'라는 뜻으로, 손관리의 총체적인 의미를 가진다.
>
> Manus(손) + Cura(관리) = Manicure(매니큐어)

2) 매니큐어의 종류

(1) 습식 매니큐어

네일숍에서 일반적으로 하는 매니큐어 시술법이다. 핑거볼이라는 도구를 이용하여 물을 사용하는 습식 방법이며, 큐티클을 부드럽게 한 후 큐티클을 정리하고 컬러링을 하는 것을 말한다.

(2) 건식 매니큐어

기본적인 과정은 습식 매니큐어와 같지만 큐티클을 정리할 때 시간 관계상 또는 환경 여건의 이유로 핑거볼을 이용한 미온수의 사용이 어려운 경우 큐티클 리무버 등의 재료를 사용하여 큐티클을 부드럽게 해주어 큐티클을 정리하는 것이 차이점이다.

(3) 핫 크림 매니큐어

핫 크림 매니큐어는 습식 매니큐어 과정과 동일하지만 핑거볼을 이용한 물 대신 크림 워머기에 크림을 넣어 데우고 큐티클을 부드럽게 해주어 큐티클을 정리하는 것이 차이점이다. 이 서비스는 크림 속에 오일이 포함되어 있는 제품을 사용함으로써 건조하고 갈라지는 손톱과 물어뜯는 손톱에 필요하며, 큐티클의 과잉 과정(표피조막, 테리지움) 등 건조한 손톱과 큐티클, 손톱 주위의 피부조직 상태를 부드럽고 유연하게 증진시켜 준다. 여름철보다는 겨울철에 효과적이다.

(4) 파라핀 매니큐어

파라핀은 왁스 자체에 콜라겐 성분과 비타민E, 유칼립투스, 맨손 및 식물성 오일 등을 첨가하여 피부에 좋도록 개발된 것이다. 손과 발을 관리함으로써 파라핀 성분이 피부에 침투하여 거친 피부나 큐티클에 유수분을 공급하고 부드럽게 해준다. 뛰어난 보습력과 영양 침투력으로 피부에 충분한 영양과 수분을 공급하여 혈액순환을 촉진시켜 손과 발의 피로를 풀어주고 관절에 이상 징후가 있는 사람에게도 효과적이고, 근육 이완 작용이 있어 물리치료에도 사용된다. 소홀하기 쉬운 손관리에 매우 이상적인 미용 서비스 방법으로 여름철보다는 겨울철에 효과적이다.

파라핀 매니큐어는 뜨거워진 파라핀 용액이 손톱을 녹일 수 있으므로 매우 약하고 부드러운 손톱을 가진 고객에게는 피하는 것이 좋다. 손 주위의 염증, 사마귀 등의 감염 위험이 있는 경우에도 사용을 금한다.

3) 습식 매니큐어

(1) 습식 매니큐어 준비사항

위치	준비사항
작업대	타월, 손목 받침대, 페이퍼타월, 핑거볼, 위생봉지, 정리함
정리함	소독용기(큐티클 푸셔, 큐티클 니퍼, 클리퍼, 오렌지 우드스틱, 더스트 브러시), 네일 폴리시(레드, 화이트), 탑 코트, 베이스 코트, 소독제, 용기(탈지면, 스펀지, 멸균거즈), 파일꽂이(자연손톱용 파일, 샌딩 파일), 그러데이션용 팔레트 또는 포일, 폴리시 리무버(디스펜서), 지혈제 ※ 선택사항: 큐티클 연화제(큐티클 오일, 큐티클 크림, 큐티클 리무버)

(2) 습식 매니큐어 작업 순서

① **소독하기:** 소독제를 멸균거즈에 뿌린 후 시술자의 손을 소독 후 피시술자의 손을 소독한다.

② **폴리시 제거:** 폴리시 리무버를 이용하여 네일 폴리시를 제거한다.

③ **셰이프 잡기**
- 자연 네일 파일을 사용하여 프리에지 사이드부터 한 방향으로 파일링을 한다.
- 비비지 않고, 좌우대칭이 맞도록 라운드 형태로 조형한다.
- 스트레스 포인트에서 프리에지까지 직선이 존재하고, 끝부분은 라운드 형태를 이루어야 하며 프리에지의 어느 곳에서도 각이 없는 상태여야 한다. 길이는 옐로우 라인 중심에서 5mm 이내로 일정하게 작업한다.

④ **네일 거스러미/표면 정리:** 셰이프 정리 후 디스크패드로 거스러미를 정리하고 샌딩 파일을 이용하여 정리한다.

⑤ **핑거볼 손 담그기:** 보온병의 미온수가 담긴 핑거볼에 손을 담근다.

⑥ **큐티클 오일 바르기:** 큐티클을 유연하게 하고 제거에 도움이 되는 오일을 바른다.

⑦ **큐티클 밀기:** 45도 각도로 푸셔를 이용하여 큐티클을 밀어준다.

⑧ **큐티클 정리하기:** 니퍼를 이용하여 큐티클이나 거스러미를 정리한다. 출혈이 일어나지 않게 주의한다.

⑨ **소독하기:** 철제도구가 닿은 피부는 솜을 이용하여 소독한다.

⑩ **유분기 제거:** 소독제를 이용해 손톱 전체의 유분기를 깨끗이 제거한다.

⑪ **베이스 코트 바르기:** 자연 네일을 보호하고 폴리시가 잘 도포될 수 있도록 베이스 코트를 도포한다.

⑫ 컬러링 2회 바르기(풀칼라/그러데이션/딥 프렌치/프렌치 중 한 가지)

⑬ **탑 코트 바르기:** 폴리시를 보호하고 광택을 주기 위해 탑 코트를 도포한다.

⑭ **마무리:** 주변을 정리하고 시술자 손을 소독하도록 한다.

2 페디큐어(발톱)

1) 페디큐어 정의

발톱의 형태를 다듬어 주고 큐티클 정리, 마사지, 컬러링 등의 전체적인 발관리를 의미하며, 발과 발톱을 가꾸고 손질해주어 청결함과 아름다움을 유지시키는 것이다.

> ➕ **The 알아보기**
>
> **페디큐어의 어원:** 라틴어의 '페누스(발)'와 '큐라(관리)'의 합성어로, '발관리'라는 뜻으로 발관리의 총체적인 의미를 가진다.
>
> Penus(발) + Cura(관리) = Pedicure(페디큐어)

2) 페디큐어

(1) 페디큐어 준비사항

작업대	타월, 손목 받침대, 페이퍼타월, 핑거볼, 위생봉지, 정리함
정리함	소독용기(큐티클 푸셔, 큐티클 니퍼, 클리퍼, 오렌지 우드스틱, 더스트 브러시), 네일 폴리시(레드, 화이트), 탑 코트, 베이스 코트, 소독제, 용기(탈지면, 스펀지, 멸균거즈), 파일꽂이(자연손톱용 파일, 샌딩 파일), 그러데이션용 팔레트 또는 포일, 폴리시 리무버(디스펜서), 지혈제, 토우 세퍼레이터, 분무기 ※ 선택사항: 큐티클 연화제(큐티클 오일, 큐티클 크림, 큐티클 리무버)

(2) 페디큐어 작업 순서

① **소독하기:** 소독제를 솜이나 멸균거즈에 적셔 시술자의 손 소독 후 피시술자의 발을 소독한다.
② **폴리시 제거:** 폴리시 리무버를 이용하여 오래된 폴리시를 제거한다.
③ **셰이프 잡기:** 자연 네일용 파일을 사용하여 프리에지 사이드부터 중앙으로 한 방향으로 파일링을 한다. 비비지 않고 좌우 대칭이 맞도록 스퀘어 형태로 조형한다.

> **➕ The 알아보기**
>
> 스트레스 포인트에서 프리에지까지 직선이 존재하고, 끝부분도 스퀘어 형태를 이루어야 하며, 각이 있는 모서리가 존재하는 상태

④ **네일 거스러미/표면 정리:** 셰이프 정리 후 디스크 파일로 거스러미를 정리하고 샌딩(버퍼)을 이용하여 표면을 정리한다.

⑤ **큐티클 연화제 바르기:** 큐티클을 부드럽게 해주기 위해 바른다.

⑥ **물 분사하기:** 큐티클 주위에 물을 분사한다.

⑦ **큐티클 오일 바르기:** 큐티클을 유연하게 하고 제거에 도움이 되는 오일을 바른다.

⑧ **큐티클 밀기:** 45° 각도로 푸셔를 이용하여 큐티클을 밀어준다.

⑨ **큐티클 정리하기:** 니퍼를 이용하여 큐티클이나 거스러미를 정리한다. 출혈이 일어나지 않게 주의한다.

⑩ **소독하기:** 철제도구가 닿은 피부는 솜을 이용하여 소독한다.

⑪ **유분기 제거:** 리무버를 이용해 발톱 전체의 유분기를 깨끗이 제거한다.

⑫ **토우 세퍼레이트 끼우기:** 컬러링 전 페디큐어 전용 토우 세퍼레이트를 끼워준다.

⑬ **베이스 코트 바르기:** 자연 네일을 보호하고 폴리시가 잘 도포될 수 있도록 베이스 코트를 1회 도포한다.

⑭ **컬러링 2회 바르기**(풀컬러/그러데이션/딥 프렌치 중 한 가지)

⑮ **탑 코트 바르기:** 폴리시를 보호하고 광택을 주기 위해 탑 코트를 도포한다.

⑯ **마무리:** 주변을 정리하고 시술자의 손을 소독하도록 한다.

3 컬러링

1) 컬러링의 종류

종류	특성
전체 바르기(Full coat)	손톱 전체를 컬러링하는 방법
프렌치(French)	프리에지 부분만 컬러링하는 방법
프리에지(Free edge)	프리에지 부분은 비워두고 컬러링하는 방법
헤어 라인 팁(Hair line tip)	전체 바르기 후 손톱 끝 1.5mm 정도를 지워주는 컬러링 방법
슬림 라인(Slim line, Free wall)	손톱의 양쪽 옆면을 1.5mm 정도 남기고 컬러링하는 방법으로 손톱이 가늘고 길어 보이도록 함
반달형(Half moon, Lunula)	루눌라 부분만 남기고 컬러링하는 방법

2) 컬러링 방법

① **풀컬러:** 손톱 전체 바디부터 프리에지까지 바르도록 한다.
② **그러데이션:** 네일 바디 1/2부터 정도 점점 진하게 프리에지까지 스펀지를 이용하여 자연스럽게 그러데이션하도록 한다.
③ **딥 프렌치:** 네일 바디 1/2에서 완만하게 스마일 라인으로 하도록 한다.
④ **프렌치:** 프렌치 상하 3~5mm로 완벽하게 스마일 라인으로 하도록 한다.

4 젤 매니큐어

1) 젤 네일의 정의

젤은 아크릴릭 소재와 화학적으로 비슷한 밀도를 가지고 있는 물질로 광중합 반응으로 경화되는 올리고머로 구성되어 UV나 LED 빛을 통해 만들어진다.

순서	시술방법
① 소독하기	소독제를 멸균거즈에 분사 후 시술자의 손소독 후 피시술자의 손을 소독한다.
② 셰이프 잡기	자연 네일용 파일을 사용하여 프리에지 사이드부터 중앙으로 한 방향의 파일링을 한다. 비비지 않고 좌우 대칭이 맞도록 스퀘어 형태로 조형한다. ※ 스트레스 포인트에서 프리에지까지 직선이 존재하고 끝부분은 라운드 형태를 이루어야 하며, 프리에지의 어느 곳에서도 각이 없는 상태여야 하고, 길이는 옐로우 라인 중심에서 5mm 이내로 일정하게 작업한다.
③ 표면 정리	240그릿 정도의 파일이나 샌딩으로 자연 네일에 묻어있는 유분기와 거스러미를 제거하고 광택을 없앤다.
④ 유분기 제거	젤 클렌저를 이용하여 네일 표면의 유분기를 깨끗이 제거한다.
⑤ 베이스 젤 바르기	피부에 묻지 않게 베이스 젤을 도포하고 큐어링을 해준다.
⑥ 젤 마블링을 하도록 한다.	㉠ 선 마블링 • 흰색과 빨간색이 교대 배열로 세로선 8개(각 4개)가 번갈아가며 일정한 간격의 세로선을 균일하게 작업한다. • 마블링을 표현하는 선은 좌우측 방향으로 번갈아 가며 교차선 5줄을 명료하게 작업한다. • 단 소지의 경우 세로선 총 6개(흰색 3개, 빨간색 3개), 교차선 3줄로 작업할 수 있다. ㉡ 부채꼴 마블링 • 레드 풀 코트 바르기: 피부에 묻지 않게 펄이 없는 레드색상의 젤 컬러를 도포하고 큐어링해준다. • 흰색과 빨간색이 둥근 부채꼴 모양의 교대 배열로 7개(흰색 4개, 빨강색 3개) 번갈아가며 일정한 간격의 부채꼴 모양을 균일하게 작업한다. • 마블링을 표현하는 손은 구심점을 중심으로 7개의 세로선으로 마블링이 되도록 명료하게 작업한다. • 단 소지의 경우 세로선 총 5개(흰색 3개, 빨간색 2개), 세로선 5줄로 작업할 수 있다.
⑦ 탑 젤 바르기	광택을 위해 탑 젤을 도포한 후 큐어링을 해준다.
⑧ 마무리	미경화 젤이 남지 않도록 젤 클렌저로 닦아준다.
⑨ 작업대 정리	재료와 도구를 원위치에 정리하고 뚜껑을 모두 닫는다. 쓰레기는 전부 위생봉투에 버리고 작업대를 깨끗이 정리한다.

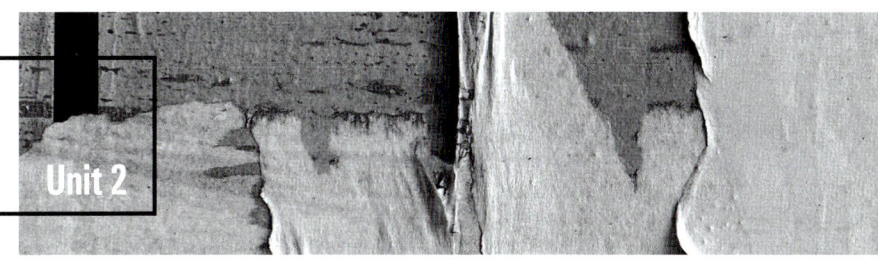

인조 네일

1. 팁 위드 랩(Tip With Wrap)

1) 팁 위드 랩 준비사항

작업대	보안경, 마스크, 타월, 손목 받침대, 페이퍼타월, 위생봉지, 정리함
정리함	소독용기(큐티클 푸셔, 큐티클 니퍼, 클리퍼, 오렌지 우드스틱, 더스트 브러시, 용기(탈지면, 멸균거즈), 파일꽂이(자연손톱용 파일, 인조손톱용 파일, 샌딩 파일, 광택용 파일), 폴리시 리무버, 지혈제, 큐티클 오일, 가위, 소독제
	내츄럴 하프웰 스퀘어 팁, 팁 커터, 글루, 젤 글루, 필러 파우더, 글루 드라이, 실크

2) 팁 위드 랩 작업 순서

순서	시술 방법
① 시술자 소독	소독제를 멸균거즈에 적셔 시술자의 손을 소독한다.
② 피시술자 소독	소독제를 멸균거즈에 적셔 피시술자의 손을 소독한다.
③ 네일 폴리시 제거	폴리시 리무버를 이용하여 1과제(1~5지 손톱) 폴리시를 제거한다.
④ 셰이프 잡기	손톱의 길이를 1mm 이하로 잘라내고 자연 네일용 파일을 이용하여 프리에지를 라운드 형태로 조형한다.
⑤ 표면 정리	샌딩 파일을 사용하여 손톱의 표면을 정리한다.
⑥ 분진 제거	더스트 브러시를 사용하여 손톱 주변의 분진을 제거한다.
⑦ 팁 접착	모델의 손톱에 알맞은 사이즈의 팁을 선택하여 접착한다.
⑧ 팁 재단	팁 커터로 재단한다(프리에지 중심 기준으로 0.5~1cm 미만).

순서	시술 방법
⑨ 팁 턱 제거	자연 네일과 매끄럽게 연결되도록 팁 턱을 제거한다.
⑩ 분진 제거	더스트 브러시를 사용하여 손톱 주변의 분진을 제거한다.
⑪ 채워주기	자연 네일과 팁의 경계를 채워주며 젤 글루를 인조 네일 전체에 도포한다.
⑫ 표면 형태	– 인조 네일 파일을 사용하여 하이포인트에서 좌우 사방의 굴곡이 자연스럽게 연결되도록 인조 네일의 표면을 파일링한다. (프리에지 두께: 0.5~1mm 미만, C커브: 20~40%) – 파일링 전에는 표면에 젤 글루가 건조되었는지 반드시 확인해야 하며, 건조되지 않았을 경우 글루 드라이를 분사한다.
⑬ 표면 정리	샌딩 파일을 사용하여 인조 네일의 표면을 정리한다.
⑭ 분진 제거	더스트 브러시를 사용하여 손톱 주변의 분진을 제거한다.
⑮ 랩 재단	큐티클 라인에 맞게 실크를 재단한다.
⑯ 랩 접착	실크가 인조 손톱에서 들뜨지 않게 접착시킨다.
⑰ 랩 고정	글루를 도포하여 실크를 고정시킨다.
⑱ 랩 코팅	젤 글루를 사용하여 실크 전체를 코팅시킨다.
⑲ 스퀘어 형태	인조 네일용 파일을 사용하여 스퀘어 형태를 만든다.
⑳ 표면 정리	샌딩 파일을 사용하여 인조 네일의 표면을 부드럽게 정리한다.
㉑ 광택내기	광택용 파일을 사용하여 인조 네일의 표면에 광택을 낸다.
㉒ 손 세척	큐티클 부분에 오일을 바르고 핑거볼에 모델의 손을 담가 깨끗이 세척한다.
㉓ 마무리	멸균거즈를 사용하여 손 전체를 닦아준다.
㉔ 작업대 정리	재료와 도구를 원위치에 정리하고 뚜껑을 모두 닫는다. 쓰레기는 전부 위생봉투에 버리고 작업대를 깨끗이 정리한다.

2 아크릴릭 프렌치 스컬프처(Acrylic French Scupture)

1) 아크릴릭 프렌치 스컬프처 준비사항

작업대	보안경, 마스크, 타월, 손목 받침대, 페이퍼타월, 위생봉지, 정리함
정리함	소독용기(큐티클 푸셔, 큐티클 니퍼, 클리퍼, 오렌지 우드스틱, 더스트 브러시, 용기(탈지면, 멸균거즈), 파일꽂이(자연손톱용 파일, 인조손톱용 파일, 샌딩 파일, 광택용 파일), 폴리시 리무버, 지혈제, 큐티클 오일, 가위, 소독제
	디펜디시, 폼, 아크릴릭 리퀴드, 아크릴릭 파우더(클리어, 핑크, 화이트), 프라이머

2) 아크릴릭 프렌치 스컬프처 작업 순서

순서	시술 방법
① 시술자 소독	소독제를 멸균거즈에 적셔 시술자의 손을 소독한다.
② 피시술자 소독	소독제를 멸균거즈에 적셔 피시술자의 손을 소독한다.
③ 네일 폴리시 제거	폴리시 리무버를 이용하여 1과제(1~5지 손톱) 폴리시를 제거한다.
④ 셰이프 잡기	손톱의 길이를 1mm 이하로 잘라내고 자연 네일용 파일을 이용하여 프리에지를 라운드 형태로 조형한다.
⑤ 표면 정리	샌딩 파일을 사용하여 손톱의 표면을 정리한다.
⑥ 분진 제거	더스트 브러시를 사용하여 손톱 주변의 분진을 제거한다.
⑦ 폼 접착	큐티클 라인의 중심과 폼이 틀어지지 않도록 균형을 맞추어서 접착한다.
⑧ 프라이머	프라이머를 자연 네일에 도포한다.
⑨ 화이트볼 만들기	아크릴릭 브러시를 리퀴드에 적신 후 화이트 파우더를 묻혀 볼을 만든다.
⑩ 화이트볼 올리기	• 옐로우 라인 부분에 화이트볼을 올린다. • 옐로우 라인의 중심을 잡고 스마일 라인 왼쪽 부분을 만든다. • 옐로우 라인의 중심을 잡고 스마일 라인 오른쪽 부분을 만든다. • 길이를 연장하고 스퀘어 형태가 되도록 프리에지 형태를 만든다(프리에지 중심 기준으로 0.5~1cm 미만). • 좌우가 대칭이 되도록 스마일 라인을 정리한다.

순서	시술 방법
⑪ 핑크볼 올리기	• 스마일 라인 안쪽으로 핑크볼을 올리고 스마일 라인과 자연스럽게 연결한다. • 큐티클 부분에 얇게 핑크볼을 올리고 자연스럽게 연결한다.
⑫ 클리어볼 올리기	하이포인트 부분에 클리어볼을 올리고 전체적으로 자연스럽게 연결한다.
⑬ 핀치 넣기 1	사이드 직선 라인이 평행이 되도록 핀치를 넣어준다.
⑭ 폼 제거	폼의 끝을 모아 아래로 내려 폼을 제거한다.
⑮ 핀치 넣기 2	사이드 직선 라인이 평행이 되도록 핀치를 넣어준다(C커브: 20~40%).
⑯ 스퀘어 형태	인조 네일용 파일을 사용하여 스퀘어 형태를 만든다.
⑰ 표면 형태	인조 네일용 파일을 사용하여 하이포인트에서 좌·우·상·하 사방의 굴곡이 자연스럽게 연결되도록 인조 네일의 표면을 파일링한다.
⑱ 표면 정리	샌딩 파일을 사용하여 인조 네일의 표면에 부드럽게 정리한다.
⑲ 광택내기	광택용 파일을 사용하여 인조 네일의 표면에 광택을 낸다.
⑳ 손 세척	큐티클 부분에 오일을 바르고 핑거볼에 모델의 손을 담가 깨끗이 세척한다.
㉑ 마무리	멸균거즈를 사용하여 손 전체를 닦아준다
㉒ 작업대 정리	재료와 도구를 원위치에 정리하고 뚜껑을 모두 닫는다. 쓰레기는 전부 위생봉투에 버리고 작업대를 깨끗이 정리한다.

3 젤 원톤 스컬프처(Gel One Tone Sculpture)

1) 젤 원톤 스컬프처 준비사항

작업대	보안경, 마스크, 타월, 손목 받침대, 페이퍼타월, 위생봉지, 정리함
정리함	소독용기(큐티클 푸셔, 큐티클 니퍼, 클리퍼, 오렌지 우드스틱, 더스트 브러시, 용기(탈지면, 멸균거즈), 파일꽂이(자연손톱용 파일, 인조손톱용 파일, 샌딩 파일, 광택용 파일), 폴리시 리무버, 지혈제, 큐티클 오일, 가위, 소독제
	베이스 젤, 탑 젤, 클리어 젤, 폼, 젤 브러시, 젤 램프, 젤 클렌저

2) 젤 원톤 스컬프처 작업 순서

순서	시술 방법
① 시술자 소독	소독제를 멸균거즈에 적셔 시술자의 손을 소독한다.
② 피시술자 소독	소독제를 멸균거즈에 적셔 피시술자의 손을 소독한다.
③ 네일 폴리시 제거	폴리시 리무버를 이용하여 1과제(1~5지 손톱) 폴리시를 제거한다.
④ 셰이프 잡기	손톱의 길이를 1mm 이하로 잘라내고 자연 네일용 파일을 이용하여 프리에지를 라운드 형태로 조형한다.
⑤ 표면 정리	샌딩 파일을 사용하여 손톱의 표면을 정리한다.
⑥ 분진 제거	더스트 브러시를 사용하여 손톱 주변의 분진을 제거한다.
⑦ 폼 접착	큐티클 라인의 중심과 폼이 틀어지지 않도록 균형을 맞추어서 접착한다.
⑧ 본더	본더를 자연 네일에 도포한다.
⑨ 베이스 젤 + 램프	자연 네일에 베이스 젤을 도포한 후 램프기기에 경화한다.
⑩ 클리어 젤 + 램프	• 하이포인트 부분에 젤을 올려 길이를 연장하고 스퀘어 형태가 되도록 라인을 정리한 후 램프기기에 젤을 경화한다(프리에지 중심 기준으로 0.5~1cm 미만). • 하이포인트 윗부분에 젤을 올리고 자연스럽게 연결한 후 램프기기에 젤을 경화한다. • 큐티클 부분에 얇게 젤을 올리고 자연스럽게 연결한 후 램프기기에 젤을 경화한다.
⑪ 젤 닦기	젤 클렌저를 사용하여 미경화 젤을 닦아낸다.
⑫ 폼 제거	폼의 끝을 모아 아래로 내려 폼을 제거한다.
⑬ 스퀘어 형태	인조 네일용 파일을 사용하여 스퀘어 형태를 만든다.
⑭ 표면 형태	인조 네일용 파일을 사용하여 하이포인트에서 좌·우·상·하 사방의 굴곡이 자연스럽게 연결되도록 인조 네일의 표면을 파일링한다.
⑮ 표면 정리	샌딩 파일을 사용하여 인조 네일의 표면에 부드럽게 정리한다.
⑯ 손 세척	큐티클 부분에 오일을 바르고 핑거볼에 모델의 손을 담가 깨끗이 세척한다.
⑰ 마무리	멸균거즈를 사용하여 손 전체를 닦아준다.
⑱ 탑 젤 + 램프	탑 젤을 도포한 후 램프기기에 경화한다.
⑲ 작업대 정리	재료와 도구를 원위치에 정리하고 뚜껑을 모두 닫는다. 쓰레기는 전부 위생봉투에 버리고 작업대를 깨끗이 정리한다.

4 인조 네일(손톱, 발톱)의 보수

1) 보수(리페어)

손톱이 자라면서 큐티클에 의해 공간이 생기게 되거나 인조 네일 자체의 손상으로 인한 여러 가지 문제점을 미리 보완하고 예방하는 중요한 시술이다. 인조 네일은 시간이 지남에 따라 들뜨는(리프팅) 현상이 일어나게 되는데, 이 자리에 곰팡이나 세균 등이 서식할 수 있다. 따라서 정기적인 보수를 하지 않으면 균열이나 부러짐의 현상을 초래할 수 있으므로 약 2~3주간의 간격을 두고 손상된 인조 네일의 표면 정리 후 새롭게 보수를 해주어야 한다.

2) 인조 네일의 문제점 및 원인

(1) 들뜸(리프팅)

랩이나 아크릴릭, 젤 등의 인조 네일이 손톱으로부터 분리되어 떨어지는 현상이다.

① 시술 시 미흡한 사전 처리
② 아크릴릭 리퀴드와 파우더의 혼합 비율이 부적절하고 낮은 온도에서 시술한 경우
③ 글루, 아크릴릭, 젤 등이 큐티클 라인이나 사이드 라인에 흘렀을 경우
④ 랩 부착 시 큐티클과 사이드 부분의 미흡한 처리
⑤ 실크 턱 부분을 제대로 제거하지 않은 경우
⑥ 손톱이 자라나와 보수가 필요한 경우
⑦ 자연 네일 자체에 유수분이 너무 많고 이를 충분히 제거하지 못하였을 경우
⑧ 큐티클 부분이 두껍고 자연스럽게 연결되지 않았을 경우
⑨ 젤의 경화시간을 지키지 않았을 경우

(2) 부러짐의 원인

충격으로 인해 인조 네일에 금이 가는 현상이다.

① 무리한 길이의 연장으로 인한 무게 중심변화
② 잘못된 파일링으로 스트레스 포인트 부분이 얇아졌을 경우
③ 글루, 아크릴릭, 젤 등의 도포량 부족

④ 시간의 경과로 보수 시기를 놓쳤을 경우

⑤ 아크릴릭을 적절한 온도 이하에서 시술했을 경우

(3) 벗겨짐의 원인

프리에지 부분에서 랩이 일어나는 현상이다.

① 프리에지 부분의 미흡한 커버

② 일상생활에서 손톱 끝부분의 과도한 사용

③ 오버레이 시 미흡한 사전처리

(4) 변색의 원인

인조 네일의 컬러가 변하는 현상이다.

① 변질된 아크릴 리퀴드와 파우더를 사용한 경우

② 시간이 지나면서 자외선에 과도하게 노출된 경우

③ 장시간 램프에서 경화한 경우

3) 인조 네일의 보수

(1) 팁 위드 랩 보수 순서

순서	시술 방법
① 손 소독	소독제를 탈지면에 분사하여 시술자와 피시술자의 손을 소독한다.
② 확인	자라나온 부분 또는 들뜬 부분을 확인한다.
③ 경계 제거	자라나온 부분과 들뜬 경계 부분을 파일링한다.
④ 표면 정리	샌딩 파일을 사용하여 자연 네일과 인조 네일 전체 표면을 정리한다.
⑤ 분진 제거	더스트 브러시를 사용하여 손톱 주변의 분진을 제거하다.
⑥ 채워주기	글루를 도포하여 자연 네일과 들뜬 부분의 경계를 채운다.
⑦ 표면 형태	※ 인조 네일용 파일을 사용하여 인조 네일의 표면 전체가 자연스럽게 연결되도록 파일링한다. ※ 파일링 전에는 표면에 글루가 건조되었는지 반드시 확인해야 하며, 건조되지 않았을 경우 글루 드라이를 분사한다.

순서	시술 방법
⑧ 표면 정리	샌딩 파일을 사용하여 인조 네일의 표면을 정리한다.
⑨ 분진 제거	더스트 브러시를 사용하여 손톱 주변의 분진을 제거한다.
⑩ 랩 재단	큐티클 라인과 자라나온 부분에 맞게 실크를 재단한다.
⑪ 랩 접착	실크가 인조손톱에서 들뜨지 않게 접착시킨다.
⑫ 랩 고정	글루를 도포하여 실크를 고정시킨다.
⑬ 랩 코팅	젤 글루를 사용하여 인조 네일 전체를 코팅시킨다.
⑭ 스퀘어 형태	인조 네일용 파일을 사용하여 스퀘어 형태를 만든다.
⑮ 표면 정리	샌딩 파일을 사용하여 인조 네일의 표면을 부드럽게 정리한다.
⑯ 광택내기	광택용 파일을 사용하여 인조 네일의 표면에 광택을 낸다.
⑰ 손 세척	큐티클 부분에 오일을 바르고 핑거볼에 모델의 손을 담가 깨끗이 세척한다.
⑱ 마무리	멸균거즈를 사용하여 손 전체를 닦아준다.
⑲ 작업대 정리	재료와 도구를 원위치에 정리하고 뚜껑을 모두 닫는다. 쓰레기는 전부 위생봉투에 버리고 작업대를 깨끗이 정리한다.

(2) 아크릴릭 네일 보수 순서

순서	시술 방법
① 손 소독	소독제를 탈지면에 분사하여 시술자와 피시술자의 손을 소독한다.
② 확인	자라나온 부분 또는 들뜬 부분을 확인한다.
③ 경계 제거	자라나온 부분과 들뜬 경계 부분을 파일링한다.
④ 표면 정리	샌딩 파일을 사용하여 자연 네일과 인조 네일 전체 표면을 정리한다.
⑤ 분진 제거	더스트 브러시를 사용하여 손톱 주변의 분진을 제거한다.
⑥ 프라이머	프라이머를 자연 네일에 도포한다.
⑦ 클리어볼 올리기	자라나온 부분에 볼을 올리고 들뜬 부분과 연결되도록 자연스럽게 경계를 채운다.
⑧ 스퀘어 형태	인조 네일용 파일을 사용하여 스퀘어 형태를 만든다.

⑨ 표면 형태	인조 네일용 파일을 사용하여 인조 네일의 표면 전체가 자연스럽게 연결되도록 파일링한다.
⑩ 표면 정리	샌딩 파일을 사용하여 인조 네일의 표면을 부드럽게 정리한다.
⑪ 광택내기	광택용 파일을 사용하여 인조 네일의 표면에 광택을 낸다.
⑫ 손 세척	큐티클 부분에 오일을 바르고 핑거볼에 손을 담가 깨끗하게 세척한다.
⑬ 마무리	멸균거즈를 사용하여 손 전체를 닦아준다.
⑭ 작업대 정리	재료와 도구를 원위치에 정리하고 뚜껑을 모두 닫는다. 쓰레기는 전부 위생봉투에 버리고 작업대를 깨끗이 정리한다.

4) 인조 네일(손톱, 발톱)의 제거

(1) 인조 네일 제거 준비사항

작업대	보안경, 마스크, 타월, 손목 받침대, 페이퍼타월, 위생봉지, 정리함
정리함	소독용기(큐티클 푸셔, 큐티클 니퍼, 클리퍼, 오렌지 우드스틱, 더스트 브러시, 용기(탈지면, 멸균거즈), 파일꽂이(자연손톱용 파일, 인조손톱용 파일, 샌딩 파일, 광택용 파일), 폴리시 리무버, 지혈제, 큐티클 오일, 가위, 소독제
	퓨어 아세톤 또는 쏙 오프 전용 리무버, 큐티클 오일, 포일

(2) 인조 네일 제거 작업 순서

순서	시술 방법
① 손 소독	소독제를 탈지면에 분사하여 시술자와 피시술자의 손을 소독한다.
② 길이 재단	클리퍼를 사용하여 연장된 인조 네일의 길이를 잘라낸다.
③ 두께 제거	인조 네일용 파일을 사용하여 인조 네일의 두께를 제거한다.
④ 분진 제거	더스트 브러시를 사용하여 손톱 주변의 분진을 제거한다.
⑤ 오일 도포	큐티클 오일을 손톱 주변 피부에 도포한다.
⑥ 용해제 도포	퓨어 아세톤 또는 쏙 오프 전용 리무버를 탈지면에 적셔 손톱 위에 올린다.
⑦ 포일 감싸기	포일을 사용하여 탈지면과 손톱을 감싸준다. 약 5~7분 후 포일을 제거한다.
⑧ 녹은 부분	오렌지 우드스틱을 사용하여 용해된 부분을 조심히 긁어 제거한다.

순서	시술 방법
⑨ 남은 부분 제거	인조 네일용 파일을 사용하여 용해되고 남은 부분을 조심스럽게 제거한다.
⑩ 표면 정리	샌딩 파일을 사용하여 자연 네일의 표면을 부드럽게 정리한다.
⑪ 라운드 형태	자연 네일용 파일을 사용하여 모델의 손톱을 라운드 형태로 만든다.
⑫ 분진 제거	더스트 브러시를 사용하여 손톱 주변의 분진을 제거한다.
⑬ 손 세척	큐티클 부분에 오일을 바르고 핑거볼에 손을 담가 깨끗이 세척한다.
⑭ 마무리	멸균거즈를 사용하여 손 전체를 닦아준다.
⑮ 작업대 정리	재료와 도구를 원위치에 정리하고 뚜껑을 모두 닫는다. 쓰레기는 전부 위생봉투에 버리고 작업대를 깨끗이 정리한다.

네일 제품의 이해

Unit 3

1 용제의 종류와 특성

1) 용제의 정의
① 화학적 조성에 어떤 변화를 가져오게 하는 것으로서 다른 물질을 용해하는 액체이다.
② 다른 물질을 용해하거나 분산시키는 기능을 가진 액체 또는 액체 혼합물이다.

2) 용제의 분류

분류	종류	특성
지방족 탄화수소계	휘발유, 등유, 노말헥산	가격이 저렴해 유성도료, 보일유, 합성수지 조합페인트의 용제 및 시너로 사용
방향족 탄화수소계	벤젠, 톨루엔, 크실렌, 솔벤트나프타	레커, 비닐수지, 아크릴수지, 합성수지 도료, 유성 바니시에 주로 사용
알코올계	메탄올, 에탄올, 부틸알코올, 이소프로필알코올	아미노 알키드 수지 도료, 레커계 도료, 주정 도료에 주로 사용
에테르계	에틸에테르, 디옥산, 셀로솔브, 부틸셀로솔브	• 레커계 도료, 아크릴 도료, 아미노 알키드 도료에 주로 사용 • 끓는점이 낮아 휘발성이 크며 용매나 마취제로 이용
에스테르계	초산에틸, 초산메틸, 초산부틸, 초산아밀, 초산이소프로필	• 레커, 염화비닐에 주로 사용 • 도료의 용매로 사용하며, 탄소수가 적은 에스테르는 과일향이 있어 향료로 사용
케톤계	아세톤, 메틸에틸케톤, 메틸부틸케톤, 메틸이소부틸케톤	레커계 도료, 염화비닐수지 도료, 아미노수지 도료에 주로 사용

3) 용제가 갖추어야 할 성상

① 용도에 적합한 비점 범위를 가질 것
② 안정성이 있을 것
③ 적당한 증발속도와 용해력을 가질 것
④ 비중이 적당할 것
⑤ 색상이 밝고 깨끗할 것
⑥ 금속과 접촉 시 부식이 없을 것
⑦ 유황분(Sulfur)이 포함되지 않을 것
⑧ 산성 성분이 없을 것
⑨ 인화점이 높을 것
⑩ 불연성일 것
⑪ 용해가 잘될 것
⑫ 값이 싸고 공급이 안정될 것

2 네일 트리트먼트의 종류와 특성

1) 네일 보강제

① 기초 코팅이 되는 베이스 코팅을 하기 전에 바르는 곳으로 손톱이 찢어지거나 갈라지는 것을 예방해주는 영양제이다.

② **종류**
- 프로틴 하드너(Protein hardener): 무색 투명의 폴리시와 영양제가 혼합된 제품
- 나일론 섬유: 무색 폴리시에 나일론 섬유를 혼합한 제품
- 폼알데하이드 보강제: 약 5% 농도의 폼알데하이드를 함유한 보강제

2) 탑 또는 실러(Top Coat or Sealer)

① 유색 폴리시를 바른 후 그 위에 발라주어 더욱 빛나게 해주는 무색 투명의 폴리시
② 유색 폴리시를 보호해주는 보호막을 만들어준다.
③ **성분:** 나이트로셀룰로스, 알코올, 폴리에스터, 톨루인, 용해제, 레진 등

3) 네일 컨디셔너

많은 수분을 함유하고 있어 잠자리에 들기 전에 발라주면 손톱이 깨지거나 갈라지는 것을 예방해주며, 건조하고 딱딱해진 큐티클을 부드럽고 곱게 해주는 기능을 한다.

3 폴리시의 종류와 특성

1) 건성 폴리시

① 파우더나 크림 형태의 폴리시로 손톱에 광택을 내기 위해 샤미버퍼로 연마작업을 할 때 사용한다.
② **성분:** 산화아연, 활석분, 규토분 등

2) 유색 폴리시, 리퀴드 에나멜 또는 래커

① 색상을 가지면서 광택을 내게 하는 화장제로 휘발성이 있다.
② 나이트로셀룰로스를 휘발성 용해액으로 용해시킨 것이다.
③ 휘발성을 늦추기 위해 오일을 첨가하기도 한다.

4 네일기기 및 재료

1) 네일 도구 및 재료

종류	용도
젤 램프기	• 젤 시술 시 젤을 응고시키는 용도 • UV/LED 가시광선 등의 전구가 들어 있고 기계에 따라 젤을 응고시키는 시간은 차이가 있다.
전기 네일 건조기	• 기계 윗면에 팬이 회전하면서 네일 폴리시를 건조시키도록 한다. • 폴리시는 30분 이상 건조해야 손상되지 않는다.
각탕기	• 페디큐어 시 발을 씻을 수 있고 시술 전에 고객들이 심신 안정을 하도록 도와준다. • 버블이 생겨서 발관리 효과와 온도 조절을 할 수 있고 혈액순환에 도움이 된다. • 고혈압 환자는 피하는 것이 좋다.
자외선 살균소독기	• 시술도구(니퍼, 푸셔, 클리퍼 등)를 사용 전에 넣어 보관하는 기기이다.
파라핀기	• 응고된 파라핀 용액을 녹이는 기계이다. • 파라핀은 혈액순환과 거친 피부에 도움을 주어 보습효과가 뛰어나다.
드릴머신	• 네일관리 시 니퍼, 파일 등의 네일 시술을 비트에 맞춰 사용하여 네일관리 시 시술시간을 단축할 수 있다. • 비트에 맞춰 시술하도록 하며 시술 시 주의를 요한다.
에어브러시	컴프레서를 사용해서 아크릴 물감을 분사식으로 뿜어주는 네일아트에 사용하는 기기이다.
로션 워머기	거친 큐티클 고객에게 핑거볼 대용으로 사용하여 오일이나 크림을 따뜻하게 하도록 한다.
손 소독제(안티셉틱)	• 손톱과 손의 소독제이다. • 시술 전후에 반드시 사용하도록 한다.
화장솜	손을 소독하거나 폴리시, 인조 네일을 제거 시 리무버나 아세톤에 적셔서 사용한다.
흰색 수건(위생타월)	시술 전 테이블에 깔고 시술하도록 한다.
팔 받침대	모델 손이나 손목을 받치고 시술하도록 한다.

종류	용도
페이퍼타월	위생타월 위에 깔고 사용하며 시술 시 젖거나 분진가루, 에나멜이 묻었을 경우 교체하여 시술하도록 한다.
파일꽂이	우드 파일, 인조 파일, 광택 파일, 버퍼, 디스크 파일, 샌딩블럭 등 파일을 모두 보관하도록 한다.
보관통(스테인리스/유리/플라스틱 재질)	멸균거즈, 화장솜, 스펀지 등을 보관한다.
분무기	발관리 시 발을 불리는 용도로 사용한다.
지혈제	시술 중 출혈 발생 시 사용한다.
바구니	모든 재료를 세팅하도록 한다.
비닐봉지	작업 테이블에 부착하여 시술 시 지저분한 재료나 일회용 재료를 폐기하도록 한다.
디스펜서	폴리시 리무버나 아세톤을 담아 놓는 통이다.
핑거볼	손톱 주변(큐티클)의 굳은살을 불릴 때 쓰는 용기이다.
폴리시 리무버	네일 컬러를 닦을 때 사용하는 액체로 자주 사용하게 되면 조갑이 약해질 수 있다.
큐티클 오일	• 큐티클을 부드럽게 하여 손질하기 쉽게 한다. • 액체 타입이나 크림 타입 등이 있다.
큐티클 용해제	손과 발을 시술할 때, 푸셔를 사용하기 전에 큐티클을 부드럽고 느슨하게 만들 때 사용한다.
우드 파일	자연 네일 손톱 모양을 만들 때 사용한다.
디스크 패드	프리에지 아랫부분 거스러미를 정리할 때 사용한다.
샌딩블록(버퍼)	네일 표면 정리 시 사용한다.
더스트 브러시	• 손톱과 손의 분진가루 제거 시 사용한다. • 반드시 소독용기(유리재질)에 알코올을 담아 보관한다.
스펀지	그라데이션 시술 시 사용한다.
오렌지 우드스틱	• 큐티클을 밀거나 손톱의 이물질을 제거하거나 네일 폴리시 수정에 사용한다. • 간단한 아트 작업 시에도 사용한다. • 반드시 소독용기(유리재질)에 알코올을 담아 보관한다.

종류	용도
푸셔	• 큐티클을 밀어 올릴 때 사용하는 금속제 도구이다. • 잘못 사용하면 손톱에 상처가 생길 수 있으므로 주의한다. • 45° 각도로 사용한다. • 반드시 소독용기(유리재질)에 알코올을 담아 보관한다.
니퍼	• 손톱 주변의 굳은살(큐티클)이나 거스러미를 제거하는 도구이다. • 반드시 소독용기(유리재질)에 알코올을 담아 보관한다.
클리퍼	• 손톱, 발톱, 인조 네일 길이를 줄일 때 사용한다. • 반드시 소독용기(유리재질)에 알코올을 담아 보관한다.
소독용기(유리재질)	더스트 브러시, 니퍼, 푸셔, 클리퍼, 오렌지 우드스틱을 거즈를 깔고 알코올을 용기에 담아 살균소독을 위해 사용한다.
멸균거즈	피부 주변 소독이나 피부에 묻은 에나멜 정리나 알코올에 젖은 더스트 브러시를 닦을 때 사용한다.
토우 세퍼레이터	네일 에나멜을 바르기 전 발가락 사이에 끼워 발가락을 분리할 때 사용한다.
잘라둔 포일	• 그러데이션 시술 시, 네일 에나멜의 양 조절 시 사용하거나 젤 마블 시 사용하기도 한다. 팔레트 대용으로 사용한다. • 인조 네일 제거 시 감싸는 용도로 사용한다
베이스 코트	• 손톱보호제, 네일 컬러를 칠하기 전에 칠하는 것이다. 네일 컬러를 칠해서 손톱이 누렇게 되거나 색소가 손톱에 배어드는 것을 막고 네일 컬러를 잘 유지시키는 역할을 한다. • 손톱과 폴리시의 접착력을 높인다. • 1회 사용한다.
에나멜(폴리시/래커)	• 유색 폴리시, 래커라고도 하며 손톱에 발라주는 유색의 화장제이다. • 45° 각도로 사용하고 브러시를 너무 눕혀서 사용하거나 힘을 너무 주고 사용하면 브러시 결이 남을 수 있으므로 주의한다. • 2회 사용한다.
탑 코트	• 네일 에나멜 사용 후 광택을 더해주면서 네일 컬러를 오래 유지시켜 준다. • 1회 사용한다.
본더	젤을 사용 시 밀착력을 높여 준다.

종류	용도
베이스 젤	• 젤 컬러 시술 시 젤 네일이 오랫동안 유지되도록 한다. • 모든 젤 시술 시 피부에 묻게 되면 리프팅의 원인이 되기도 한다. • 라이트기에 큐어링해야 한다. • 1회 사용한다.
젤 컬러	• 젤 컬러 또는 컬러 젤은 라이트기에 넣어 큐어를 해야 굳는다.
탑 젤	• 탑 젤은 젤 컬러 광택을 더해주고 젤 컬러를 오래 유지시켜 준다. • 1회 사용한다.
젤 클렌저	젤 큐어링 후 미경화가 남아 끈적임을 제거하도록 한다.
아트 브러시	라인 브러시, 세필 브러시라고도 하며 아트 시술 시나 마블에 선을 표현할 때 사용한다.
인조 파일	• 파일에는 그릿수가 있어서 거칠수록 숫자가 낮고 부드러울수록 숫자가 높다. 인조 네일 시술 시 150그릿이나 180그릿 파일을 사용한다. 인조 네일 제거 시 100그릿 파일을 사용한다.
광택용 파일	샌딩 버퍼 후 광택을 내기 위해 사용한다.
샌딩 버퍼	표면 정리나 광택을 없앨 때 사용한다(200 이상 그릿수).
실크	찢어진 손톱을 보수할 때, 부러진 손톱의 길이를 연장할 때 사용하는 천으로, 명주실로 짠 직물로 조직이 얇아 부드럽고 가벼워 많이 사용된다.
실크 가위	실크나 폼을 재단 시 사용한다.
글루	인조손톱을 붙이는 접착제로 손톱의 보수에도 사용한다.
젤 글루	인조손톱을 붙이거나 오버레이 시술 시 사용한다.
글루 드라이어	글루나 젤 글루를 빨리 굳게 한다.
레귤러 팁	이미 모양이 만들어진 인조손톱이다.
팁 커터	인조팁의 길이조절 시 팁을 자르는 도구이다.
필러 파우더	들뜬 손톱이나 갈라진 손톱의 보강에 사용하는 아크릴 가루, 팁 위드 오버레이 시술 시 사용한다.
디펜디시	아크릴릭 리퀴드를 덜어쓰는 용기이다.
종이 폼	스컬프처 네일 조형 시 인조 네일의 지지대 역할을 하는 재료이다.

종류	용도
아크릴 전용 브러시	모노머와 폴리머를 조합할 때 쓰는 브러시, 콜린스키, 세이블 브러시
프라이머	• 아크릴 시술 시 아크릴 접착력을 높이기 위해 사용한다. • 산성이므로 피부에 묻지 않도록 주의한다.
모노머	아크릴 리퀴드, 아크릴 파우더와 혼합해서 쓰는 용액이다.
아크릴 파우더(클리어/ 클리어 핑크파우더)	스컬프처 네일 등을 만들 때 아크릴수지의 파우더 리퀴드와 함께 사용한다.
아크릴 화이트 파우더	아크릴 프렌치 스컬프처 길이 연장 시, 프리에지 끝부분을 화이트로 표현 시 사용한다.
네일 화이트너	손톱의 프리에지 부분을 희게 보이도록 해주는 것으로, 주성분은 산화연, 타이타늄다이옥사이드이다.
스프라이핑 테이프	골드, 실버 등 여러 색상의 라인 테이프로 선을 만들 때 사용한다. 이 테이프는 끈적끈적한 뒷면을 가지고 있어 표피와 프리에지로 1/16인치 떨어뜨려 테이프를 잘라야 벗겨지지 않고 손톱에서 말려 떨어져 나가지 않게 된다. 테이프 위에 탑 코트를 바른다.
아크릴 물감	속건성, 내수성이 뛰어나기 때문에 네일아트에 적합한 물감이다. 네일아트한 다음 탑 코트를 발라주면 색상의 선명함과 지속성을 더할 수 있다.
인조보석	큐빅 등 작은 모조 다이아몬드로 여러 가지 색깔과 크기가 있다. 베이스 코트와 폴리시를 바른 후 라인스톤을 오렌지 우드스틱을 사용해서 디자인한다. 그 다음 탑 코트를 바른다.
워터데칼	폴리시가 마른 다음 원하는 디자인을 오려서 물에 30초 정도 담갔다가 그림만 떼어내서 손톱 위에 붙인 뒤 탑 코트를 바른다.
콘커터	발바닥의 굳은살을 제거하는 재료이다.

2) 아크릴릭 시스템

아크릴 리퀴드와 아크릴 파우더를 혼합하여 사용한다. 상온 화합중합으로 경화되며, 작업에 가장 적합한 온도는 23°C이다. 상온에서 3분이면 단단하게 굳지만 화학적으로 완전하게 경화되는 데에는 24~48시간이 걸린다. 인조 네일 재료 중 가장 단단하기 때문에 손톱을 물어뜯는 버릇을 교정할 때 사용하기도 한다.

(1) 아크릴 리퀴드(모노머)
① EMA가 주성분인 액체 재료이다.
② 특유의 냄새가 강하다.
③ 경화 속도를 조절하는 역할을 한다.
④ 단량체

(2) 아크릴 파우더(폴리머)
① EMA가 주성분인 파우더 형태의 재료이다.
② 습기에 약하다.
③ 다량체

(3) 화학중합 개시제
촉매제인 카탈리스트(catalyst)의 함유량에 따라 굳는 속도를 조절할 수 있다.

3) 라이트 큐어드 젤 시스템
자외선 램프 혹은 가시광선 램프(LED)의 특수한 파장에 반응하여 광중합(photo-polymerization)된다. 일상적인 빛과 닿아도 천천히 굳기 때문에 반드시 뚜껑을 닫아 빛을 차단하여 보관한다.

(1) 자외선 램프기기
① 370nm 정도의 파장을 사용한다.
② 수명이 LED와 비교해 비교적 짧다.
③ 넓은 범위의 파장을 전부 사용하기 때문에 LED램프기기에 비해 경화되는 시간이 길지만 안정적이다.

(2) 가시광선 램프기기
① 402nm 정도의 파장을 사용한다.
② 가장 많이 사용되는 범위의 파장만을 강하게 사용하기 때문에 경화되는 시간이 빠르다.

(3) 라이트 큐어드 젤
하드 젤과 소프트 젤로 나뉜다.
① **하드 젤:** 아크릴계의 올리고머로 매우 단단하며 아세톤에 용해되지 않기 때문에 전부 갈아서 제거한다.
② **소프트 젤:** 우레탄계의 올리고머로 하드 젤에 비해 부드럽다. 내구력은 떨어지나 아세톤에 용해되기 때문에 제거가 용이하다. 일반적으로 많이 쓰는 젤 폴리시는 소프트 젤에 해당된다.

• Memo •

03

공중위생관리

- Unit 1 • 공중보건
- Unit 2 • 소독
- Unit 3 • 공중위생관리법규
  (법, 시행령, 시행규칙)

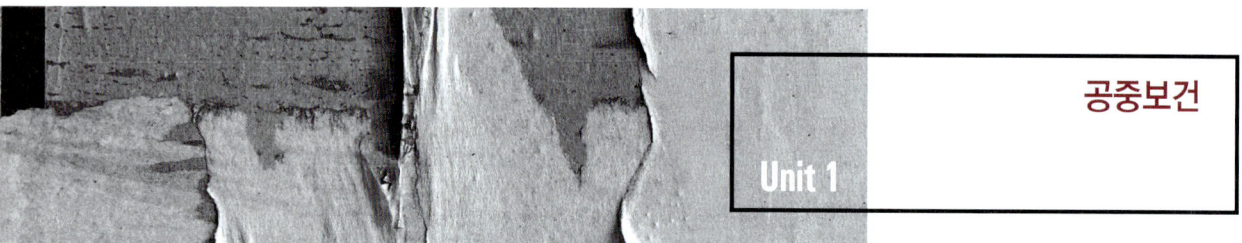

공중보건
Unit 1

1 공중보건학 기초

1) 공중보건학

(1) 공중보건학의 정의
조직적인 지역사회의 노력을 통하여 질병을 예방하고, 생명을 연장시키며, 신체적·정신적 건강 및 효율을 증진시키는 기술이며 과학이다.

> **The 알아보기**
>
> **지역사회:** 전 국민, 지역사회 주민 전체, 인간집단을 의미, 주민이 일상생활을 영위하는 사회적 단위를 말한다 (행정 단위와는 거리가 있다).

(2) 공중보건학의 대상
개인이 아닌 지역사회 주민 전체 및 인간집단의 국민 전체를 대상으로 한다.

(3) 공중보건학의 목적
질병예방, 수명연장을 위한 신체적·정신적 효율 증진

> **The 알아보기**
>
> | | |
> |---|---|
> | 공중보건학의 대상 | 개인이 아닌 지역사회 주민 전체 및 인간집단의 국민 전체 |
> | 공중보건학의 목적 | 질병예방, 수명연장을 위한 신체적·정신적 효율 증진 |
> | 목표달성을 위한 접근방법 | 조직화된 지역사회의 노력 |

2) 건강과 질병

(1) 건강의 개념

육체적, 정신적, 사회적 및 영적으로 완전히 행복한 역동적 상태를 의미한다.

> **The 알아보기**
>
> **건강의 개념 변화:** 신체적 건강(19세기 초) → 정신적 건강(19세기 중엽) → 사회적 건강(20세기 초) → 영적 건강(20세기 중엽)

(2) 질병

① **정의:** 인체의 조직 혹은 기관의 이상으로 신체의 기능이나 구조에 장애를 초래한 상태
② **질병 발생의 3요인:** 병인, 숙주, 환경의 3요인이 상호작용함으로써 발생한다.

병인	질병 발생의 직접적인 원인	세균, 바이러스, 기생충, 곰팡이, 성인병, 직업병, 중독증, 성인병 등
숙주	질병 발생에 영향을 주는 신체 내부 요인	연령, 성별, 유전, 저항력, 생활습관, 스트레스 등
환경	병인과 숙주를 제외한 모든 요인	기후, 지형, 인구분포, 생활환경 등

> **The 알아보기**
>
> **숙주의 개념:** 일반적으로 기생충 등에게 영양분을 공급하고 쉼터가 되는 존재(인간)

3) 인구보건

(1) **인구 구성:** 성별, 연령별, 인종별, 직업별, 사회계층별, 교육 수준별 등으로 표시한다.

(2) **인구 피라미드:** 특정 시점의 연령층별 인구 구성을 한눈에 볼 수 있는 그래프이다.

(3) 인구 피라미드의 종류

① **피라미드형(인구증가형):** 출생률이 사망률보다 높은 형(후진국형)

② **종형(인구정지형):** 출생률과 사망률이 같은 형(이상적인 형태)

③ **항아리형(인구감소형):** 출생률보다 사망률이 높은 형(선진국형)

④ **별형(인구유입형):** 생산연령 인구의 전입이 늘어나는 형(도시형)

⑤ **표주박형(인구감소형):** 생산연령 인구의 전출이 늘어나는 형(농촌형)

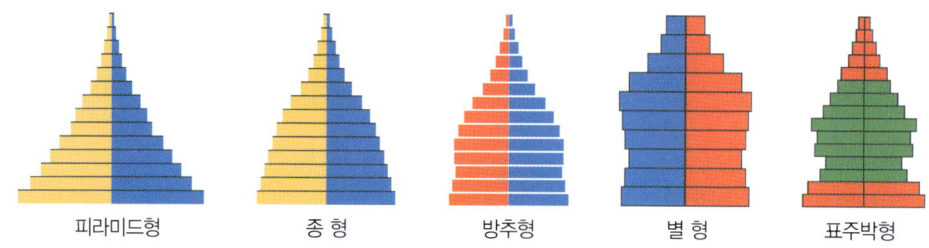

피라미드형　　종 형　　방추형　　별 형　　표주박형

4) 보건 지표

(1) **보건 지표의 개념:** 국가나 지역사회의 건강 상태 및 보건 실태를 측정하는 것이다.

(2) WHO 3대 건강 수준 지표

평균수명	어떤 연령의 사람이 평균적으로 몇 년을 더 살 수 있는지에 대한 기대치
비례사망자수	년간 총 사망자수에 대한 50세 이상의 사망자수
보통사망률(조사망률)	특정 년도의 인구 중에서 같은 해의 총 사망자수를 의미

🔷 **The 알아보기**

영아사망률(출생 1,000명에 대한 생후 1년 미만의 사망 영아수)은 한 국가의 건강 수준을 나타내는 지표로 활용

2 질병관리

1) 역학

(1) 역학의 정의
질병의 발생과 분포를 파악하고, 원인을 규명하여 예방대책을 수립하는 과학 또는 학문이다.

(2) 역학의 목적
① 질병의 발생 원인을 규명한다.
② 질병 발생 및 유행의 감시 역할을 한다.
③ 질병의 자연사에 관해 연구한다.
④ 공중 보건정책을 개발하기 위한 기초 자료를 제공한다.

> **The 알아보기**
>
> **역학 조사**: 감염병의 차단과 확산 방지 등을 위하여 감염병 환자 등의 발생 규모를 파악하고, 감염원을 추적하는 등의 활동과 감염병 예방접종 후 이상반응 사례가 발생한 경우 그 원인을 규명하기 위하여 실시하는 활동

2) 감염병 관리

(1) 감염병
감염병이란 환자를 통해 새로운 환자를 만들 수 있는 질병을 의미한다.

(2) 감염병의 3대 요인

감염원	병원체를 전파시키는 근원	환자, 보균자, 감염 동물, 오염 식품, 오염수 등
감염 경로	병원체가 생체로 입하기까지의 경로	접촉 감염, 공기 전파, 동물 매개 전파
감수성 숙주	인체에 침입한 병원체에 대하여 저항력이 낮은 상태를 의미	숙주의 감수성이 높으면: 감염병 유행 숙주의 면역성이 높으면: 김염병 차단

🔖 **The 알아보기**

감수성의 개념: 숙주에 침입한 항원에 대항하여 감염이나 발병을 막을 수 있는 능력이 없어 건강이 악화될 우려가 있는 상태(면역성의 상대적 개념)

(3) 감염병의 발생과정

감염병의 생성과정은 병원체 → 병원소 → 병원소로부터 병원체의 탈출 → 전파 → 새로운 숙주로의 침입 → 숙수의 감수성 등의 요소가 연쇄적으로 연결되어 발생한다.

① **병원체:** 숙주에 기생하면서 질병을 발생시키는 미생물로 바이러스, 리케차, 세균, 진균 및 사상균으로 분류된다.

바이러스		살아있는 조직 세포에서 증식	AIDS, 일본뇌염, 홍역, 인플루엔자, 풍진, 공수병 등
리케차		세균과 유사	발진열, 발진티푸스, 쯔쯔가무시병 등
세균	간균	작대기 모양	디프테리아, 장티푸스, 결핵균
	구균	둥근 모양	포도상구균, 연쇄상구균, 폐렴균, 임균
	나선균	S형, 나선형	콜레라균
진균, 사상균		버섯, 곰팡이, 효모	무좀, 피부병

🔖 **The 알아보기**

병원체의 크기: 바이러스 < 리케차 < 세균 < 진균, 사상균

② **병원소:** 병원체가 증식하여 다른 숙주에 전파될 수 있는 상태로서 질병의 전염원이다.
   • 인간 병원소

건강 보균자	병원체가 침입하였으나 증상이 없고 병원체를 배출하는 보균자, 감염병관리가 어려움(B형 바이러스, 디프테리아, 폴리오, 일본뇌염)
잠복기 보균자	발병 전 잠복기간에 병원체를 배출하는 보균자(홍역, 백일해, 유행성 이하선염)
회복기 보균자	감염병이 치료되었으나 병원체를 배출하는 보균자(세균성 이질)

- 동물 병원소

병인	병원소	관련 질병
동물	쥐	페스트, 발진열, 살모넬라
	고양이	톡소프라스마증, 살모넬라
	토끼	야토병
	개	공수병(광견병)
	돼지	일본뇌염, 구제역, 탄저, 살모넬라
	소	결핵, 탄저, 파상열
곤충	모기	일본뇌염, 말라리아, 뎅기, 황열
	이	발진티푸스, 재귀열
	벼룩	흑사병, 발진열
	파리	콜레라, 이질, 장티푸스

- 인수공통 병원소

    ㉠ 동물이 병원소가 되면서 인간에게도 감염을 일으키는 감염병

    ㉡ 쥐(페스트), 돼지(일본뇌염), 개(광견병), 쥐(살모넬라), 산토끼(야토병), 소(결핵)

③ 병원소로부터 병원체의 탈출

병원소에서 병원체가 탈출하면서부터 감염병의 전파가 시작되며, 병원체의 종류 및 숙주의 기생 부위에 따라 호흡기 계통, 소화기 계통 혹은 개방 병소로 직접 탈출하기도 한다.

④ 감염병의 전파

- 직접 전파: 매개체 없이 전파

    ㉠ 성병, 피부병, 매독(직접 접촉 감염)

    ㉡ 결핵, 홍역, 인플루엔자, 유행성 이하선염(기침, 재채기로 감염)

- 간접 전파: 매개체를 통해 간접적으로 전파

    ㉠ 디프테리아, 결핵(호흡기를 통해 감염)

⑤ 면역의 종류와 질병

- 선천적 면역: 태어날 때부터 가지고 있는 유전적 면역(인종, 종족, 개인차)

- 후천적 면역: 후천적(감염, 예방접종)으로 성립된 면역

능동 면역	자연 능동 면역	감염병 감염 후에 형성된 면역
	인공 능동 면역	예방접종에 의해 형성된 면역
수동 면역	자연 수동 면역	태반이나 모유를 통해 생기는 면역
	인공 수동 면역	면역 혈청주사에 의해 얻어진 면역

⑥ 감염병관리

감염병의 심각도, 전파력, 격리 수준, 신고 시기 등을 기준으로 1~4급(級) 등으로 분류하여 관리한다.

- 1급 감염병: 치명률 혹은 집단 발병의 우려가 높아 유행 즉시 신고하고 음압 격리가 필요한 감염병이다.
- 2급 감염병: 전파 가능성이 높아 24시간 이내에 신고하고 격리가 필요한 감염병이다.
- 3급 감영병: 계속 감시가 필요하고 24시간 이내에 신고하여야 하는 감염병이다.
- 4급 감염병: 유행 여부를 조사하기 위해 표본 감시가 필요한 감염병이다.

구분	감염병 종류	격리 수준	신고 시기
1급 (17종)	에볼라바이러스병, 마버그열, 라싸열, 크리미안 콩고출혈열, 남아메리카출혈열, 리프트밸리열, 두창, 페스트, 탄저, 보툴리눔독소증, 야토병, 신종 감염병증후군, 중증급성호흡기증후군(SARS), 중동호흡기증후군(MERS), 동물인플루엔자 인체감염증, 신종인플루엔자, 디프테리아	음압 격리 필요	발생 및 유행 즉시 신고
2급 (24종)	결핵, 수두, 홍역, 콜레라, 장티푸스, 파라티푸스, 세균성이질, 장출혈성대장균감염증, A형 간염, 백일해, 유행성이하선염, 코로나바이러스 감염증-19, 풍진(선천성), 풍진(후천성), 폴리오, 수막구균감염증, B형 헤모필루스인플루엔자, 폐렴구균 감염증, 한센병, 성홍열, 반코마이신내성황색포도알균(VRSA) 감염증, 카바페넴내성장내세균속균종(CRE) 감염증, E형 감염, 엠폭스	격리 필요	24시간 이내 신고

구분	감염병 종류	격리 수준	신고 시기
3급 (26종)	파상풍, B형 간염, 일본뇌염, C형 간염, 말라리아, 레지오넬라증, 비브리오패혈증, 발진티푸스, 발진열, 쯔쯔가무시증, 렙토스피라증, 브루셀라증, 공수병, 신증후군출혈열, 후천성면역결핍증(AIDS), 크로이츠펠트-야콥병(CJD) 및 변종크로이츠펠트-야콥병(vCJD), 황열, 뎅기열, 큐열, 웨스트나일열, 라임병, 진드기매개뇌염, 유비저, 치쿤구니야열, 중증열성혈소판감소증후군(SFTS), 지카바이러스 감염증	계속 감시 필요	24시간 이내 신고
4급 (23종)	인플루엔자, 회충증, 편충증, 요충증, 간흡충증, 폐흡충증, 장흡충증, 수족구병, 임질, 클라미디아 감염증, 연성하감, 성기단순포진, 첨규콘딜롬, 반코마이신내성장알균(VRE) 감염증, 메티실린내성황색포도알균 감염증, 다제내성녹농균(MRPA) 감염증, 다제내성아시네토박터바우마니균(MPAB) 감염증, 장관 감염증, 급성호흡기 감염증, 해외유입기생충 감염증, 엔테로바이러스 감염증, 사람유두종바이러스 감염증, 매독	표본 감시	7일 이내 신고

3) 기생충 질환관리

(1) 기생충의 종류

선충류	소화기, 근육, 혈액 등에 기생	회충, 구충(십이지장충), 요충, 편충
흡충류	숙주의 간, 폐 등에 흡착하여 기생	간흡충(간디스토마), 폐흡충(폐디스토마), 장흡충, 요코가와흡충
조충류	숙주의 소화기관에 기생	유구조충, 무구조충, 광절열두조충(긴촌충)

(2) 숙주와 기생충

① 어패류 매개 기생충

기생충	제 1중간 숙주	제 2중간 숙주
간흡충(간디스토마)	우렁이	잉어, 붕어, 피라미
폐흡충(폐디스토마)	다슬기	가재, 참게
요코가와흡충	다슬기	은어, 숭어
광절열두조충(긴촌충)	물벼룩	송어, 연어

② 육류 매개 기생충

기생충	중간 숙주
무구조충(민촌충)	소
유구조충(갈고리촌충)	돼지
만소니열두조충	닭

3 가족 및 노인보건

1) 모자보건

(1) 목적
모성의 생명과 건강을 보호하고 건전한 자녀의 출산과 양육을 도모하여 국민 보건 향상에 기여한다.

(2) 대상
임신, 출산 및 수유 기간의 모성과 취학 전 영유아(6세 미만)를 대상으로 한다.

(3) 모자보건의 3대 목적
산전관리, 산욕관리, 분만관리

2) 노인보건

(1) 목적
노인의 질환을 예방 및 조기에 발견하고, 적절한 치료 요양으로 노후의 보건 복지 증진에 기여한다.

(2) 노인보건의 대상

65세 이상의 노인(보건복지법)

전체 인구 중 65세 이상 노인 인구가 차지하는 비율	장년기 사회	65세 이상의 인구가 전체의 4~7% 미만
	고령화 사회	65세 이상의 인구가 전체의 7% 이상
	고령 사회	65세 이상의 인구가 전체의 14% 이상
	초고령 사회	65세 이상의 인구가 전체의 20% 이상

🔸 **The 알아보기**

한국은 2017년 고령 사회로 진입

4 환경보건

1) 환경보건

(1) 개념

인체 건강에 잠재적으로 영향을 줄 수 있는 환경성 질환을 예방·관리하는 것을 의미한다.

🔸 **The 알아보기**

환경성 질환의 종류: 수질오염물질로 인한 질환, 유해화학물질로 인한 중독증 및 신경계나 생식계 질환, 석면으로 인한 폐질환, 환경오염으로 인한 건강 장애 등을 의미한다(환경보건법).

(2) 기후

① **기후의 3대 요소:** 기온, 기습(습도), 기류(기온과 기압 차이로 발생하는 공기 흐름)
② **기후의 4대 요소:** 기온, 기습, 기류, 복사열

2) 대기 환경

(1) 대기의 구성

① 질소(78%), 산소(21%), 아르곤, 이산화탄소, 기타

산소(O_2)	성인 1일 소비량 500~700리터
질소(N_2)	공기 중 가장 많은 78% 함유
이산화탄소(CO_2)	실내공기 오염의 지표, 지구온난화의 주된 가스

② 대기의 유해 성분

일산화탄소(CO)	숯, 연탄의 불완전 연소로 발생, 무색, 무미, 무취
아황산가스(SO_2)	대기오염의 지표
오존(O_3)	프레온가스가 오존층 파괴의 원인

🞧 The 알아보기

군집독 현상: 다수가 밀집한 밀폐된 실내에서 기온 상승, 습도 증가, 이산화탄소의 증가로 현기증, 구토, 두통 등의 생리적 이상 현상이 발생하는 것을 의미한다.

(2) 대기오염

① **1차 오염물질:** 직접 대기에 배출되는 물질로서 분진, 연기, 재, 안개, 매연 등이 있으며, 가스상 물질로서 황산화물, 질소산화물, 일산화탄소가 있다.

② **2차 오염물질:** 1차 오염물질이 합성되어 새로이 생성된 물질로, 오존, 스모그, 알데하이드 등이 있다.

3) 수질 환경

(1) 음용수 오염 측정 지표: 대장균수

🞧 The 알아보기

대장균의 검출 방법이 용이하고 정확하기 때문에 수질오염 지표로 활용된다

(2) 하천 오염의 측정 지표

생물학적 산소요구량 (BOD)	• 유기물이 세균에 의해 산화 분해될 때 소비되는 산소량, 단위 ppm	• BOD 요구량이 높을수록 오염도가 높다.
용존 산소량(DO)	• 물속에 녹아 있는 산소량, 단위 ppm	• DO가 낮을수록 물의 오염도가 높다. • DO가 높을수록 깨끗한 물이다.
화학적 산소요구량 (COD)	• 유기물을 산화시킬 때 소모되는 산소량, 단위 ppm • 공장 폐수 오염도 측정 지표로 사용	• COD가 높을수록 오염도가 높다.

(3) 수질오염 질환

수은 중독	미나마타병	신경 마비, 언어장애, 두통
카드뮴 중독	이타이이타이병	골연화증, 전신권태

(4) 음용수 소독법

① **자비소독:** 물을 끓여서 소독

② **염소소독:** 상수도 소독 방법

③ **자외선:** 일광 소독

④ **오존:** 오존 소독

(5) 하수도 처리 방법

예비처리 → 본처리 → 오니처리

4) 주거 및 의복 환경

(1) 주거 환경

① **채광(자연조명)의 조건**
- 창문의 면적: 방바닥 면적의 1/5~1/7, 벽 면적의 70%
- 창의 입사각: 28° 이상

- 창의 개각: 4 ~5° 이상

② **인공 조명**

전체 조명	전체적으로 밝게 하는 조명	강당, 가정
부분 조명	부분을 밝게 하는 조명	스탠드
직접 조명	조명 효율이 크고 경제적이나 불쾌감을 줄 수 있음	서치라이트
간접 조명	눈의 보호를 위해 가장 좋은 조명	형광등

③ **조명의 조건**
- 눈이 부시지 않고 그림자가 생기지 않아야 한다.
- 폭발이나 화재의 위험이 없어야 한다.
- 깜박거림이나 흔들림 없이 조도가 균등해야 한다.
- 취급이 간단해야 한다.
- 색은 주광색에 가까운 것이 좋다.

🔖 **The 알아보기**

이미용실 조명: 75Lux 이상

(2) 의복환경

① **의복의 기능:** 신체 보호 및 체온조절, 장식 기능, 개성 표현 기능, 자유로운 활동 기능

② **의복의 조건:** 보온성, 통기성, 흡수성, 흡습성, 신축성, 내열성을 가져야 한다.

5 식품위생과 영양

1) 식품위생

(1) 정의
식품, 식품 첨가물, 기구 또는 용기 포장을 대상으로 하는 음식에 관한 위생을 식품위생이라 한다.

(2) 식중독
식품 섭취 후 인체에 유해한 미생물 또는 유독 식물에 의하여 발생하였거나 발생된 것으로 판단되는 감염성 질환 또는 독소형 질환이다.

① 세균성 식중독(감염형, 독소형)

구분	독성 물질	원인 식품
감염형	살모넬라	돼지콜레라가 원인
	장염비브리오	어패류, 오염 어패류에 접촉한 도마, 식칼, 행주에 의한 2차 감염
	병원성 대장균	우유, 치즈, 김밥, 두부, 도시락 등의 섭취
독소형	포도상구균	우유, 유제품, 떡, 김밥, 도시락
	보툴리누스균	육류, 소시지, 통조림 제품, 치사율이 가장 높음
	웰치균	수육 및 수육 제품

② 자연독 식중독(식물성, 동물성)

구분	원인 식품	독성 물질
식물성	버섯	무스카린
	감자	솔라닌
	매실	아미그달인
동물성	복어	테트로톡신
	섭조개, 대합	삭시오신
	모시조개, 굴, 바지락	베네루핀

③ **곰팡이독 식중독**
- 아플라톡신: 땅콩, 옥수수
- 파툴린: 사과나 사과주스 오염

2) 영양

(1) 영양소의 분류

3대 영양소	단백질, 탄수화물, 지방	열량 공급 작용
4대 영양소	단백질, 탄수화물, 지방, 무기질	인체 구성 작용
5대 영양소	단백질, 탄수화물, 지방, 무기질, 비타민	인체 구성 조절 작용

(2) 영양 장애

영양소	과잉 증상	결핍 증상
탄수화물	비만, 고지혈증	저혈당, 어지러움, 두통
단백질	비만, 피로, 골다공증	빈혈, 피부탄력 저하
지방	고지혈증, 심장병	발육부진, 저항력 감소
칼슘	신장결석	골다공증, 구루병
비타민 A	탈모증	야맹증, 각막연화증
비타민 D	탈모, 체중 감소	구루병, 골다공증
비타민 E	두통, 위장장애	피부노화, 불임, 유산
비타민 C	위장자극	괴혈병, 색소침착증
비타민 B_1	피부열감, 가려움	각기병
비타민 B_2	복부팽만	눈의 결막 충혈

✚ The 알아보기

위해요소 중점관리기준(HACCP)
식품의 원료 관리 및 제조 가공, 조리, 소분, 유통의 모든 과정에서 유해한 물질이 식품에 섞이거나 식품이 오염되는 것을 방지하기 위해 각 과정의 위해요소를 확인·평가하여 중점적으로 관리하는 기준

6 보건행정

1) 보건행정의 정의 및 체계

(1) 정의
공중보건의 목적(수명연장, 질병예방, 건강증진)을 달성하기 위해 공공의 책임하에 수행하는 행정 활동이다.

(2) 범위
① 보건 관계 기록의 보존
② 환경위생
③ 보건교육
④ 감염병 관리
⑤ 의료, 모자보건 및 보건 간호

2) 사회보장과 국제보건기구

(1) 사회보장을 위한 사회보험: 국민연금, 고용보험, 산재보험, 장기요양보험

(2) 세계보건기구(WHO, World Health Organization)
① 1948년 발족, 본부는 스위스 제네바
② 한국은 1949년 65번째로 회원국 가입

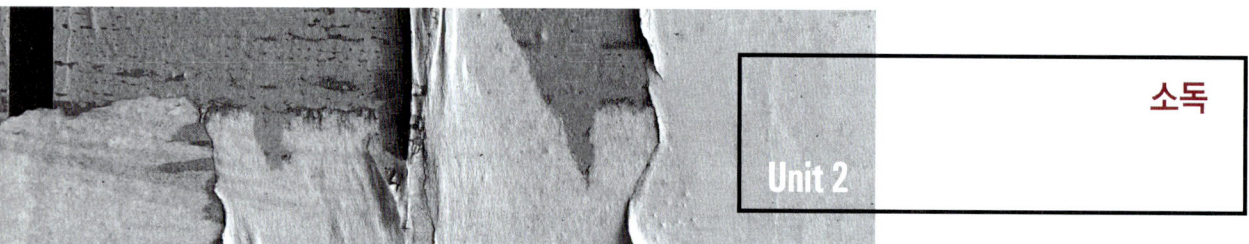

Unit 2 소독

1 소독의 정의 및 분류

1) 소독 관련 용어 정의

멸균	병원성, 비병원성 미생물 및 포자를 포함한 모든 균을 사멸 또는 제거
살균	병원성 미생물을 물리, 화학적 작용으로 급속하게 제거하는 작업
소독	병원균을 파괴하여 감염력 및 증식력을 없애는 작업 단, 포자는 제거되지 않음
방부	병원성 미생물의 발육과 작용을 정지시켜서 부패나 발효를 방지

🔎 The 알아보기

소독력의 크기: 멸균 > 살균 > 소독 > 방부

2) 소독 기전(소독 메커니즘)의 종류

① **산화 작용:** 과산화수소, 염소, 오존에 의한 소독

② **균체 단백질 응고 작용:** 알코올, 석탄산, 크레졸, 포르말린에 의한 소독

③ **균체 효소의 불활성화 작용:** 알코올, 석탄산, 중금속에 의한 소독

④ **가수분해 작용:** 강산, 강알칼리에 의한 소독

3) 소독법의 분류

소독법의 종류에는 자연 소독법(희석, 태양광선 등), 물리적 소독법, 화학적 소독법이 있다.

(1) 물리적 소독법

건열에 의한 방법	화염 멸균법	불꽃에 20초 이상 가열하여 미생물을 태우는 방법
	건열 멸균법	건열 멸균기 150~170℃에서 1~2시간 멸균 처리
	소각법	불에 태우는 방법, 가장 안전한 소독법

① **화염 멸균법:** 유리 제품, 금속 제품 등 불연성 제품
② **건열 멸균법:** 주사기, 유리 제품
③ **소각법:** 환자 의복, 환자 개인 물품

습열에 의한 방법	자비 소독법	100℃ 끓는 물에 15~20분 처리(포자는 죽이지 못함)
	고압증기 살균법	고압증기 멸균기 사용(아포를 포함한 모든 미생물 멸균) 10파운드: 115℃에서 30분 15파운드: 120℃에서 20분 20파운드: 127℃에서 15분
	유통증기 멸균법	증기솥을 100℃로 30~60분 처리
	저온 살균법	60~70℃에서 30분 가열

④ **자비 소독법:** 금속성 식기, 면 의류, 타월, 도자기
⑤ **고압증기 살균법:** 기구, 의류, 고무 제품, 거즈, 액액
⑥ **유통증기 멸균법(간헐 멸균법):** 물에 넣을 수 없는 제품
⑦ **저온 살균법(파스퇴르법):** 우유, 과즙 살균(결핵, 디프테리아, 살모넬라균 제거에 효과)

기타 물리적 멸균법	자외선 멸균법	자외선에 의한 소독법
	세균 여과법	세균 여과기로 세균을 제거하는 방법
	초음파 소독	초음파 기기를 10분 정도 사용하여 소독

⑧ **자외선 멸균법:** 무균실, 제약공장, 식품, 기구, 플라스틱 제품, 음료수
⑨ **세균 여과법:** 특수약품, 혈청
⑩ **초음파 소독:** 미생물 (나선균) 소독

(2) 화학적 소독법

① 석탄산(페놀)
- 소독약의 살균 지표로 사용
- 손 소독은 3%, 기구 소독은 5% 수용액을 사용
- 냄새가 독하고 독성이 강함
- 오염 의류, 침구, 배설물(넓은 지역의 방역용 소독제로 적당)

② 승홍수(염화제2수은)
- 피부 소독에 0.1% 수용액 사용
- 독성이 강하고 금속을 부식시킴

③ 크레졸
- 석탄산의 2배 소독 효과가 있으며, 피부 자극이 적음
- 손 및 피부 소독 시 1% 용액, 화장실 소독 시 3% 용액 사용
- 냄새가 매우 강함

④ 생석회(산화칼슘)
- 독성이 적고 가격이 저렴하여 넓은 장소의 소독에 이용
- 분변, 하수, 오수의 소독

⑤ 포르말린
- 1~1.5% 수용액, 온도가 높을 때 소독력 강함
- 세균, 아포, 바이러스 등 미생물에 강한 살균 효과
- 고무 제품 의류 소독

⑥ 역성비누
- 피부에 자극이 없고 소독력이 높음
- 이미용사의 손 세정에 적당(1% 수용액)

(3) 소독 대상물에 따른 분류

대소변, 배설물, 토사물	소각법, 크레졸, 생석회 분말
의복, 침구류, 모직물, 타월	일광 소독, 증기 소독, 자비 소독, 크레졸, 석탄산
초자기구, 자기류	석탄산, 크레졸, 승홍, 포르말린
고무 제품, 피혁 제품, 모피	석탄산, 크레졸, 포르말린
화장실, 쓰레기통, 하수구	석탄산, 크레졸, 포르말린
병실	석탄산, 크레졸, 포르말린
환자	석탄산, 크레졸, 승홍, 역성비누
미용실 실내 소독	포르말린, 크레졸
미용실 기구 소독	크레졸, 석탄산

4) 소독인자

소독에 영향을 미치는 인자: 소독약의 농도, 온도, 반응시간

2 미생물 총론

1) 미생물의 정의 및 역사

(1) 정의

육안으로 보이지 않는 0.1㎛ 이하의 미세한 생물체를 총칭한다.

> **The 알아보기**
>
> **미생물의 크기:** 곰팡이 > 효모 > 세균 > 리케차 > 바이러스

(2) 미생물의 역사

세포(cell)의 발견(1665)	로버트 훅
미생물 최초 관찰(1676)	안톤 반 레벤후크
저온 살균법 고안(1864)	파스퇴르(근대 면역학의 아버지)
결핵균 발견(1882)	로버트 코흐(세균학의 아버지)

2) 미생물의 분류

병원성 미생물	세균(구균, 간균, 나선균), 리케차, 바이러스, 진균 등
비병원성 미생물	발효균, 효모균, 곰팡이균, 유산균 등

3) 미생물의 증식

① 미생물은 적당한 환경과 조건이 만들어지면 분열과 증식을 하게 된다.
② 미생물 발육의 필요 조건: 영양소, 수분, 온도, 산소, 수소이온농도, 광선 등

The 알아보기

미생물의 증식의 3대 조건: 영양소, 수분, 온도

3 병원성 미생물

1) 병원성 미생물의 분류

(1) 세균

구분		특성
구균	포도상구균	손가락 등의 화농성 질환의 병원균, 식중독의 원인균
	연쇄상구균	편도선염, 인후염의 원인균
간균		긴막대기 모양, 탄저병, 파상풍, 결핵, 디프테리아의 원인균
나선균		S 또는 나선 모양, 매독, 재귀열의 원인균

(2) 리케차

① 세균과 바이러스의 중간 크기

② 벼룩, 진드기, 이 등의 절지동물과 공생

③ 사람을 비롯한 가축, 고양이, 개 등에도 감염되는 인수공통의 미생물 병원체

(3) 바이러스

① 살아있는 생명체 중 가장 작은 병원체

② 페놀, 염소 포르말린 등으로 30분 이상 가열 시 감염력 상실

③ 감염력이 높아 다른 사람을 쉽게 감염시킴

④ AIDS, 백혈병, 감기, 인플루엔자, 홍역, 유행성 이하선염 등

(4) 진균

① 곰팡이 효모 버섯

② 무좀, 백선의 피부병 유발

2) 병원성 미생물의 특성(전염 경로)

직접 접촉 경로	매독, 임질
간접 접촉 경로	장티푸스, 디프테리아
비말 접촉 경로	결핵, 디프테리아, 백일해, 성홍열
진애 접촉 경로	결핵, 디프테리아, 두창, 성홍열
경구 감염	콜레라, 이질, 폴리오 장티푸스, 파라티프스
경피 감염	광견병, 뇌염, 파상풍, 십이지장충
수인성 감염	장티푸스, 파라티프스, 이질, 콜레라

4 소독 방법

1) 소독 도구 및 기기 소독 시 유의사항

(1) 소독약의 필요 조건
① 살균력이 강하고, 높은 석탄산 계수를 가질 것
② 인체에 무해하고, 독성이 낮을 것
③ 부식성, 표백성이 없을 것
④ 냄새가 없고, 탈취력이 있을 것
⑤ 경제성, 사용법이 간단할 것
⑥ 용해성과 안정성이 있을 것
⑦ 환경오염을 유발하지 않을 것
⑧ 저렴할 것

(2) 소독약 사용과 보존 유의사항
① 소독 대상에 따라 적당한 소독 방법, 소독약을 선택한다.
② 미생물의 종류, 저항성 정도, 멸균, 살균 소독의 목적과 방법을 사전에 검토하여 소독한다.
③ 모든 소독약은 필요한 양만큼 조제하여 사용한다.
④ 약품은 밀폐된 상태로 직사광선을 피하고 통풍이 잘되는 곳에 보관한다.
⑤ 라벨이 오염되지 않도록 하여 약품끼리 섞이는 것에 유의한다.

2) 대상별 살균력 평가

(1) 석탄산 계수
① 석탄산의 안정된 살균력을 표준으로 하여 몇 배의 살균력을 갖는가를 나타내는 계수이다.
② 살균력의 상대적 표시법이다.
③ 살균 농도지수와 병행하여 살균 특성을 나타내는 값이다.
④ 석탄산을 기준으로 하여 어떤 소독약이 시험관 내에서 몇 배의 효력을 갖는가를 나타내는 수치이다.
⑤ 석탄산 계수: 소독약의 희석 배수 / 석탄산의 희석 배수

5 분야별 위생 소독

1) 실내 환경 위생 소독

작업장	① 환기장치를 설치하여 청정하고 신선한 공기가 순환되도록 한다. ② 적당한 조명을 유지한다. ③ 작업장 시설물에 먼지, 머리카락, 화학약품이 묻은 채 방치되지 않도록 관리한다. ④ 에어컨 제습기의 필터를 주기적으로 청소 및 소독을 한다. ⑤ 청소가 용이하고 미끄럽지 않은 바닥 재질로 시공한다.
입구, 카운터 및 대기실	① 입구 및 카운터 주변, 고객 대기실을 항상 청결하게 유지·관리한다. ② 진열장 및 옷장을 청결하게 관리한다.
샴푸실 및 화장실	① 샴푸대, 거울, 선반 등을 청결하게 유지·관리한다. ② 샴푸대 주변의 물기로 인해 미끄러지지 않도록 유지 관리한다.

2) 도구 및 기기 위생 소독

(1) 이용 기구의 소독기준 및 방법 (공중위생관리법 시행규칙)

자외선 소독	1cm^{2}당 85μW 이상의 자외선을 20분 이상 쬐어준다.
건열 멸균 소독	섭씨 100℃ 이상의 건조한 열에 20분 이상 쬐어준다.
증기 소독	섭씨 100℃ 이상의 습한 열에 20분 이상 쬐어준다.
열탕 소독	섭씨 100℃ 이상의 물속에 10분 이상 끓여준다.
석탄수 소독	석탄산수(석탄산 3%, 물 97%의 수용액을 말한다)에 10분 이상 담가둔다.
크레졸 소독	크레졸수(크레졸 3%, 물 97%의 수용액을 말한다)에 10분 이상 담가둔다.
에탄올 소독	에탄올 수용액(에탄올 70% 수용액)에 10분 이상 담가두거나 에탄올 수용액을 머금은 면 또는 거즈로 기구의 표면을 닦아준다.

(2) 대상 도구 및 기기별 소독

가위	70 % 알코올을 적신 솜으로 닦아서 소독한다.
헤어클리퍼	
면도기	면도칼은 일회용으로 사용한다.
각종 빗류	미온수에 역성비누를 풀어 세척 후 자외선 소독기로 넣어서 소독 및 보관한다.

공중위생관리법규
(법, 시행령, 시행규칙)
Unit 3

1 공중위생관리법의 목적과 정의

1) 목적

공중위생관리법은 공중이 이용하는 영업과 시설의 위생관리 등에 관한 사항을 규정함으로써 위생수준을 향상시켜 국민의 건강증진에 기여하기 위해 제정된 법률이다.

> **➕ The 알아보기**
>
> 공중위생관리법규에는 공중위생관리법, 공중위생관리법 시행규칙, 공중위생관리법 시행령으로 구성되어 있다. 이 책에서는 법, 규칙, 시행령으로 통칭한다.

2) 정의

① 공중위생영업은 다수인을 대상으로 위생관리서비스를 제공하는 영업으로서 숙박업·목욕장업·이용업·미용업·세탁업·건물위생관리업을 말한다.
② 이용업은 손님의 머리카락 또는 수염을 깎거나 다듬는 등의 방법으로 손님의 용모를 단정하게 하는 영업을 말한다.
③ 미용업은 손님의 얼굴·머리·피부 등을 손질하여 손님의 외모를 아름답게 꾸미는 영업을 말한다.

공중위생영업의 종류	숙박업, 목욕장업, 이용업, 미용업, 세탁업, 건물위생관리 영업(6종)
미용업	얼굴, 머리, 피부 등을 손질하여 손님의 외모를 꾸미는 영업
이용업	머리카락, 수염을 깎거나 다듬는 방법으로 손님의 용모를 단정하게 하는 영업

2 영업의 신고 및 폐업

1) 미용업의 신고

(1) 미용업 신고
공중위생영업(미용업)을 신고하려면 보건복지부령이 정하는 시설과 설비를 갖추고 시장, 군수, 구청장에게 신고하여야 한다.

(2) 영업신고 서류
공중위생영업이 신고를 위한 첨부서류는 ① 영업신고서, ② 영업시설 및 설비 개요서, ③ 교육필증(교육을 미리 받은 경우에만 해당)이다.

(3) 미용업 시설 필수 설비기준
① 소독 장비(소독기, 자외선 살균기)

② 소독한 기구와 소독하지 않은 기구를 구분하여 보관하는 용기

The 알아보기

미용업 업종별 필수 설비 기준 비교

구분	이용업	미용업 (헤어, 네일, 메이크업)	미용업 (피부, 종합)
소독 장비(소독기, 자외선 살균기)	필요	필요	필요
소독한 기구와 소독하지 않은 기구를 구분하여 보관하는 용기	필요	필요	필요
(작업장소, 응접장소, 상담실) 칸막이 설치 (단, 출입문의 1/3 이상을 투명하게 유지)	불가능	가능	가능
작업장소 베드와 베드 사이의 칸막이 설치	가능	해당 없음	가능
영업소 내의 별실 및 유사 시설 설치	불가능	해당 없음	해당 없음

(4) 변경신고
① 영업의 중요사항 변경인 경우 시장, 군수, 구청장에게 변경 신고를 하여야 한다.

② 중요 변경 항목은 ① 영업소의 명칭 및 상호 또는 영업장 면적의 1/3 이상을 변경할 때, ② 영업소의 소재지를 변경할 때, ③ 대표자의 성명을 변경할 때, ④ 이미용업 업종간 변경 등이다.

(5) 폐업신고

미용업을 폐업한 날부터 20일 이내에 시장, 군수, 구청장에게 신고하여야 한다.

2) 영업의 승계

(1) 영업자의 지위 승계

공중위생영업자가 ① 공중위생영업을 양도하거나(양수인), ② 사망한 때(상속인), ③ 법인의 합병이 있는 때에는 그 양수인·상속인 또는 합병 후 존속하는 법인이나 합병에 의하여 설립되는 법인은 그 공중위생영업자의 지위를 승계한다.

(2) 승계의 제한 및 신고

① 미용업의 경우 면허를 소지한 자에 한하여 승계 가능하다.
② 미용업자의 지위를 승계한 자는 1개월 이내에 시장, 군수, 구청장에게 신고하여야 한다.

3 영업자 준수사항

1) 위생관리 의무

공중위생영업자(미용업자)는 고객에게 건강상 위해요인이 발생하지 아니하도록 영업 관련 시설 및 설비를 위생적이고 안전하게 관리하여야 한다.

2) 미용업자 위생관리 기준

① 점빼기·귓볼뚫기·쌍꺼풀수술·문신·박피술 그 밖에 이와 유사한 의료행위를 하여서는 아니 된다.

② 피부 미용을 위하여 의약품 또는 의료기기를 사용하여서는 아니 된다.

③ 미용 기구 중 소독을 한 기구와 소독을 하지 아니한 기구는 각각 다른 용기에 넣어 보관하여야 한다.

④ 1회용 면도날은 손님 1인에 한하여 사용하여야 한다.

⑤ 영업장 안의 조명도는 75룩스 이상이 되도록 유지하여야 한다.

⑥ 영업소 내부에 미용업 신고증 및 개설자의 면허증 원본을 게시하여야 한다.

⑦ 영업소 내부에 최종지불요금표를 게시 또는 부착하여야 한다.

⑧ 영업장 면적이 66제곱미터 이상인 영업소의 경우 영업소 외부에도 손님이 보기 쉬운 곳에 최종지불요금표를 게시 또는 부착하여야 한다. 이 경우 최종지불요금표에는 일부 항목(5개 이상)만을 표시할 수 있다.

⑨ 3가지 이상의 미용서비스를 제공하는 경우에는 개별 미용서비스의 최종 가격 및 전체 총액에 관한 내역서를 이용자에게 미리 제공하여야 한다. 사본은 1개월간 보관하여야 한다.

4 이미용사의 면허

1) 면허 발급 및 취소

(1) 면허 발급 자격 기준

이미용사의 면허를 받는 방법은 교육을 이수하거나 자격증을 취득하는 방법이 있다.

교육 이수	전문대학, 학점은행제, 학교의 이미용 관련 학과를 졸업
	고등학교, 고등기술학교의 이미용 관련 학과를 졸업
자격증 취득	이·미용사 자격증을 취득한다.

① 전문대학 또는 교육부장관이 인정하는 학교에서 이용 또는 미용에 관한 학과를 졸업한 자
② 학점은행제 학점으로 이용 또는 미용에 관한 학위를 취득한 자
③ 고등학교 또는 교육부장관이 인정하는 학교에서 이용 또는 미용에 관한 학과를 졸업한 자
④ 교육부장관이 인정하는 고등기술학교에서 1년 이상 이용 또는 미용에 관한 소정의 과정을 이수한 자
⑤ 국가기술자격법에 의한 이용사 또는 미용사의 자격을 취득한 자

(2) 면허 결격자

미용사의 면허를 받을 수 없는 결격사유 5가지가 있다.
① 피성년 후견인
② 정신질환자(전문의 소견서가 있을 경우 제외)
③ 감염병 환자(AIDS, 결핵환자 등)
④ 마약 등의 약물 중독자(향정신성 의약품 중독자)
⑤ 면허가 취소된 후 1년이 경과되지 아니한 자

(3) 면허 정지 및 취소

면허 정지	이미용 자격 정지 처분을 받을 때
	다른 사람에게 면허를 대여한 때(1차 위반: 정지 3개월, 2차 위반: 정지 6개월)
면허 취소	이미용 자격이 취소되었을 때
	면허 결격사유자(정신질환자, 감염병자, 마약중독자 등)
	이중으로 면허를 취득한 때
	면허를 다른 사람에게 대여(3차 위반 시)
	면허 정지 처분을 받고 정지간에 업무를 수행할 때

5 이미용사의 업무

1) 이미용 종사 가능자

이용사 또는 미용사의 면허를 받은 자가 아니면 이용업 또는 미용업을 개설하거나 그 업무에 종사할 수 없다. 단 이미용사의 감독을 받아 이용 또는 미용 업무의 보조를 행하는 경우에는 가능하다.

> **The 알아보기**
>
> **이미용 업무 보조범위**
> 이미용사 업무의 본질적이고 중요한 업무가 아닌, 이미용사의 지도감독을 받아 행하는 사후 처리 및 단순 보조 행위(아래 조력범위 예시)는 면허증이 없어도 가능하다.
> ① 이용업: 면도
> ② 미용업(일반): 머리감기, 모발 건조하기, 펌제 및 염모제 도포, 로드와인딩
> ③ 미용업(손톱, 발톱): 제거제 도포
> ④ 공통: 잔여물 처리, 수건으로 닦기

2) 영업소 외에서의 이미용 업무

이용 또는 미용의 업무는 영업소 외의 장소에서 행할 수 없다. 단 특별한 사유가 있을 경우는 가능하다.

① 질병 및 기타의 사유로 인하여 영업소에 나올 수 없는 자에 대하여 미용을 하는 경우
② 혼례, 기타 의식에 참여하는 자에 대하여 그 의식 직전에 미용을 하는 경우
③ 사회복지시설에서 봉사활동으로 이미용을 하는 경우
④ 방송 등 촬영에 참여하는 사람에 대하여 그 촬영 직전에 이미용을 하는 경우
⑤ 특별한 사정이 있다고 시장, 군수, 구청장이 인정하는 경우

6 행정지도 감독

1) 영업소 출입검사
① 공중위생관리상 필요하다고 인정하는 때에는 영업자 및 소유자 등에 대하여 필요한 보고를 하게 한다.
② 소속 공무원이 위생관리 의무 이행 및 시설의 위생관리 실태를 검사 및 영업 장부나 서류를 열람할 수 있다.

2) 영업 제한
시도지사는 공익상 또는 선량한 풍속을 유지하기 위하여 필요하다고 인정하는 때에는 영업시간 및 영업행위에 관한 필요한 제한을 할 수 있다.

3) 영업소 폐쇄

(1) 영업의 정지 및 폐쇄
이미용업자가 아래의 사항을 위반했을 때 6월 이내의 기간을 정하여 영업 정지, 일부 시설 사용 중지 및 폐쇄 등을 할 수 있다.
① 영업신고를 하지 않거나 시설과 설비 기준을 위반한 경우
② 중요 사항의 변경 신고를 하지 않은 경우
③ 지위승계 신고를 하지 않은 경우
④ 위생관리 의무 등을 지키지 않은 경우
⑤ 필요 보고를 하지 않거나 관계 공무원의 출입 검사, 서류 열람을 거부, 방해, 기피한 경우
⑥ 풍속규제 법률, 성매매 알선 등 행위 처벌에 관한 법률, 청소년보호법, 의료법을 위반한 경우

(2) 청문 실시 사유
보건복지부장관 또는 시장, 군수, 구청장은 청문을 하여 아래 항목에 해당하는 처분을 하기 위해서는 청문을 하여야 한다.

① 이미용사의 면허취소 또는 면허정지
② 폐업신고나 사업자등록 말소에 관한 신고사항의 직권 말소
③ 일부 시설의 사용 중지
④ 영업 정지명령 또는 영업소 폐쇄명령

4) 공중위생 감시원 임명

시도지사, 시장, 군수, 구청장은 소속 공무원 중에서 공중위생 감시원을 임명한다.

(1) 공중위생 감시원의 자격 요건
① 위생사 또는 환경산업기사 2급 이상의 자격증을 소지한 사람
② 대학에서 화학, 화공학, 환경공학, 위생학 분야를 졸업하거나 동등 이상의 자격이 있는 사람
③ 외국에서 위생사 또는 환경기사 면허를 받은 사람
④ 1년 이상 공중위생 행정에 종사한 경력이 있는 사람
⑤ 기타 공중위생 행정에 종사하는 자 중 교육훈련을 2주 이상 받은 사람

(2) 공중위생 감시원의 업무 범위
① 시설 및 설비의 확인
② 시설 및 설비의 위생상태 확인 검사, 영업자의 위생관리 의무 및 준수사항 이행 여부 확인
③ 공중 이용시설의 위생상태 확인 검사
④ 위생지도 이행 여부 확인
⑤ 공중위생업소의 영업의 정지, 일부 시설의 사용정지
⑥ 영업소 폐쇄명령 이행여부의 확인

🔶 The 알아보기

위생감시 대상 및 중점 점검내용(이미용업): 면허 대여 여부, 밀실 및 불법 칸막이 설치 여부 등

(3) 명예 공중위생 감시원
시·도지사는 공중위생의 관리를 위한 지도·계몽 등을 행하게 하기 위하여 명예 공중위생 감시원을 둘 수 있다.

① 자격
- 공중위생에 대한 지식과 관심이 있는 자
- 소비자 단체, 공중위생 관련 협회 또는 단체의 소속 직원 중에서 당해 단체장의 추천이 있는 자

② 명예 공중위생 감시원의 업무
- 공중위생 감시원이 행하는 검사 대상물의 수거 지원
- 법령 위반 행위에 대한 신고 및 자료 제공
- 공중위생에 관한 홍보, 계몽 등 시도지사가 정하여 부여하는 업무

7 업소 위생등급

1) 위생 평가

(1) 위생 서비스 평가 계획(시도지사)
시도지사는 위생서비스 평가 계획을 수립하여 시장, 군수, 구청장에게 통보한다.

(2) 위생서비스 평가(시장, 군수, 구청장)
① 시장, 군수, 구청장은 평가 계획에 따라 관할 지역별 세부평가 계획을 수립한 후 공중위생 영업소의 위생서비스 수준을 평가한다.
② 시장, 군수, 구청장은 위생서비스 평가의 전문성을 높이기 위하여 필요하다고 인정하는 경우에는 관련 전문기관 및 단체로 하여금 위생서비스 평가를 실시하게 할 수 있다.

(3) 위생서비스 수준의 평가 주기

위생서비스 수준의 평가는 매 2년마다 실시한다.

2) 위생등급 시행규칙

(1) 위생관리등급 구분(보건복지부령)

최우수업소	녹색 등급
우수업소	황색 등급
일반관리 대상 업소	백색 등급

(2) 위생관리등급의 공표(시장, 군수, 구청장)

① 시장, 군수, 구청장은 위생서비스 평가 결과에 따른 위생관리등급을 해당 공중위생 영업자에게 통보하고 이를 공표하여야 한다.

② 공중위생 영업자는 위생관리등급의 표지를 영업소의 명칭과 함께 영업소의 출입구에 부착할 수 있다.

(3) 위생 감시(시도지사 또는 시장, 군수, 구청장)

① 시도지사 또는 시장, 군수, 구청장은 위생서비스의 평가 결과에 따른 위생관리등급별로 영업소에 대한 위생감시를 실시해야 한다.

② 영업소에 대한 출입 검사와 위생감시의 실시 주기 및 횟수 등 위생관리등급별 위생감시 기준은 보건복지부령으로 한다.

8 위생교육

1) 영업자 위생교육

(1) 교육 주기 및 시간: 매년 3시간

(2) 교육 대상

① 영업신고를 하려면 미리 위생교육을 받아야 한다.

② 영업 개시 후 6개월 이내에 위생교육을 받을 수 있는 경우

- 천재 지변, 본인의 질병, 사고, 업무상 국외 출장 등의 사유로 교육을 받을 수 없는 경우
- 교육을 실시하는 단체의 사정 등으로 미리 교육을 받기 불가능한 경우

> ✚ The 알아보기
>
> **미용업 업종별 위생교육:** 동일인이 2개 이상 이미용업 영업 시 주 업종에 해당하는 위생교육을 이수하면 당해 연도에 해당되는 위생교육을 수료한 것으로 인정

(3) 교육 내용

① 공중위생관리법 및 관련 법규

② 소양교육(친절 및 청결에 관한 사항 포함)

③ 기술교육

④ 기타 공중위생에 관하여 필요한 내용

(4) 교육 대체 사유

위생교육 대상자 중 도서, 벽지 지역에서 영업을 하고 있거나 하려는 자에 대하여는 교육교재를 배부하여 이를 익히고 활용함으로써 교육에 갈음할 수 있다.

(5) 교육 면제 사유

위생교육을 받은 날로부터 2년 이내에 위생교육을 받은 업종과 같은 업종의 영업을 하려는 경우에는 해당 영업에 대한 위생교육을 받은 것으로 본다.

2) 위생교육기관

(1) 위생교육기관 자격

보건복지부장관이 허가한 단체 또는 공중위생업자 단체

(2) 위생교육기관의 의무

① 교육교재를 편찬하여 교육대상자에게 제공

② 위생교육 수료자에게 수료증 교부

③ 교육실시 결과를 교육 후 1개월 이내에 시장, 군수, 구청장에게 통보

④ 수료증 교부대장 등 교육에 관한 기록을 2년 이상 보관 관리

➕ The 알아보기

이미용 위생교육 실시단체

이용업	(사)한국이용사회
미용업(일반), 미용업(종합)	(사)대한미용사회
미용업(손톱, 발톱)	(사)대한네일미용사중앙회
미용업(피부)	(사)한국피부미용사중앙회
미용업(화장, 분장)	(사)한국메이크업미용사회

9 벌칙

➕ The 알아보기

벌금, 과징금, 과태료의 차이

벌금	형사처벌로서 사법당국에 고발조치 대상임을 의미
과징금	일정한 행정법상 의무를 위반하거나 이행하지 않을 때 행정기관이 부과하는 금전적 제재
과태료	국가 또는 공공단체가 국민에게 가하는 금전벌(행정상의 질서 의무 위반행위에 대한 제재)

1) 위반자에 대한 벌칙, 과징금

(1) 벌칙

1년 이하의 징역 또는 1천만 원 이하의 벌금	① 공중위생영업의 신고를 하지 아니한 자(법3조1항) ② 영업소 폐쇄명령을 받고도 계속해서 영업을 한 자(법 11조1항) ③ 영업정지 일부 시설의 사용중지 명령을 받고도 그 기간 중에 영업을 하거나 그 시설을 사용한 자(법11조 1항)
6개월 이하의 징역 또는 500만 원 이하의 벌금	① 공중위생영업의 변경 신고를 하지 않은 자(법 제3조 1항) ② 공중위생영업의 지위를 승계한 자로서 신고(1월 이내)를 아니한 자 (법 3조 2) ③ 건전한 영업 질서를 위하여 준수해야 할 사항을 준수하지 아니한 자 (법 4조 7항)
300만 원 이하의 벌금	① 면허 취소 후에도 계속 이미용업 업무를 행한 자(법7조1항) ② 면허를 받지 않고 이미용업 개설이나 업무에 종사한 경우(법8조1항)

(2) 과징금

(1) 과징금 처분 (시장, 군수, 구청장)

① 영업정지가 이미용업자에게 심한 불편을 주거나 공익을 해할 우려가 있는 경우에는 영업정지 처분에 갈음하여 1억 원 이하의 과징금을 부과할 수 있다.
② 통지받은 날로부터 20일 이내에 과징금을 납부하여야 한다.
③ 과징금 징수절차는 보건복지부령으로 정한다.

2) 과태료 양벌 규정

(1) 과태료 처분

3백만 원 이하의 과태료	① 폐업신고를 하지 않은 자 ② 이미용 시설 및 설비의 개선명령을 위반한 자 ③ 공중위생법상 필요한 보고를 당국에 하지 아니한 자
2백만 원 이하의 과태료	① 이미용업소의 위생관리 의무를 지키지 아니한 자 ② 영업소 이외의 장소에서 이미용 업무를 행한 자 ③ 위생교육을 받지 아니한 자

(2) 과태료 부과(시장, 군수, 구청장)
① 과태료는 시장, 군수, 구청장이 부과 징수한다.

(3) 과태료 처분의 이의 제기
① 과태료 처분에 불복이 있는 자는 고지 30일 이내에 이의를 제기할 수 있다.
② 이의를 제기한 때에 처분권자는 관할 법원에 통보하여 과태료의 재판을 한다.
③ 이의 제기 없이 납부를 기피한 경우 지방세 체납 처분의 예에 따라 징수한다.

(4) 양벌 규정
법인의 대표자, 법인 또는 개인의 대리인, 사용인, 그 밖의 종업원이 위반행위를 하면 행위자를 벌하는 외에 그 법인 또는 개인에게도 해당 조문의 벌금형에 처한다.

3) 행정 처분
(1) 면허에 관한 규정 위반

위반 사항	행정 처분 기준			
	1차 위반	2차 위반	3차 위반	4차 위반
㉠ 미용사 자격이 취소된 때	면허 취소			
㉡ 미용사 자격 정지 처분을 받은 때	면허 정지	국가기술자격법에 의한 자격정지 처분 기간에 한한다.		
㉢ 면허결격자의 결격 사유에 해당	면허 취소			
㉣ 이중으로 면허 취득	면허 취소			
㉤ 면허증을 다른 사람에게 대여한 때	면허정지 3월	면허정지 6월	면허 취소	
㉥ 면허 정지 처분을 받고 그 정지 기간 중 업무를 행한 때	면허 취소			

(2) 법 또는 명령 위반

위반 사항	행정 처분 기준			
	1차 위반	2차 위반	3차 위반	4차 위반
㉠ 위생교육을 받지 아니한 때	경고	영업정지 5일	영업정지 10일	영업장 폐쇄 명령
㉡ 소독한 기구와 미소독 기구를 별도 보관하지 않거나 1회용 면도날을 2인 이상 손님에게 사용한 때	경고	영업정지 5일	영업정지 10일	영업장 폐쇄 명령
㉢ 미용업신고증, 면허증원본, 요금표를 미게시하거나 조명도를 준수하지 않은 때	경고 또는 개선명령	영업정지 5일	영업정지 10일	영업소 폐쇄 명령
㉣ 영업자의 지위를 승계한 후 1월 이내에 신고하지 아니한 때	개선명령	영업정지 10일	영업정지 1월	영업장 폐쇄 명령
㉤ 보건복지부장관, 시도지사 또는 시군구청장의 개선명령을 이행하지 않은 때	경고	영업정지 10일	영업정지 1월	영업장 폐쇄 명령
㉥ 시설 및 설비기준을 위반한 때(응접장소와 작업장소 또는 의자와 의자를 구획하는 커튼 칸막이, 그 밖에 이와 유사한 커튼을 설치할 때)	개선명령	영업정지 15일	영업정지 1월	영업장 폐쇄 명령
㉦ 시설 설비기준을 위반할 때(이미용업소 안에 별실 그 밖에 이와 유사한 시설을 설치할 때)	영업정지 1월	영업정지 2월	영업장 폐쇄 명령	
㉧ 신고를 하지 않고 영업소의 명칭, 상호 또는 면적의 1/3 이상을 변경한 때	경고 또는 개선명령	영업정지 15일	영업정지 1월	영업장 폐쇄 명령
㉨ 필요한 보고를 하지 않거나 거짓으로 보고한 때 또는 관계공무원의 출입검사를 거부, 기피하거나 방해한 때	영업정지 10일	영업정지 20일	영업정지 1월	영업장 폐쇄 명령
㉩ 영업소 이외의 장소에서 업무를 행한 때	영업정지 1월	영업정지 2월	영업장 폐쇄 명령	

위반 사항	행정 처분 기준			
	1차 위반	2차 위반	3차 위반	4차 위반
㉠ 미용업소 안에 별실 그 밖에 이와 유사한 시설을 설치할 때	영업정지 1월	영업정지 2월	영업장 폐쇄명령	
㉡ 신고를 하지 않고 영업소의 소재지를 변경한 때	영업정지 1월	영업정지 2월	영업장 폐쇄명령	
㉢ 이미용업소에 몰래 카메라를 설치할 때	영업정지 1월	영업정지 2월	영업장 폐쇄명령	
㉣ 피부미용을 위하여 의약품 의료용구를 사용하거나 보관하고 있는 때	영업정지 2월	영업정지 3월	영업장 폐쇄명령	
㉮ 점빼기, 귓볼뚫기, 쌍거풀수술, 문신, 박피술, 그밖에 이와 유사한 의료행위를 한 때	영업정지 2월	영업정지 3월	영업장 폐쇄명령	
㉯ 영업정지 처분을 받고 그 영업정지 기간 중 영업을 한 때	영업장 폐쇄명령			

✛ The 알아보기

공중위생업소(이미용업)에 몰래 카메라 설치 시
1차 위반: 영업정지 1월, 2차 위반: 영업정지 2월, 3차 위반: 영업장 폐쇄명령

(3) 성매매 알선 등, 풍속 규제 등에 관한 법률, 의료법 위반

위반 사항	행정 처분 기준			
	1차 위반	2차 위반	3차 위반	4차 위반
㉠ 손님에게 윤락행위 또는 음란행위를 하게 하거나 이를 알선 또는 제공한 때				
영업소		영업정지 3월	영업장 폐쇄 명령	
미용사(업주)		영업정지 3월	면허취소	
㉡ 손님에게 도박, 그 밖에 사행 행위를 하게 한 때	영업정지 1월	영업정지 2월	영업장 폐쇄 명령	
㉢ 음란한 물건을 관람, 열람하게 하거나 진열 또는 보관한 때	개선명령	영업정지 15일	영업정지 1월	영업장 폐쇄 명령
㉣ 무자격 안마사로 하여금 안마사의 업무에 관한 행위를 한 때	영업정지 1월	영업정지 2월	영업장 폐쇄 명령	

04

기출문제 복원

- **Unit 1** • 네일미용 위생서비스 기출문제
- **Unit 2** • 네일미용 기술 기출문제
- **Unit 3** • 공중위생관리법규 기출문제
- **Unit 4** • 예상모의고사

Unit 1. 네일미용 위생서비스 기출문제

1 네일미용의 이해

1. 한국의 네일미용에서 젊은 각시와 어린이들이 봉선화를 따다가 손톱을 물들인 시기는?

① 신라시대   ② 고구려시대
③ 조선시대   ④ 고려시대

> **설명**
> 조선시대 '동국세시기'에 보면 젊은 각시와 어린이들이 봉선화를 따다가 손톱을 물들였다는 기록이 있다.

2. 특권층의 신분 표시로 손톱을 길렀으며 손톱의 손상을 막기 위해 보석이나 대나무를 이용해 손톱을 보호한 나라는?

① 중국   ② 그리스
③ 독일   ④ 미국

> **설명**
> 중국은 특권층의 신분 표시로 손톱을 길렀고 손톱 보호를 위해 보석이나 대나무를 사용하였다.

3. '헤나'라는 붉은색 관목 염료로 손톱을 염색하기 시작한 나라는?

① 로마   ② 인도
③ 이집트 ④ 중국

> **설명**
> 고대 이집트에서는 상류층은 관목에서 나오는 헤나의 붉은색으로 손톱을 염색하였다.

4. 네일의 역사에 대한 설명으로 잘못 연결된 것은?

① 1900년대 - 유럽에서 네일관리가 본격적으로 시작되었다.

② 1960년대 - 실크와 린넨을 이용하여 손톱을 보강하였다.

③ 1950년대 - 미국식약청(FDA)에서 메틸메타크릴레이트 제품의 아크릴 사용을 금지했다.

④ 1990년대 - 뉴욕주에서 네일테크니션 면허제도를 도입하였다.

> **설명**
> FDA에서 아크릴 사용을 금지한 시기는 1970년대이다.

5. 우리나라 최초 네일 아트숍인 그리스피가 오픈한 시기는 언제인가?

① 1980년   ② 1983년
③ 1988년   ④ 1990년

> **설명**
> 1988년 최초의 네일 아트숍인 그리스피가 이태원에 오픈하였다.

6. 네일미용인의 자세가 아닌 것은?

① 위생 절차를 반드시 숙지하고 준수한다.

② 화학제품이 쏟아져도 고객의 시술이 끝난 후 정리한다.

③ 고객들에게 항상 친절하고 예의 바르게 말하고 인사한다.

④ 시술 전후 손 소독제로 시술자와 고객의 손을 소독한다.

> **설명**
> 화학제품이 쏟아지면 즉시 닦는다.

Unit 1. 네일미용 위생서비스 기출문제

7. 네일숍에서 시술이 불가능한 손톱은?

① 멍든 손톱

② 교조증

③ 조내생증

④ 조갑조위염(파로니키아)

> **설명**
> 조갑조위염은 박테리아 감염 현상으로 시술이 불가능한 손톱이다. 발톱에 많이 발생한다.

8. 다음 중 손톱 밑의 구조에 해당되지 않는 것은?

① 큐티클　　② 네일 베드

③ 루눌라　　④ 네일 매트릭스

> **설명**
> 큐티클은 손톱 주위 피부이다.

9. 다음 중 네일 베드에 관한 설명 중 맞는 것은?

① 모세혈관, 신경, 림프관이 분포되어 있다.

② 완전히 케라틴화되지 않은 조체의 베이스에 있는 유색의 반달 모양이다.

③ 손상을 입으면 손톱 성장에 저해가 된다.

④ 손톱 아랫부분으로 지각신경조직과 모세혈관이 있다.

> **설명**
> 네일 베드는 손톱 아랫부분으로 지각신경 및 모세혈관이 있고, 모세혈관은 네일이 핑크색을 띠도록 하는 역할을 한다.

10. 큐티클이 과잉 성장하여 손톱 위로 자라는 질병은?

① 조갑종렬증(오니코렉시스)

② 스푼형조갑(코일로니키아)

③ 조갑익상편(테리지움)

④ 조갑비대증(오니콕시스)

> 설명
> ① 조갑종렬증(오니코렉시스): 손톱이 세로로 갈라지고 찢어지면서 부서진다.
> ② 스푼형조갑(코일로니키아): 손톱이 숟가락 모양으로 함몰하는 증상
> ④ 조갑비대증(오니콕시스): 손발톱의 끝이 과잉 성장으로 두껍게 자라거나 네일 보디가 휘어져 성장한다.

11. 하이포키니움(하조피)에 대한 설명으로 옳은 것은?

① 손톱 주위를 덮고 있는 신경이 없는 피부

② 조상의 양 측면에 좁게 팬 곳

③ 자유연 밑부분의 피부로서 병원균의 침입으로부터 손톱을 보호

④ 조갑의 시작점에서 자라나는 피부

> 설명
> 하이포키니움은 자유연 밑부분의 피부로 병원균의 침입으로부터 손톱을 보호한다.

Unit 1. 네일미용 위생서비스 기출문제

12. 손톱의 구조에 대한 설명으로 옳은 것은?

① 매트릭스(조모) - 모세혈관, 림프, 신경조직 등이 있으며 매우 민감한 부분

② 루눌라(반원) - 손톱의 가장 근본이 되는 곳

③ 옐로우 라인(자유연) - 손톱 주위를 덮고 있는 신경이 없는 피부

④ 네일 베드(조상) - 옐로우 라인의 시작점

> **설명**
> ② 루눌라: 매트릭스 뿌리 부분과 네일 베드가 만나는 부분
> ③ 옐로우 라인: 손톱과 네일 베드의 경계선
> ④ 네일 베드: 네일 루트에서 손톱 끝까지의 부분

13. 네일 길이와 모양을 자유롭게 조절할 수 있는 것은?

① 네일 루트　　　　② 스트레스 포인트

③ 프리에지　　　　④ 네일 보디

> **설명**
> 프리에지는 손톱의 끝부분으로 조상없이 손톱만 자라나온 곳이다.

14. 파고드는 발톱을 예방하기 위한 발톱 모양으로 적합한 것은?

① 스퀘어 오프　　　② 오발

③ 아몬드　　　　　④ 라운드

> **설명**
> 파고드는 발톱을 예방하기 위한 발톱 모양은 스퀘어 또는 스퀘어 오프이다.

15. 네일 큐티클에 대한 설명으로 옳은 것은?

① 병원균의 침입으로부터 손톱을 보호
② 손톱 주위를 덮고 있는 신경이 없는 피부
③ 손톱의 끝부분을 조상없이 손톱만 자란 곳
④ 네일 보디와 프리에지의 경계

> **설명**
> 큐티클은 손톱 주위를 덮고 있는 신경이 없는 피부이다.

16. 손톱의 구조에 대한 설명으로 가장 거리가 먼 것은?

① 조체(네일 보디)는 일반적으로 손톱이라고 하며 큐티클에서 손톱 끝까지 연결되어 있고 신경조직이나 모세혈관은 없다.
② 조체(네일 보디)는 네일 베드와 접해있는 아랫부분이 가장 강하며 위로 갈수록 약해진다.
③ 조근(네일 루트)은 손톱의 새로운 조직세포를 형성하고 시작하는 곳으로 매우 부드럽고 얇다.
④ 옐로우 라인(스마일 라인)은 손톱과 네일 베드의 경계선이다.

> **설명**
> 조체(네일 보디)는 네일 베드와 접해있는 부분은 약하며 위로 갈수록 튼튼하다.

Unit 1. 네일미용 위생서비스 기출문제

17. 다음 중 조갑종렬증(오니코렉시스)에 관한 설명으로 옳은 것은?

① 손톱 표면의 색소침착으로 인한 거무스름한 얼룩 현상이 나타난다.

② 손톱이 세로로 갈라지고 찢어지면서 부서지는 증세로 골이 파인다.

③ 가장 일반적인 손톱 이상으로 손톱 표면에 작은 흰 점이 나타난다.

④ 손톱이 숟가락 모양으로 함몰하는 증상이다.

> **설명**
> 조갑종렬증은 손톱이 세로로 갈라지고 찢어지면서 부서지고 골이 파이는 증상이다.

18. 네일 도구를 제대로 위생처리하지 않고 사용했을 때 생기는 질병으로 시술할 수 없는 손톱의 병변은?

① 오키니와(조염) ② 조체진균증(오니코마이코시스)

③ 화농성 육아종(파이로제닉그래뉴로마) ④ 주위염(파로니키아)

> **설명**
> 오키니아(조염)는 박테리아나 진균감염으로 손톱에 염증이 생겨서 빨갛게 붓고 고름이 생기는 상태이다.

19. 손톱의 이상증상 중 손톱을 심하게 물어뜯어 생기는 증상으로 인조손톱관리나 매니큐어를 통해 습관을 개선할 수 있는 것은?

① 교조증(오니코파지) ② 거스러미손톱(행네일)

③ 멍든 손톱(헤마토마) ④ 조백반증(루코니키아)

> **설명**
> 교조증은 손톱을 심하게 물어뜯는 현상으로 인조네일 시술로 교정 가능하다

17 ② 18 ① 19 ①

20. 네일의 형태 중 스퀘어형 네일에 대한 설명 중 틀린 것은?

① 내구성이 좋다.

② 파일 각도는 45°로 사용한다.

③ 네일 양 측면이 강한 느낌의 사각형 손톱 모양으로 샤프하고 도시적인 이미지이다.

④ 네일 끝을 많이 사용하거나 손을 많이 쓰는 사람들이 선호하는 형태이다.

> **설명**
> 스퀘어형 네일의 파일 각도는 90°이다.

21. 고객을 응대할 때 네일 아티스트의 자세로 틀린 것은?

① 고객을 볼 때는 정중하게 한다.

② 처음 보는 고객에게는 자신의 소개를 먼저 한 후 고객의 성함을 묻는다.

③ 고객이 살롱에 들어올 때 내 고객인지 확인하고 내 고객에게만 친절히 인사한다.

④ 아무리 바쁘더라도 고객이 들어올 때 모른 척해서는 안 된다.

> **설명**
> 고객이 살롱에 들어설 때는 누구의 고객이든 일단 미소 지으며 인사하여 환영 받는다는 인상을 준다.

22. 네일 서비스 고객관리카드에 기재하지 않아도 되는 것은?

① 예약 가능한 날짜와 시간   ② 손톱의 상태 및 선호 색상

③ 고객의 기본 인적사항   ④ 은행계좌번호와 월수입

> **설명**
> 고객의 경제력은 네일 서비스관리와 무관하다.

Unit 1. 네일미용 위생서비스 기출문제

23. 고객상담 시 바른 자세가 아닌 것은?
① 고객의 손톱과 피부상태를 확인한다.
② 네일서비스의 종류를 설명한다.
③ 고객이 네일서비스를 선택하도록 한다.
④ 고객의 요구보다는 지금 유행하는 디자인으로 시술한다.

> **설명**
> 고객의 요구사항을 충분히 파악하여 고객이 원하는 디자인으로 시술한다.

24. 다음 중 고객관리카드의 작성 시 기록해야 할 내용과 가장 거리가 먼 것은?
① 생활습관
② 건강상태
③ 기호
④ 주거형태

> **설명**
> 고객의 생활습관, 건강상태, 기호를 이해함으로써 만족감 있는 서비스를 통해 신뢰감을 준다.

2 피부의 이해

1. 다음 중 피부 구조에 대한 설명으로 틀린 것은?

① 피부는 표피, 진피, 피하조직으로 나누어진다.
② 진피는 유두층과 망상층으로 구성된다.
③ 피하조직은 피지선을 의미한다.
④ 피부 부속기관으로 모발, 한선, 피지선, 손발톱이 있다.

> 설명
> 피하조직은 피하지방을 의미한다.

2. 생명력이 없는 상태의 무색, 무핵층으로서 손바닥과 발바닥에 주로 있는 층은?

① 각질층　　　　　　② 과립층
③ 투명층　　　　　　④ 기저층

> 설명
> ① 각질층: 표피의 최상층, 피부보호 기능
> ② 과립층: 수분 증발을 막아주는 기능
> ③ 투명층: 손·발바닥에 존재하는 투명 막
> ④ 기저층: 표피의 가장 아래에 위치, 세포 형성 기능

Unit 1. 네일미용 위생서비스 기출문제

3. 다음 중 표피의 구성세포가 아닌 것은?

① 각질형성 세포

② 멜라닌 세포

③ 섬유아 세포

④ 랑게르한스 세포

> **설명**
> ① 각질형성 세포: 표피의 주요 구성성분, 각화 세포
> ② 멜라닌 세포: 기저층에 위치, 색소 세포로서 피부가 손상되는 것을 방지
> ③ 랑게르한스 세포: 유극층에 위치, 피부 면역 담당
> ④ 섬유아 세포: 진피 구성 세포, 콜라겐 형성 역할

4. 촉각을 감지하는 감각 세포는?

① 머켈 세포   ② 각질형성 세포

③ 랑게르한스 세포   ④ 멜라닌형성 세포

> **설명**
> 머켈 세포는 기저층에 위치, 촉각 세포로서 촉각을 감지

5. 다음 중 표피에 존재하며 면역과 가장 관계가 깊은 세포는?

① 멜라닌 세포   ② 랑게르한스 세포

③ 머켈 세포   ④ 섬유아 세포

> **설명**
> 랑게르한스 세포는 유극층에 위치, 피부면역 담당

6. 피부색소의 멜라닌을 만드는 색소형성 세포는 어느 층에 위치하는가?

① 과립층　　　　　　　　② 유극층
③ 각질층　　　　　　　　④ 기저층

> **설명**
> 기저층은 표피의 가장 아래층에 있으며, 새로운 세포를 형성하는 층으로 멜라닌을 형성하는 색소형성 세포를 가지고 있다.

7. 비늘 모양의 죽은 피부 세포가 엷은 회백색 조각으로 되어 떨어져 나가는 피부층은?

① 투명층　　　　　　　　② 유극층
③ 기저층　　　　　　　　④ 각질층

> **설명**
> 각질층은 표피의 가장 윗부분에 있으며 주성분인 케라틴은 죽은 각질 세포들로 구성되어 있다.

8. 피부의 새 세포 형성이 이루어지는 곳은?

① 기저층　　　　　　　　② 유극층
③ 투명층　　　　　　　　④ 과립층

> **설명**
> 기저층은 표피의 가장 내측에 위치하며, 활발한 세포 분열을 통하여 새로운 세포가 형성되는 층이다.

Unit 1. 네일미용 위생서비스 기출문제

9. 피부 세포가 기저층에서 생성되어 각질층으로 떨어져 나가기까지의 기간을 피부의 1주기(각화 주기)라 한다. 성인에 있어서 건강한 피부인 경우 1주기는 보통 며칠인가?

① 45일　　　　　　　　　② 28일
③ 15일　　　　　　　　　④ 7일

> **설명**
> 각화 주기: 기저층에서 생성되어 각질층까지 올라와 박리될 때까지 기간(약 28일 소요)

10. 교원섬유(collagen)와 탄력섬유(elastin)로 구성되어 있어 강한 탄력성을 지니고 있는 곳은?

① 표피　　　　　　　　　② 진피
③ 피하조직　　　　　　　④ 근육

> **설명**
> ◆ 진피는 유두층과 망상층으로 구성된다.
> ◆ 망상층은 교원섬유(콜라겐섬유), 탄력섬유(엘라스틴섬유), 기질(무코다당류)로 구성된다.

11. 피지에 대한 설명으로 틀린 것은?

① 피지의 1일 분비량은 약 1~2g 정도이다.
② 손바닥, 발바닥에서 많이 분비된다.
③ 피지는 피지선을 따라 분비된다.
④ 피지는 제거해도 3~4시간 후면 회복된다.

> **설명**
> 피지는 손바닥과 발바닥을 제외한 전신에 분포

12. 신체부위 중 피부 두께가 가장 얇은 곳은?

① 손등 피부
② 볼 부위
③ 눈꺼풀 피부
④ 둔부

설명
눈꺼풀 피부는 가장 얇고, 발뒤꿈치가 가장 두꺼운 부위이다.

13. 다음 중 멜라닌 색소를 함유하고 있는 부분은?

① 모표피
② 모피질
③ 모수질
④ 모유두

설명
① 모표피: 모발의 가장 바깥부분으로 얇은 비늘 모양
② 모피질: 모표피의 안쪽 부로 멜라닌 색소를 함유하고 있어 모발의 색상 결정
③ 모수질: 모발의 중심부, 수질 세포로 공기 함유
④ 모유두: 모낭 끝에 위치하고 있으며 모발에 영양 공급

14. 다음 중 모발의 성장단계를 옳게 나타낸 것은?

① 성장기 → 휴지기 → 퇴화기
② 휴지기 → 발생기 → 퇴화기
③ 퇴화기 → 성장기 → 발생기
④ 성장기 → 퇴화기 → 휴지기

설명
모발은 성장기 → 퇴화기 → 휴지기 → 성장기를 반복한다.

Unit 1. 네일미용 위생서비스 기출문제

15. 정상 피부의 수분함유량은?

① 2~3%
② 3~4%
③ 5~8%
④ 10~20%

> **설명**
> 정상 피부는 수분과 피지 분비량이 적당한 각질층의 수분함유량이 10~20% 정도인 피부이다.

16. 피부 유형에 대한 설명으로 틀린 것은?

① 복합성 피부: 얼굴에 두 가지 이상의 피부 유형이 있다.
② 노화 피부: 잔주름과 색소 침착이 일어난다.
③ 민감성 피부: 피부의 각질층이 두껍다.
④ 지성 피부: 모공이 크며 번들거린다.

> **설명**
> 민감성 피부는 각질층이 얇아 수분의 양이 풍부하고 가벼운 자극에도 예민하게 반응한다.

17. 다음 중 신체조직의 형성과 보수 및 혈액, 골격 형성에 도움을 주는 영양소는?

① 구성 영양소
② 열량 영양소
③ 조절 영양소
④ 구조 영양소

> **설명**
> 구성 영양소의 종류는 단백질, 무기질, 물이 있다.

18. 비타민 결핍증인 불임증 및 생식불능과 피부의 노화방지 작용 등과 가장 관계가 깊은 것은?

① 비타민 A
② 비타민 B 복합체
③ 비타민 E
④ 비타민 D

설명
비타민 E는 지용성 비타민으로 부족할 때 피부 노화, 불임, 유산, 성기능 장애가 온다.

19. 표피에서 자외선에 의해 합성되며, 칼슘과 인의 대사를 도와주고, 발육을 촉진시키는 비타민은?

① 비타민 A
② 비타민 C
③ 비타민 E
④ 비타민 D

설명
비타민 D는 표피에서 자외선에 의해 합성되며, 칼슘과 인의 대사를 도와주고, 발육을 촉진하는 역할을 한다.

20. 다음 중 원발진이 아닌 것은?

① 면포
② 결절
③ 종양
④ 태선화

설명
- 원발진: 피부질환의 초기 증상으로 반점, 구진, 결절, 종양, 팽진, 소수포, 농포가 있다.
- 속발진: 2차적 피부질환으로 미란, 찰상, 인설, 가피, 태선화, 반흔 등이 있다.

Unit 1. 네일미용 위생서비스 기출문제

21. 피부발진 중 일시적인 증상으로 가려움증을 동반하여 불규칙적인 모양을 한 피부 현상은?

① 농포　　　　　　　　② 팽진
③ 구진　　　　　　　　④ 결절

> **설명**
> 팽진: 일시적 부종으로 가려움증을 동반한 발진현상(모기에 물렸을 때)

22. 화상의 구분 중 홍반, 부종, 통증과 수포를 형성하는 것은?

① 제1도 화상　　　　　② 제2도 화상
③ 제3도 화상　　　　　④ 중급 화상

> **설명**
> ◆ 1도 화상: 피부가 붉게 변함
> ◆ 2도 화상: 수포 발생
> ◆ 3도 화상: 신경 손상
> ◆ 4도 화상: 근육, 신경, 뼈 손상

23. 여드름의 4단계에서 실행되며 치료 후 흉터가 남는 것은?

① 결절　　　　　　　　② 구진
③ 수포　　　　　　　　④ 낭종

> **설명**
> 낭종은 원발진으로 여드름의 4단계에서 실행되며 치료 후 흉터가 남는 것을 말한다

21 ②　22 ②　23 ④

24. 햇빛에 장시간 노출되었을 때 피부 변화를 일으켜서 노화로 진행되는 형태는?

① 광노화　　　　　　　　　② 생리적 노화

③ 내인성 노화　　　　　　　④ 피부노화

> **설명**
> ◆ 광노화(환경적 노화): 생활여건 외부환경 노출로 일어나는 노화 현상
> ◆ 내인성 노화(생리적 노화): 나이에 따른 과정성 노화

Unit 1. 네일미용 위생서비스 기출문제

3 화장품의 분류

1. 화장품의 사용 목적과 가장 거리가 먼 것은?

① 인체를 청결, 미화하기 위하여 사용한다.
② 용모를 변화시키기 위하여 사용한다.
③ 피부, 모발의 건강을 유지하기 위하여 사용한다.
④ 인체에 대한 약리적인 효과를 주기 위해 사용한다.

> **설명**
> 화장품은 인체를 청결, 미화하여 매력을 더하고 용모를 밝게 변화시키거나 피부·모발의 건강을 유지 또는 증진하기 위하여 인체에 바르고 뿌리는 등의 방법으로 사용되는 물품이다. 그러나 의약품에 해당하는 물품은 제외한다.

2. 다음 화장품 중 피부 보호를 목적으로 하는 것은?

① 로션
② 화장수
③ 팩
④ 마사지 크림

> **설명**
> 로션은 피부 보호를 목적으로 하는 것으로 로션, 크림, 에센스, 화장유가 있다. 화장수는 피부 정돈을 목적으로 하는 것으로 팩, 마사지 크림이 있다.

3. 방향화장품에 속하는 것은?

① 샴푸
② 린스
③ 헤어 무스
④ 향수

> **설명**
> 방향화장품에는 향수와 샤워코롱 등이 있다.

4. 화장품을 만들 때 4대 조건은?

① 발림성, 안정성, 방부성, 사용성

② 안전성, 방부성, 방향성, 유효성

③ 안전성, 안정성, 사용성, 유효성

④ 방향성, 안전성, 발림성, 사용성

> **설명**
>
> 화장품 품질의 4대 특성
> ㉠ 안전성: 피부에 자극, 독성, 알레르기 반응이 없어야 한다.
> ㉡ 안정성: 보관 시 변질, 변색, 변취 및 미생물 오염이 없어야 한다.
> ㉢ 사용성: 피부에 잘 스며들고 부드러우며 촉촉해야 한다.
> ㉣ 유효성: 적절한 보습, 노화 억제, 미백 효과, 주름 방지, 세정, 색채 효과 등을 부여할 수 있어야 한다.

5. 다음 중 물에 오일 성분이 혼합되어 있는 유화 상태는?

① O/W 에멀션

② W/O 에멀션

③ W/S 에멀션

④ W/O/W 에멀션

> **설명**
>
> 수중 유형(O/W형)은 물에 오일이 분산되어 있는 형태로 보습로션, 클렌징 크림 등이 있다.

6. 다음 중 화장품에 사용되는 주요 방부제는?

① 에탄올

② 벤조산

③ 파라옥시안식향산 메틸

④ BHT

> **설명**
>
> 방부제: 화장품의 변질 방지 및 살균 작용
> 파라벤, 이미다졸리디닐 우레아, 파라옥시안식향산 메틸, 파라옥시안식향산 프로필 등이 있다.

Unit 1. 네일미용 위생서비스 기출문제

7. 다음 중 글리세린의 가장 중요한 작용은?

① 소독 작용
② 수분 유지 작용
③ 탈수 작용
④ 금속염 제거 작용

> **설명**
> 글리세린은 천연화장품을 만들 때 사용하는 것으로 수분 유지 작용으로 보습 효과를 갖고 있다.

8. 다음 중 화장품 제조의 기술 중에 분산이 주요 기술인 것은?

① 향수
② 립스틱
③ 에센스
④ 포마드

> **설명**
> 립스틱은 화장품 제조 기술 중에서 분산을 사용한 것이다. 분산이란 안료 등의 고체 입자를 액체 속에 균일하게 혼합하는 방법으로 블러셔, 립스틱 등이 있다.

9. 화장품의 분류와 사용목적, 제품이 일치하지 않는 것은?

① 모발 화장품 – 정발 – 헤어스프레이
② 방향 화장품 – 향취 부여 – 오데코롱
③ 메이크업 화장품 – 색채 부여 – 네일 에나멜
④ 기초 화장품 – 피부정돈 – 클렌징 폼

> **설명**
> 기초 화장품, 클렌징 화장품은 피부 노폐물 및 화장품의 잔여물을 제거하는 세정의 기능이다. 피부정돈 기능으로는 스킨, 로션, 토너 등이 있다.

정답: 7 ② 8 ② 9 ④

10. 화장품의 분류와 사용 목적이 잘못 짝지어진 것은?

① 기초 화장품: 세안, 정돈, 보호
② 방향 화장품: 신체 보호, 미화, 체취 억제
③ 모발 화장품: 세정, 컨디셔너, 염색, 탈색
④ 메이크업 화장품: 베이스, 포인트 메이크업

설명
방향 화장품: 향취 부여

11. 기초 화장품의 사용 목적이 아닌 것은?

① 세안
② 색상 표현
③ 피부 보호
④ 피부 정돈

설명
기초 화장품: 피부 세정, 정돈 및 보호를 위해 사용하는 기초적인 화장품으로서 피부 세정, 피부 정돈, 피부 보호의 역할을 한다.

12. 다음 중 기초 화장품의 필요성에 해당되지 않는 것은?

① 세정
② 미백
③ 피부 정돈
④ 피부 보호

설명
기초 화장품: 피부 세정, 정돈 및 보호를 위해 사용하는 기초적인 화장품으로서 피부 세정, 피부 정돈, 피부 보호의 역할을 한다.

Unit 1. 네일미용 위생서비스 기출문제

13. 향수를 뿌린 후 즉시 느껴지는 향수의 첫 느낌으로, 주로 휘발성이 강한 향료들로 이루어져 있는 노트(note)는?

① 탑노트(top note) ② 미들노트(middle note)
③ 하트노트(heart note) ④ 베이스노트(base note)

> **설명**
> ◆ 탑노트: 처음 느끼게 되는 향(향수 용기를 열거나, 뿌렸을 때)
> ◆ 미들노트: 중간 단계의 향(향수가 가진 본연의 향)
> ◆ 베이스노트: 마지막 남는 향(사용자의 체취와 혼합되어 발산되는 자신의 향)

14. 아로마 오일을 피부에 효과적으로 침투시키기 위해 사용하는 식물성 오일은?

① 에센셜 오일 ② 캐리어 오일
③ 트랜스 오일 ④ 알부틴

> **설명**
> 캐리어 오일은 에센셜 오일을 희석시켜 피부 흡수율을 높이기 위해 사용하는 식물성 오일을 말하며 베이스 오일이라고도 한다.

13 ① 14 ②

4 손발의 구조와 기능

1. 크게 기저골, 중저골, 말절골로 이루어지고 14개의 장골로 엄지 및 기타 손가락을 형성하는 뼈는?

① 수지골 ② 수근골
③ 중수골 ④ 중족골

> **설명**
> 14개의 장골로 손가락을 형성하는 뼈는 지골이다

2. 손 근육의 역할에 대한 설명으로 틀린 것은?

① 손으로 세밀하고 복잡한 운동을 한다.
② 손가락을 손바닥 쪽으로 움직이는 것을 굽힘, 손등 쪽으로 펴는 것을 폄이라고 한다.
③ 지절 관절 간 운동범위는 90°도이다.
④ 자세를 유지하는 지지대 역할을 한다.

> **설명**
> 자세 유지를 위한 지지대 역할을 하는 것은 골격이다.

3. 손의 근육이 아닌 것은?

① 벌림근(외전근) ② 모음근(내전근)
③ 맞섬근(대립근) ④ 엎침근(회내근)

> **설명**
> 엎침근(회내근)은 팔의 근육이다.

Unit 1. 네일미용 위생서비스 기출문제

4. 발을 위로 올리거나 발가락을 펴게 하는 근육은?

① 장비골근
② 전경골근
③ 단지신근
④ 가자미근

> **설명**
> 단지신근은 발을 위로 올리거나 발가락을 펴게 하는 근육이다.

5. 손가락과 손가락 사이가 붙지 않고 벌어지게 하는 외향에 적용하는 손등의 근육은?

① 회외근
② 내전근
③ 외전근
④ 대립근

> **설명**
> 손가락 사이를 벌어지게 하는 근육은 외전근이라 한다.

6. 골격근에 대한 설명으로 틀린 것은?

① 의지대로 움직이는 것은 불가능하다
② 체중의 약 40~50%를 차지한다.
③ 수의근이라고도 한다.
④ 대부분 골격에 부착되어 있다.

> **설명**
> 골격근은 내 의지대로 움직일 수 있는 근육이다.

7. 팔의 근육 중 손목 및 손과 손가락을 바른 자세로 펴주는 역할을 하는 근육은?

① 회외근
② 굴근
③ 이두근
④ 회전근

> 설명
> 회전근은 손목 및 손가락을 펼 수 있는 근육이다.

8. 손의 뼈는 몇 개로 구성되어 있는가?

① 20개
② 26개
③ 27개
④ 30개

> 설명
> 수근골 8개, 중수골 5개, 수지골 14개로 총 27개이다.

9. 뼈의 형태에 따른 분류 중 장골(긴뼈)에 해당하지 않은 것은?

① 상완골
② 족근골
③ 대퇴골
④ 경골

> 설명
> 족근골은 단골(짧은뼈)에 해당한다.

Unit 1. 네일미용 위생서비스 기출문제

10. 근육조직에 대한 설명으로 옳은 것은?

① 심근은 심장을 이루는 근육으로 수의근이다.

② 평활근은 민무늬근이자 수의근이다.

③ 골격근은 인체에서 가장 운동량이 많고 탄력 있는 근육이다.

④ 골격근은 가로무늬근이자 수의근이다.

설명

	가로무늬근 (횡문근)	민무늬근
불수의근	심근	평활근(내장근)
수의근	골격근	

11. 신경계의 기능이 아닌 것은?

① 감각 기능

② 운동 기능

③ 조정 기능

④ 여과 기능

설명

신경계의 기능은 감각, 운동, 조정으로 나눌 수 있다.

Unit 2. 네일미용 기술 기출문제

1. 젤 네일에 관한 설명으로 틀린 것은?

① 시술이 용이하여 작업시간 단축이 가능하다.
② 얇게 펴 발라주면 파일을 할 필요가 거의 없다.
③ 냄새가 거의 나지 않는다.
④ 아크릴릭 네일보다 강하고 오래간다.

> 설명
> 젤 네일보다 아크릴릭 네일이 견고하고 오래간다.

2. 투톤 아크릴 스컬프처의 시술에 대한 설명으로 틀린 것은?

① 스트레스 포인트에 화이트 파우더가 얇게 시술되면 떨어지기 쉬우므로 주의해야 한다.
② 스퀘어 모양을 잡기 위해 파일의 각도는 45°로 한다.
③ 화이트 파우더 특성상 프리에지가 퍼져 보일 수 있으므로 핀칭에 유의해야 한다.
④ 프렌츠 스컬프처라고도 한다.

> 설명
> 스퀘어 모양을 잡기 위해 인조손톱과 파일의 각도는 90°로 해야 한다.

3. 매니큐어 시술에 관한 설명으로 틀린 것은?

① 손톱 모양으로 만들 때 한쪽 방향으로 파일링한다.
② 자연 네일이 약한 고객은 네일 하드너를 베이스 코트 전 도포한다.
③ 큐티클은 상조피 바로 밑부분까지 깨끗하게 제거한다.
④ 네일 폴리시를 바르기 전 유분기를 깨끗하게 제거한다.

> 설명
> 큐티클을 무리하게 자르게 되면 피부에 무리가 올 수 있고 거스러미가 생길 수 있다.

Unit 2. 네일미용 기술 기출문제

4. 아크릴 프렌치 스컬프처 시술 시 사용하지 않는 도구는?

① 아크릴릭 리퀴드   ② 디펜디시
③ 아크릴 브러시   ④ UV램프

> **설명**
> UV램프는 젤 네일 시 사용한다.

5. 그러데이션 기법의 컬러링에 대한 설명으로 맞는 것은?

① 스펀지 또는 브러시를 이용하여 자연스러운 그러데이션을 만든다.
② 손톱의 사이드 부분은 비워두어 손톱이 얇아 보이게 컬러링한다.
③ 옐로우 라인이 확실히 보이도록 컬러링한다.
④ 손톱 전체에 고르게 꼼꼼히 컬러링한다.

> **설명**
> 그러데이션 컬러링은 스펀지 또는 브러시를 이용하여 손톱 중간부터 끝부분까지 점점 진해지게 표현하는 기법으로, 반월 부분의 노출이 자연스럽게 이루어져야 한다.

6. 아크릴릭 네일 재료 중 프라이머에 대한 설명으로 틀린 것은?

① 인조 네일 전체에 사용하며 방부제 역할을 한다.
② 손톱 표면의 유수분을 제거하고 건조시켜 아크릴의 접착력을 강하게 해준다.
③ 손톱 표면의 pH 밸런스를 맞춰준다.
④ 산성제품으로 피부에 화상을 입을 수 있어 소량만 사용한다.

> **설명**
> 프라이머는 자연 손톱에 소량만 바른다.

정답 4 ④ 5 ① 6 ①

7. 인조 네일 연장 시 지지대 역할을 해주는 도구는?

① 파일
② 폼
③ 실크
④ UV-Gel

> **설명**
> 네일 조형 시 길이를 연장하는 데 필수적으로 사용되는 재료는 폼으로 조형 시 지지대 역할을 한다.

8. 손톱에 색소가 침착되거나 변색되는 것을 방지하고 네일 표면을 고르게 하여 폴리시의 밀착성을 높이는 데 사용되는 네일미용 화장품으로 적합한 것은?

① 베이스 코트
② 탑 코트
③ 프라이머
④ 아세톤

> **설명**
> 손톱의 색소침착 및 변색을 방지하기 위해서 베이스 코트를 도포한다.

9. 인조팁을 붙이고 길이를 자를 때 사용하는 것은?

① 파일
② 팁커터
③ 샌딩버퍼
④ 클리퍼

> **설명**
> 인조팁의 길이를 자를 때 팁커터를 사용한다.

Unit 2. 네일미용 기술 기출문제

10. 큐티클 정리 및 제거에 필요한 도구로 알맞은 것은?

① 핑거볼, 푸셔
② 푸셔, 니퍼
③ 탑 코트, 핑거볼
④ 파일 샌딩블럭

> **설명**
> 푸셔로 큐티클을 밀어 올려주고, 니퍼로 정리한다.

11. 푸셔로 큐티클을 밀어 올릴 때 가장 적합한 각도는?

① 15°
② 25°
③ 30°
④ 45°

> **설명**
> 큐티클을 밀어 올릴 때는 45° 각도로 밀어 올린다.

12. 컬러링의 종류 중 프렌치 상하 3~5mm로 완만하게 스마일 라인을 만드는 컬러링 기법은?

① 프렌치
② 그러데이션
③ 딥 프렌치
④ 풀컬러

> **설명**
> 손톱 끝부분 스마일 라인을 만드는 컬러링 기법은 프렌치이다.

10 ② 11 ④ 12 ①

13. UV 젤 네일 시술 시 리프팅이 일어나는 이유로 적절하지 않은 것은?

① 전처리 시 유수분을 완전히 제거하지 않음
② 큐어링 시간을 지키지 않음
③ 프리에지까지 시술하지 않음
④ 큐티클 라인에 닿지 않음

> 설명
> 큐티클 라인에 닿게 시술하면 리프팅의 원인이 된다.

14. 젤 원톤 스컬프처 시술 시 주의사항으로 옳은 것은?

① 기포가 들어가지 않도록 주의한다.
② 광버퍼로 마무리한다.
③ 한 번에 최대한 두껍게 올려 시술한다.
④ 표면정리 시 최대한 매끈하게 상처를 제거한다.

> 설명
> 스컬프처용 젤을 두껍게 올리면 히팅 현상이 생길 수 있으며 표면의 광택은 탑 젤로 마무리한다.

15. 인조 네일 시술 시 가장 얇게 만들어야 하는 곳은?

① 프리에지   ② 큐티클 라인
③ 로 포인트   ④ 하이 포인트

> 설명
> 자연 네일과 자연스럽게 연결되며 리프팅 방지를 위하여 큐티클 라인은 얇게 완성한다.

13 ④ 14 ① 15 ②

Unit 2. 네일미용 기술 기출문제

16. 라이트 큐어드 젤의 경화속도에 영향을 미치는 요인이 아닌 것은?

① 젤의 색깔
② 체온
③ 램프기의 출력
④ 큐어링 시간

> **설명**
> UV젤의 경화속도에 영향을 미치는 요인은 큐어링 시간, 젤의 색깔(투명도), 램프기기의 출력 등이 있다.

17. 반월 부분을 제외하고 바르는 컬러링 방법은?

① 프리 월
② 그러데이션
③ 루눌라
④ 헤어라인 팁

> **설명**
> 루눌라는 반월 부분을 제외하고 컬러링한다.

18. 네일 폴리시 작업 방법으로 가장 적합한 것은?

① 프리에지 부분은 바르지 않는다.
② 네일 폴리시가 굳었을 때 띠너를 섞어 사용할 수 있다.
③ 탑 코트 - 네일 폴리시 - 베이스 코트 순서로 도포한다.
④ 네일 폴리시는 탑 코트 위에 도포한다.

> **설명**
> 띠너는 굳은 폴리시를 풀어주는 기능을 한다.

16 ② 17 ③ 18 ②

19. 샌딩블럭 버퍼의 사용 목적으로 가장 알맞은 것은?

① 손톱 전체의 표면을 매끄럽게 한다.

② 손톱 옆선의 두께를 조절한다.

③ 손톱의 길이를 조절한다.

④ 손톱의 두께 조절을 한다.

> **설명**
> 샌딩블럭 버퍼는 손톱 전체의 표면을 매끄럽게 만들어주는 데 사용한다.

20. 드릴머신에 대한 설명 중 틀린 것은?

① 인조 네일의 제거가 가능하다.

② 페디큐어 시 굳은살 제거가 가능하다.

③ 네일관리 시 케어가 가능하다.

④ 드릴머신의 비트는 영구 사용이 가능하다.

> **설명**
> 드릴머신의 비트는 소모품이다.

21. 페디큐어 시술 과정에서 베이스 코트를 바르기 전 발가락이 서로 닿지 않게 하기 위해 사용하는 도구는?

① 클리퍼 ② 토우 세퍼레이터

③ 니퍼 ④ 더스트 브러시

> **설명**
> 네일 에나멜을 바르기 전 발가락 사이에 토우 세퍼레이터를 끼운다.

19 ① 20 ④ 21 ②

Unit 2. 네일미용 기술 기출문제

22. 실크 익스텐션에 대한 설명으로 옳은 것은?

① 필러 파우더는 가능한 많이 사용한다.

② 하프 웰 팁을 선택한다.

③ 실크는 손톱의 크기보다 조금 작게 재단한다.

④ 연장된 인조손톱의 뒷면에도 글루를 도포한다.

> 설명
> 연장된 손톱의 뒷면에도 반드시 글루를 1회 이상 도포하여야 한다.

23. 모든 시술 시작 전 청결을 위해 사용하는 도구는?

① 리무버　　　　② 안티셉틱

③ 아세톤　　　　④ 우드화일

> 설명
> 안티셉틱은 손 소독제라고도 한다.

24. 인조팁을 사용하지 않고 네일 폼을 이용하여 손톱을 만드는 방법은?

① 실크 익스텐션　　　　② 팁 위드 아크릴릭

③ 팁 위드 랩　　　　　　④ 아크릴릭 스컬프처

> 설명
> 아크릴릭 스컬프처는 네일 폼을 이용하여 손톱을 만드는 방법이다.

Unit 3. 공중위생관리법규 기출문제

1 공중보건

1. 공중보건에 대한 설명으로 적절한 것은?

① 예방의학을 대상으로 한다.

② 사회의학을 대상으로 한다.

③ 공중보건의 대상은 개인이다.

④ 집단 또는 지역사회를 대상으로 한다.

> **설명**
> 공중보건학의 대상은 개인이 아닌 지역사회 주민 전체, 인간집단을 대상으로 한다.

2. 질병 발생의 세 가지 요인으로 연결된 것은?

① 숙주 - 병인 - 환경

② 숙주 - 병인 - 유전

③ 숙주 - 병인 - 병원소

④ 숙주 - 병인 - 저항력

> **설명**
> 질병의 3대 요인은 숙주, 병인, 환경이다.
> ◆ 숙주: 생물이 기생하는 대상으로 삼는 생물체
> ◆ 병인: 질병 발생의 직접적인 원인
> ◆ 환경: 병인과 숙주를 제외한 모든 요인

Unit 3. 공중위생관리법규 기출문제

3. 다음 중 가장 대표적인 보건수준 평가기준으로 사용되는 것은?

① 영아 사망률
② 성인 사망률
③ 사인별 사망률
④ 모성 사망률

> **설명**
> 영아 사망률(0세아의 사망률)은 한 국가의 건강수준을 나타내는 지표로 활용

4. 감염병 유행지역에서 입국하는 사람이나 동물 또는 식품 등을 대상으로 실시하며 외국 질병의 국내 침입방지를 위한 수단으로 쓰이는 것은?

① 검역
② 격리
③ 박멸
④ 병원소 제거

> **설명**
> 검역을 통해 감염병 여부를 검사하며, 감염병이 의심되는 경우 강제 격리를 한다.

5. 예방접종으로 얻어지는 면역(인공 능동면역)의 특성을 가장 잘 설명한 것은?

① 각종 감염병 감염 후 형성되는 면역
② 생균 백신, 사균 백신 및 순화 독소의 접종으로 형성되는 면역
③ 모체로부터 태반이나 수유를 통해 형성되는 면역
④ 항독소 등 인공제제를 접종하여 형성되는 면역

> **설명**
> ◆ 자연 능동면역: 감염병 후에 형성된 면역
> ◆ 인공 능동면역: 예방접종에 의해 형성된 면역
> ◆ 자연 수동면역: 태반이나 모유 수유를 통해 생기는 면역
> ◆ 인공 수동면역: 면역 혈청주사에 의해 얻어진 면역

6. 콜레라 예방접종은 어떤 면역 방법인가?

① 인공 수동면역 ② 인공 능동면역
③ 자연 수동면역 ④ 자연 능동면역

> **설명**
> 인공 능동면역은 예방접종에 의해 형성된 면역

7. 무구조충은 다음 중 어느 것을 날 것으로 먹었을 때 감염될 수 있는가?

① 돼지고기 ② 잉어
③ 게 ④ 쇠고기

> **설명**
> ◆ 무구조충: 소고기 생식을 통해 감염
> ◆ 유구조충: 돼지고기 생식을 통해 감염

8. 진동이 심한 작업장 근무자에게 다발하는 질환으로 청색증과 동통, 저림 증세를 보이는 질병은?

① 레이노드씨병 ② 진폐증
③ 열경련 ④ 잠함병

> **설명**
> ◆ 레이노드씨병: 진동이 심한 작업장 근무자에게서 발병함
> ◆ 진폐증: 탄광 근로자에게서 발병
> ◆ 잠함병: 잠수부에게서 발병

Unit 3. 공중위생관리법규 기출문제

9. 잠함병의 직접적인 원인은?

① 혈중 CO 농도 증가

② 혈중 O_2 농도 증가

③ 혈중 CO_2 농도 증가

④ 체액 및 혈액 속의 질소 기포 증가

> **설명**
> 잠함병(감압병)은 잠수부에게서 발병하며 체내로 유입된 질소가 급격한 감압에 체외로 배출되지 않고 기포를 형성하여 순환장애와 조직 손상을 유발시키는 것이다.

10. 주로 여름철에 발병하며 어패류 등의 생식이 원인이 되어 복통, 설사 등 급성 위장염 증상을 나타내는 식중독은?

① 포도상구균 식중독　　② 병원성 대장균 식중독

③ 장염비브리오 식중독　　④ 보툴리누스균 식중독

> **설명**
> 장염비브리오 식중독은 감염형에 속하며 여름철에 절인 식품 및 어패류 섭취에서 발병된다.

11. 식물성 독소 중 감자 싹에 함유되어 있는 독소는?

① 솔라닌　　② 무스카린

③ 테트로도톡신　　④ 아미그달린

> **설명**
> 솔라닌(감자), 무스카린(버섯)

2 소독

1. 소독과 멸균에 관련된 용어 해설 중 틀린 것은?

① 살균: 생활력을 가지고 있는 미생물을 여러 가지 물리화학적 작용에 의해 급속히 죽이는 것을 말한다.
② 방부: 병원성 미생물의 발육과 그 작용을 제거하거나 정지시켜서 음식물의 부패나 발효를 방지하는 것을 말한다.
③ 소독: 사람에게 유해한 미생물을 파괴시켜 감염의 위험성을 제거하는 비교적 강한 살균작용으로 세균의 포자까지 사멸하는 것을 말한다.
④ 멸균: 병원성 또는 비병원성 미생물 및 포자를 가진 것을 전부 사멸 또는 제거하는 것을 말한다.

> 설명
> 소독: 병원균을 파괴하여 감염력 및 증식력을 없애는 작업

2. 미생물을 대상으로 한 작용이 강한 것부터 순서대로 옳게 배열된 것은?

① 멸균 > 소독 > 살균 > 청결 > 방부
② 멸균 > 살균 > 소독 > 방부 > 청결
③ 살균 > 멸균 > 소독 > 방부 > 청결
④ 소독 > 살균 > 멸균 > 청결 > 방부

> 설명
> 소독력의 크기: 멸균 > 살균 > 소독 > 방부

1 ③
2 ②

Unit 3. 공중위생관리법규 기출문제

3. 소독약을 사용하여 균 자체에 화학반응을 일으켜 세균의 생활력을 빼앗아 살균하는 것은?

① 물리적 멸균법
② 건열 멸균법
③ 여과 멸균법
④ 화학적 살균법

> **설명**
> 화학적 살균이란 균 자체에 화학반응을 일으켜 세균의 생활력을 빼앗아 살균하는 것으로 석탄산, 역성비누, 포르말린, 크레졸 등이 있다.

4. 유리제품의 소독 방법으로 가장 적합한 것은?

① 끓는 물에 넣고 10분간 가열한다.
② 건열 멸균기에 넣고 소독한다.
③ 끓는 물에 넣고 5분간 가열한다.
④ 찬물에 넣고 75℃까지만 가열한다.

> **설명**
> 건열 멸균법은 건열 멸균기로 150~170℃에서 1~2시간 멸균 처리하는 방법이다.

5. 다음 중 소독 방법과 소독 대상이 바르게 연결된 것은?

① 화염 멸균법: 의류나 타월
② 자비 소독법: 아마인유
③ 고압증기 멸균법: 예리한 칼날
④ 건열 멸균법: 바셀린 및 파우더

> **설명**
> 건열 멸균법은 주사기 유리제품 멸균에 사용

6. 금속성 식기, 면 종류의 의류, 도자기의 소독에 적합한 소독 방법은?

① 화염 멸균법 　　　　② 건열 멸균법
③ 소각 소독법 　　　　④ 자비 소독법

> **설명**
> 자비 소독법: 100℃의 끓는 물에 15~20분간 소독하며 금속성 식기, 면 의류, 타월, 도자기 소독으로 사용한다.

7. 미생물에 오염된 대상을 불꽃으로 태우는 방법은?

① 간헐 멸균법 　　　　② 자비 소독법
③ 저온 소독법 　　　　④ 소각 소독법

> **설명**
> 소각 소독법은 불에 태우는 방법으로 감염병 환자의 배설물 등을 처리하는 가장 안전한 방법이다.

8. 자비 소독 시 금속제품이 녹스는 것을 방지하기 위하여 첨가하는 물질이 아닌 것은?

① 2% 붕소 　　　　② 2% 탄산나트륨
③ 5% 알코올 　　　　④ 2~3% 크레졸 비누액

> **설명**
> 자비 소독 시 2% 붕소, 1~2% 탄산나트륨, 크레졸 비누액 2~3%를 첨가하면 살균력이 강화된다.

Unit 3. 공중위생관리법규 기출문제

9. 소독약의 살균력 지표로 가장 많이 이용되는 것은?

① 알코올 ② 크레졸
③ 석탄산 ④ 폼알데하이드

> **설명**
> 석탄산(페놀)은 소독제의 살균력을 비교할 때 기준이 되는 소독약이다.

10. 이·미용업소에서 종업원이 손을 소독할 때 가장 보편적이고 적당한 것은?

① 승홍수 ② 과산화수소
③ 역성비누 ④ 석탄수

> **설명**
> 역성비누는 병원용 소독제로 많이 사용되며, 이·미용업소에서 종업원이 손을 소독할 때 가장 보편적으로 많이 사용된다.

11. 일반적으로 사용되는 소독용 알코올의 적정 농도는?

① 30% ② 70%
③ 50% ④ 100%

> **설명**
> 소독용 알코올(에틸알코올)은 약 70~80% 농도가 적당하다.

9 ③ 10 ③ 11 ②

12. 저온 살균법을 고안한 근대 면역학의 아버지라고 불리는 사람은?

① 파스퇴르
② 로버트 코흐
③ 안톤 반 레벤후크
④ 로버트 훅

> **설명**
> - 로버트 코흐: 결핵균 발견
> - 안톤 반 레벤후크: 미생물을 최초로 관찰
> - 로버트 훅: 세포의 발견

13. 미생물의 종류 중 가장 크기가 작은 것은?

① 곰팡이
② 효모
③ 세균
④ 바이러스

> **설명**
> 바이러스는 살아있는 생명체 중 가장 작은 병원체로서 AIDS, 감기, 인플루엔자, 홍역을 일으킨다.

14. 소독 약품의 구비조건으로 잘못된 것은?

① 용해성이 높을 것
② 표백성이 있을 것
③ 사용이 간편할 것
④ 가격이 저렴할 것

> **설명**
> 소독약품은 부식성 및 표백성이 없어야 한다.

Unit 3. 공중위생관리법규 기출문제

15. 소독액을 표시할 때 사용하는 단위로 용액 100ml 속에 용질의 함량을 표시하는 수치는?

① 푼
② 퍼센트
③ 퍼밀리
④ 피피엠

설명
퍼센트는 용액 100ml 속에 용질의 함량을 표시한다.

16. 이·미용실의 실내소독법으로 가장 적당한 것은?

① 석탄산 소독
② 크레졸 소독
③ 승홍수 소독
④ 역성비누액

설명
크레졸은 석탄산의 2배 소독효과가 있으며 피부 자극이 적다. 화장실 소독 시 3% 용액을 사용한다.

15 ② 16 ②

3 공중위생관리법규

1. 공중위생영업에 해당하지 않는 것은?

① 세탁업 ② 보건업
③ 미용업 ④ 목욕장업

> **설명**
> 공중위생영업은 숙박업, 목욕장업, 이용업, 미용업, 세탁업, 건물위생관리영업(구. 위생관리용역업)이 있다.

2. 다음 중 공중위생영업을 하고자 할 때 필요한 것은?

① 허가 ② 통보
③ 인가 ④ 신고

> **설명**
> 이·미용업을 신고하려면 보건복지부령이 정하는 시설과 설비를 갖추고 시장, 군수, 구청장에게 신고하여야 한다.

3. 이·미용업소 내 반드시 게시하여야 할 사항으로 옳은 것은?

① 요금표 및 준수사항만 게시하면 된다.
② 이·미용업 신고증만 게시하면 된다.
③ 이·미용업 신고증 및 면허증 사본, 요금표를 게시하면 된다.
④ 이·미용업 신고증, 면허증 원본, 요금표를 게시하여야 한다.

> **설명**
> 영업장 내부에 게시해야 할 사항: 이·미용업 신고증, 개설자의 면허증 원본, 최종지불요금표

1 ②
2 ④
3 ④

Unit 3. 공중위생관리법규 기출문제

4. 이·미용업소의 조명시설은 얼마 이상이어야 하는가?

① 50럭스　　　　　　　② 75럭스
③ 100럭스　　　　　　 ④ 125럭스

> **설명**
> 영업장 안의 조명도는 75럭스 이상이 되도록 유지하여야 한다.

5. 다음 중 이용사 또는 미용사의 면허를 받을 수 있는 자는?

① 약물 중독자　　　　 ② 암 환자
③ 정신 질환자　　　　 ④ 피성년후견인

> **설명**
> **면허 결격자**
> - 피성년후견인
> - 정신질환자(전문의 소견서가 있을 경우 제외)
> - 감염병 환자(AIDS, 결핵환자 등)
> - 마약 등의 약물 중독자(향정신성 의약품 중독자)
> - 면허가 취소된 후 1년이 경과되지 아니한 자

6. 다음 중 이·미용사의 면허 정지를 명할 수 있는 자는?

① 행정안전부장관　　　② 시, 도지사
③ 시장, 군수, 구청장　 ④ 경찰서장

> **설명**
> 면허취소권자는 시장, 군수, 구청장이다.

4 ②　5 ④　6 ②

7. 이·미용사 면허증을 분실하였을 때 누구에게 재교부 신청을 하여야 하는가?

① 보건복지부장관
② 시, 도지사
③ 시장, 군수, 구청장
④ 협회장

> 설명
> 면허발급 및 취소는 시장, 군수, 구청장의 권한이다.

8. 공익상 또는 선량한 풍속유지를 위하여 필요하다고 인정하는 경우에 이·미용업의 영업시간 및 영업행위에 관한 필요한 제한을 할 수 있는 자는?

① 관련 전문기관 및 단체장
② 보건복지부장관
③ 시·도지사
④ 시장, 군수, 구청장

> 설명
> 시·도지사는 공익상 또는 선량한 풍속을 유지하기 위하여 필요하다고 인정하는 때에는 영업시간 및 영업행위에 관한 필요한 제한을 할 수 있다.

Unit 3. 공중위생관리법규 기출문제

9. 이·미용업소의 영업정지 및 폐쇄사유에 해당하지 않는 것은?

① 영업신고를 하지 않거나 시설과 설비 기준을 위반한 경우

② 중요사항의 변경 신고를 하지 않은 경우

③ 고시가격보다 비싼 서비스 요금을 청구한 경우

④ 위생관리 의무 등을 지키지 않은 경우

> **설명**
>
> **이·미용업소 정지 및 폐쇄사유**
> ① 영업신고를 하지 않거나 시설과 설비 기준을 위반한 경우
> ② 중요사항의 변경 신고를 하지 않은 경우
> ③ 지위승계 신고를 하지 않은 경우
> ④ 위생관리 의무 등을 지키지 않은 경우
> ⑤ 필요보고를 하지 않거나 관계 공무원의 출입 검사, 서류 열람을 거부, 방해, 기피한 경우
> ⑥ 풍속규제 법률, 성매매 알선 등 행위 처벌에 관한 법률, 청소년보호법, 의료법을 위반한 경우

10. 이·미용업에 있어 청문을 실시하여야 하는 경우가 아닌 것은?

① 면허취소 처분을 하고자 하는 경우

② 면허정지 처분을 하고자 하는 경우

③ 일부 시설의 사용 중지 처분을 하고자 하는 경우

④ 위생교육을 받지 아니하여 1차 위반한 경우

> **설명**
>
> **청문실시 사유**
> ◆ 이·미용사의 면허취소, 면허정지
> ◆ 공중위생영업의 정지
> ◆ 일부 시설의 사용 중지
> ◆ 영업소 폐쇄명령

11. 공중위생 감시원의 자격요건에 해당되지 않은 사람은?

① 위생사 또는 환경산업기사 2급 이상의 자격증을 소지한 사람
② 대학에서 화학, 화공학, 환경공학, 위생학 분야를 졸업하거나 동등 이상의 자격이 있는 사람
③ 외국에서 위생사 또는 환경기사 면허를 받은 사람
④ 6개월 이상 공중위생 행정에 종사한 경력이 있는 사람

> **설명**
> 공중위생 감시원은 1년 이상 공중위생 행정에 종사한 경력이 있는 사람이다(2018년 3년에서 1년으로 개정 공포되었다.)

12. 일반관리 대상 업소에 해당하는 위생관리 등급 구분은?

① 녹색등급　　　　② 황색등급
③ 백색등급　　　　④ 적색등급

> **설명**
> ◆ 최우수업소: 녹색등급
> ◆ 우수업소: 황색등급
> ◆ 일반관리업소: 백색등급

13. 공중위생관리법상의 위생교육에 대한 설명 중 옳은 것은?

① 위생교육 대상자는 이·미용업 영업자이다.
② 위생교육 대상자는 이·미용사이다.
③ 위생교육 시간은 매년 8시간이다.
④ 위생교육은 공중위생관리법 위반자에 한하여 받는다.

> **설명**
> ◆ 위생교육 주기 및 시간: 매년 3시간
> ◆ 교육대상자: 이미용 영업자

11 ④　12 ③　13 ①

Unit 3. 공중위생관리법규 기출문제

14. 이·미용업소를 신고하지 않고 영업소의 소재지를 변경한 경우 1차 행정처분은?

① 영업정지 1월
② 영업정지 2월
③ 영업장 폐쇄명령
④ 개선명령

> **설명**
> 신고를 하지 않고 영업소 소재지를 변경한 경우
> ㉠ 1차 위반: 영업정지 1월
> ㉡ 2차 위반: 영업정지 2월
> ㉢ 3차 위반: 영업장 폐쇄명령

15. 이·미용업소에서 이·미용 요금표를 게시하지 아니한 때의 1차 위반 행정처분 기준은?

① 경고 또는 개선명령
② 영업정지 5일
③ 영업허가 취소
④ 영업장 폐쇄명령

> **설명**
> 미용업 신고증, 면허증원본, 요금표를 미게시하거나 조명도를 준수하지 않은 때: 경고 또는 개선명령

16. 신고를 하지 않고 영업소 명칭(상호)을 바꾼 경우에 대한 1차 위반 시의 행정처분은?

① 주의
② 경고 또는 개선명령
③ 영업정지 15일
④ 영업정지 1월

> **설명**
> 신고를 하지 않고 영업소의 명칭, 상호 또는 면적의 1/3 이상을 변경한 때: 경고 또는 개선명령

14 ③ 15 ② 16 ①

17. 다음 위법사항 중 가장 무거운 벌칙기준에 해당하는 자는?

① 신고를 하지 아니하고 영업한 자

② 변경신고를 하지 아니하고 영업한 자

③ 면허정지 처분을 받고 그 정지 기간 중 업무를 행한 자

④ 관계 공무원 출입, 검사를 거부한 자

> **설명**
> - 신고를 하지 아니하고 영업 시: 1년 이하의 징역 또는 1천만 원 이하의 벌금
> - 변경신고를 하지 아니하고 영업 시: 6월 이하의 징역 또는 500만 원 이하의 벌금
> - 면허정지 처분을 받고 그 정지 기간 중 업무를 행한 자: 300만 원 이하의 벌금
> - 관계 공무원의 출입, 검사를 거부한 자: 300만 원 이하의 과태료

18. 이·미용업 영업소에 몰래 카메라 설치 시의 1차 위반 시 행정처분 기준은?

① 영업정지 1월 ② 영업정지 2월

③ 영업장 폐쇄명령 ④ 개선명령

> **설명**
> 음란한 물건을 관람 열람하게 하거나 진열 또는 보관한 때: 개선명령

17 ①
18 ①

Unit 4. 예상모의고사 1회

1. 한국의 네일미용에서 젊은 각시와 어린이들이 봉선화를 따다가 손톱을 물들인 시기는?

① 신라시대 ② 고구려시대
③ 조선시대 ④ 고려시대

2. 다음 중 네일 베드에 관한 설명 중 맞는 것은?

① 모세혈관, 신경, 림프관이 분포되어 있다.
② 완전히 케라틴화되지 않은 조체의 베이스에 있는 유색의 반달 모양이다.
③ 손상을 입으면 손톱성장에 저해가 된다.
④ 손톱 밑부분으로 지각 신경 조직과 모세혈관이 있다.

3. 큐티클이 과잉 성장하여 손톱 위로 자라는 질병은?

① 조갑종렬증(오니코렉시스)
② 스푼형조갑(코일로니키아)
③ 조갑익상편(테리지움)
④ 조갑비대증(오니콕시스)

4. 하이포키니움(하조피)에 대한 설명으로 옳은 것은?

① 손톱 주위를 덮고 있는 신경이 없는 피부
② 조상의 양 측면에 좁게 팬 곳
③ 자유연 밑부분의 피부로서 병원균의 침입으로부터 손톱을 보호
④ 조갑의 시작점에서 자라나는 피부

5. 매니큐어의 유래에 관한 설명 중 틀린 것은?

① 고대 이집트에서 상류층은 진한 적색, 하류층은 옅은 색을 물들여 신분과 지위를 나타냈다.
② 17세기 인도에서는 여성들이 문신바늘을 이용해 조모에 색소를 넣어 신분을 표시했다.
③ 최초의 매니큐어는 B.C 3000년 이집트와 중국의 귀족층에서 누렸던 것으로 기록된다.
④ 1800년대 상류층에서 스퀘어형의 손톱관리가 유행했다.

6. 네일 큐티클에 대한 설명으로 옳은 것은?

① 병원균의 침입으로부터 손톱을 보호
② 손톱 주위를 덮고 있는 신경이 없는 피부
③ 손톱의 끝부분을 조상 없이 손톱만 자라온 곳
④ 네일 보디와 프리에지의 경계

Unit 4. 예상모의고사 1회

7. 손 근육의 역할에 대한 설명으로 틀린 것은?

① 손으로 세밀하고 복잡한 운동을 한다.
② 손가락을 손바닥 쪽으로 움직이는 것을 굽힘, 손등 쪽으로 펴는 것을 폄이라고 한다.
③ 지절 관절 간 운동범위는 90°도이다.
④ 자세를 유지하는 지지대 역할을 한다.

8. 고객상담자의 자세로 바르지 못한 것은?

① 상담자 자신의 자세와 몸짓이 어떤 의미를 전달하는지 주의하고 자신이 의도한 것인지를 분명히 파악한다.
② 효과적인 상담을 위해서 고객의 말에 귀 기울이는 태도가 있어야 한다.
③ 고객에게 항상 배려하는 마음으로 상담한다.
④ 효과적인 상담을 위해 다른 고객의 신상이나 관리정보를 유출하여도 된다.

9. 발을 위로 올리거나 발가락을 펴게 하는 근육은?

① 장비골근　　② 전경골근
③ 단지신근　　④ 가자미근

10. 손목을 굽히고 손가락을 구부리는 작용을 하는 근육은?

① 회내근　　② 회의근
③ 장근　　　④ 굴근

11. 네일이 핑크색을 띠도록 하며, 손톱 밑 진피에 수많은 말초신경이 있어 촉감 기능을 수행하고 물체를 조작하는 것을 돕는 곳은?

① 루놀라
② 네일 베드
③ 일 매트릭스
④ 옐로우 라인

12. 다음 중 손톱의 역할과 가장 거리가 먼 것은?

① 외부 자극으로부터 보호 기능
② 미적 장식적 기능
③ 방어와 공격 기능
④ 분비 기능

13. 파일에 대한 설명으로 틀린 것은?

① 그릿(grit) 수가 낮을수록 거친 파일이다.
② 모든 파일은 한 방향으로만 시술하고 비벼서 사용하면 안 된다.
③ 그릿(grit) 수가 높을수록 거친 파일이다.
④ 그릿(grit)은 파일의 거칠기 정도를 나타내는 것이다.

Unit 4. 예상모의고사 1회

14. 매니큐어 시술에 관한 설명으로 틀린 것은?

① 손톱 모양으로 만들 때 한쪽 방향으로 파일링한다.
② 자연 네일이 약한 고객은 네일 하드너를 베이스 코트 전 도포한다.
③ 큐티클은 상조피 바로 밑부분까지 깨끗하게 제거한다.
④ 네일 폴리시를 바르기 전 유분기를 깨끗하게 제거한다.

15. 인조 팁 부착 시 주의사항이 아닌 것은?

① 고객의 손톱보다 한 치수 큰 것을 사용한다.
② 팁의 각도는 손톱과 자연스럽게 연결되도록 한다.
③ 기포가 생기지 않도록 주의한다.
④ 접착 면은 손톱의 1/2 이상이 되도록 한다.

16. 인조 팁을 붙이고 길이를 자를 때 사용하는 것은?

① 파일
② 팁커터
③ 샌딩버퍼
④ 클리퍼

17. 큐티클 정리 및 제거에 필요한 도구로 알맞은 것은?

① 핑거볼, 푸셔
② 푸셔, 니퍼
③ 탑 코트, 핑거볼
④ 파일 샌딩블럭

18. 젤 원톤 스컬프처 시술 시 주의사항으로 옳은 것은?

① 기포가 들어가지 않도록 주의한다.

② 광 버퍼로 마무리한다.

③ 한 번에 최대한 두껍게 올려 시술한다.

④ 표면정리 시 최대한 매끈하게 상처를 제거한다.

19. 네일 폴리시 작업 방법으로 가장 적합한 것은?

① 프리에지 부분은 바르지 않는다.

② 네일 폴리시가 굳었을 때 띠너를 섞어 사용할 수 있다.

③ 탑 코트 - 네일 폴리시 - 베이스 코트 순서로 도포한다.

④ 네일 폴리시는 탑 코트 위에 도포한다.

20. 샌딩 블럭 버퍼의 사용 목적으로 가장 알맞은 것은?

① 손톱 전체의 표면을 매끄럽게 한다.

② 손톱 옆선의 두께를 조절한다.

③ 손톱의 길이를 조절한다.

④ 손톱의 두께 조절을 한다.

Unit 4. 예상모의고사 1회

21. 드릴 머신에 대한 설명 중 틀린 것은?

① 인조 네일의 제거가 가능하다.
② 페디큐어 시 굳은살 제거가 가능하다.
③ 네일 관리 시 케어가 가능하다.
④ 드릴 머신의 비트는 영구사용이 가능하다.

22. 네일 폴리시의 성분으로 거리가 먼 것은?

① 글리세린 ② 니트로셀룰로스
③ 부틸아세톤 ④ 톨루엔

23. 탑 코트의 효과로 바르지 않은 것은?

① 네일 폴리시를 바른 후 그 위에 도포한다.
② 네일 폴리시를 보호하는 역할을 한다.
③ 네일 폴리시의 색이 손톱에 착색되는 것을 막아준다.
④ 네일 폴리시를 보호하며 오랫동안 지속될 수 있도록 한다.

24. 다음 중 피부 구조에 대한 설명으로 틀린 것은?

① 피부는 표피, 진피, 피하조직으로 나누어진다.
② 표피의 가장 아래쪽은 기저층이다.
③ 피하조직은 피지선을 의미한다.
④ 피부 부속기관으로 모발, 한선, 피지선, 손발톱이 있다.

25. 다음 중 표피에 존재하며, 면역과 가장 관계가 깊은 세포는?
① 멜라닌 세포　　② 랑게르한스 세포
③ 머켈 세포　　　④ 섬유아 세포

26. 비늘 모양의 죽은 피부 세포가 엷은 회백색 조각으로 되어 떨어져 나가는 피부층은?
① 투명층　　② 유극층
③ 기저층　　④ 각질층

27. 교원섬유(collagen)와 탄력섬유(elastin)로 구성되어 있어 강한 탄력성을 지니고 있는 곳은?
① 표피　　　② 진피
③ 피하조직　④ 근육

28. 다음 중 원발진이 아닌 것은?
① 면포　　② 결절
③ 종양　　④ 태선화

Unit 4. 예상모의고사 1회

29. 다음 중 바이러스성 피부 질환은?
① 기미
② 주근깨
③ 여드름
④ 단순포진

30. 화상의 구분 중 홍반, 부종, 통증뿐만 아니라 수포를 형성하는 것은?
① 1도 화상
② 2도 화상
③ 3도 화상
④ 중급 화상

31. 공중보건학의 정의로 가장 적합한 것은?
① 질병 예방, 생명 연장, 질병 치료에 주력하는 기술이며 과학이다.
② 질병 예방, 생명 유지, 조기 치료에 주력하는 기술이며 과학이다.
③ 질병의 조기 발견, 조기 예방, 생명 연장에 주력하는 기술이며 과학이다.
④ 질병 예방, 생명 연장, 건강 증진에 주력하는 기술이며 과학이다.

32. 감염병 유행지역에서 입국하는 사람이나 동물 또는 식품 등을 대상으로 실시하며 외국 질병의 국내 침입 방지를 위한 수단으로 쓰이는 것은?
① 검역
② 격리
③ 박멸
④ 병원소 제거

33. 실내에 다수인이 밀집한 상태에서 실내공기의 변화는?

① 기온 상승, 습도 증가, 이산화탄소 감소

② 기온 하강, 습도 증가, 이산화탄소 감소

③ 기온 상승, 습도 증가, 이산화탄소 증가

④ 기온 상승, 습도 감소, 이산화탄소 증가

34. 다음 화장품 중 피부 보호를 목적으로 하는 것은?

① 로션　　　　　　　　② 화장수

③ 팩　　　　　　　　　④ 마사지 크림

35. "피부에 대한 자극, 알레르기, 독성이 없어야 한다"는 내용은 화장품의 4대 요건 중 어느 것에 해당되는가?

① 안전성　　　　　　　② 안정성

③ 사용성　　　　　　　④ 유효성

36. 기능성 화장품의 표시 및 기재 사항이 아닌 것은?

① 제품의 명칭　　　　　② 내용물의 용량 및 중량

③ 제조자의 이름　　　　④ 제조번호

Unit 4. 예상모의고사 1회

37. 화장품의 분류와 사용목적이 잘못 짝지어진 것은?

① 기초 화장품: 세안, 정돈, 보호
② 방향 화장품: 신체보호, 미화, 체취 억제
③ 모발 화장품: 세정, 컨디셔너, 염색, 탈색
④ 메이크업 화장품: 베이스, 포인트 메이크업

38. 아로마 오일을 피부에 효과적으로 침투시키기 위해 사용하는 식물성 오일은?

① 에센셜 오일
② 캐리어 오일
③ 트랜스 오일
④ 알부틴

39. 소독의 정의에 대한 설명 중 옳은 것은?

① 모든 미생물을 열이나 약품으로 사멸하는 것
② 병원성 미생물을 사멸 또는 제거하여 감염력을 잃게 하는 것
③ 병원성 미생물에 의한 부패 방지를 하는 것
④ 병원성 미생물에 의한 발효 방지를 하는 것

40. 미생물을 대상으로 한 작용이 강한 것부터 순서대로 옳게 배열된 것은?

① 멸균 > 소독 > 살균 > 청결 > 방부
② 멸균 > 살균 > 소독 > 방부 > 청결
③ 살균 > 멸균 > 소독 > 방부 > 청결
④ 소독 > 살균 > 멸균 > 청결 > 방부

41. 다음 중 건열 멸균법이 아닌 것은?

① 화염 멸균법　　　　② 자비 소독법
③ 건열 멸균법　　　　④ 소각 소독법

42. 자비 소독 시 금속 제품이 녹스는 것을 방지하기 위하여 첨가하는 물질이 아닌 것은?

① 2% 붕소　　　　　② 2% 탄산나트륨
③ 5% 알코올　　　　④ 2~3% 크레졸 비누액

43. 소독약의 살균력 지표로 가장 많이 이용되는 것은?

① 알코올　　　　　　② 크레졸
③ 석탄산　　　　　　④ 폼알데하이드

Unit 4. 예상모의고사 1회

44. 화장실, 하수도, 쓰레기통 소독에 가장 적합한 것은?

① 알코올　　　　　② 염소
③ 승홍수　　　　　④ 생석회

45. 소독 약품의 구비조건으로 잘못된 것은?

① 용해성이 높을 것
② 표백성이 있을 것
③ 사용이 간편할 것
④ 가격이 저렴할 것

46. 다음 중 이·미용사의 면허정지를 명할 수 있는 자는?

① 행정안전부장관　　　② 시·도지사
③ 시장, 군수, 구청장　　④ 경찰서장

47. 영업소 외의 장소에서 이·미용 업무를 행할 수 있는 경우가 아닌 것은?

① 질병으로 영업소에 나올 수 없는 경우
② 결혼식 등의 의식 직전인 경우
③ 손님의 간곡한 요청이 있을 경우
④ 시장, 군수, 구청장이 인정하는 경우

48. 공중위생 감시원의 자격요건에 해당되지 않는 사람은?

① 위생사 또는 환경산업기사 2급 이상의 자격증을 소지한 사람
② 대학에서 화학, 화공학, 환경공학, 위생학 분야를 졸업하거나 동등 이상의 자격이 있는 사람
③ 외국에서 위생사 또는 환경기사 면허를 받은 사람
④ 6개월 이상 공중위생 행정에 종사한 경력이 있는 사람

49. 공중위생관리법상의 위생교육에 대한 설명 중 옳은 것은?

① 위생교육 대상자는 이·미용업 영업자이다.
② 위생교육 대상자는 이·미용사이다.
③ 위생교육 시간은 매년 8시간이다.
④ 위생교육은 공중위생관리법 위반자에 한하여 받는다.

50. 이·미용업 영업자가 위생교육을 받지 아니한 때에 대한 1차 위반 시 행정처분 기준은?

① 경고
② 개선명령
③ 영업정지 5일
④ 영업정지 10일

Unit 4. 예상모의고사 1회

51. 다음 중 1년 이하의 징역 또는 1천만 원 이하의 벌금에 해당하는 벌칙사항이 아닌 것은?

① 공중위생영업의 신고를 하지 아니한 자
② 영업소 폐쇄명령을 받고도 계속해서 영업을 한 자
③ 영업정지 일부 시설의 사용중지 명령을 받고도 그 기간 중에 영업을 하거나 그 시설을 사용한 자
④ 공중위생영업의 변경 신고를 하지 않은 자

52. 신고를 하지 않고 영업소 명칭(상호)을 바꾼 경우에 대한 1차 위반 시의 행정처분은?

① 주의
② 경고 또는 개선명령
③ 영업정지 15일
④ 영업정지 1월

53. 이·미용의 업무를 영업장소 외에서 행하였을 때 이에 대한 처벌기준은?

① 3년 이하의 징역 또는 1천만 원 이하의 벌금
② 500만 원 이하의 과태료
③ 200만 원 이하의 과태료
④ 100만 원 이하의 벌금

54. 과태료 처분에 불복이 있는 경우 이의 제기할 수 있는 기한은?

① 처분한 날로부터 45일 이내

② 처분 고지로부터 30일 이내

③ 처분한 날로부터 15일 이내

④ 처분이 있음을 안 날로부터 15일 이내

55. 다음 중 공중위생 감시원의 업무 범위가 아닌 것은?

① 시설 및 설비의 확인

② 영업자의 준수 사항 이행 여부 확인

③ 위생지도 이행 여부 확인

④ 과징금 납부 이행 여부 확인

56. 이·미용업소에 게시하지 않아도 되는 것은?

① 면허증 원본 ② 최종 지불요금표

③ 영업신고필증 ④ 영업시간표

Unit 4. 예상모의고사 1회

57. 아크릴 스컬프처 보수 방법으로 옳은 것은?

① 인조 네일 표면에 프라이머를 도포한다.

② 새로 자란 네일에는 전처리를 한다.

③ 보수에는 다른 소재의 재료를 올린다.

④ 2주가 지났다면 인조 네일이 손상되지 않았더라도 제거해야 한다.

58. 반월 부분을 제외하고 바르는 컬러링 방법은?

① 프리 월   ② 그러데이션
③ 루놀라   ④ 헤어라인 팁

59. 컬러링 시 폴리시의 지속성과 완성도를 높이기 위해 꼼꼼하게 시술해야 하는 부위는?

① 네일 월   ② 큐티클라인
③ 프리에지   ④ 스트레스 포인트

60. 아크릴 프렌치 스컬프처 시술 시 형성되는 스마일 라인의 설명으로 틀린 것은?

① 선명한 라인 형성   ② 일자 라인 형성
③ 균일한 라인 형성   ④ 좌우 라인 대칭

• Memo •

제1회 모의고사 정답 및 해설

1	2	3	4	5	6	7	8	9	10
③	④	③	③	④	②	④	④	③	④
11	12	13	14	15	16	17	18	19	20
②	④	②	③	④	②	②	①	②	①
21	22	23	24	25	26	27	28	29	30
④	①	③	③	②	④	②	④	④	②
31	32	33	34	35	36	37	38	39	40
④	①	③	①	③	①	③	②	②	②
41	42	43	44	45	46	47	48	49	50
②	③	③	④	②	③	③	④	①	①
51	52	53	54	55	56	57	58	59	60
④	②	③	①	④	④	②	③	③	②

1. 조선시대 '동국세시기'의 기록에 따르면 젊은 각시와 어린이들이 봉선화를 따다가 손톱을 물들였다.

2. 네일 베드는 손톱 밑부분으로 지각신경 및 모세혈관이 있고, 모세혈관은 네일이 핑크색을 띠도록 하는 역할을 한다.

3. • 조갑종렬증(오니코렉시스): 손톱이 세로로 갈라지고 찢어지면서 부서진다.
   • 스푼형조갑(코일로니키아): 손톱이 숟가락 모양으로 함몰하는 증상
   • 조갑비대증(오니콕시스): 손·발톱의 끝이 과잉성장으로 두껍게 자라거나 네일 보다가 휘어져 성장한다.

4. 하이포키니움은 자유연 밑부분의 피부로 병원균의 침입으로부터 손톱을 보호한다.

5. 1800년대 손톱관리가 일반인에게 대중화되기 시작했으며, 손톱 끝이 뾰족한 아몬드형 네일이 유행했다.

6. 큐티클은 손톱 주위를 덮고 있는 신경이 없는 피부이다.

7. 자세 유지를 위한 지지대 역할을 하는 것은 골격이다.

8. 다른 고객의 신상이나 관리정보는 유출하지 않는다.

9. 단지신근은 발을 위로 올리거나 발가락을 펴게 하는 근육이다.

10. 굴근은 손목과 손가락을 움직이는 근육이다.

11. 네일 베드는 네일이 핑크색을 띠며 물체를 조작하도록 한다.

12. 손톱은 손끝을 보호하는 기능, 방어와 공격 기능, 장식적 기능, 도구 사용 시 보조 기능 등이 있다.

13. 자연 네일은 한 방향으로 시술하며 인조 네일의 시술 방향은 무관하다.

14. 큐티클을 무리하게 자르게 되면 피부에 무리가 올 수 있고 거스러미가 생길 수 있다.

15. 접착 면이 넓으면 기포가 들어갈 우려가 있으므로 손톱의 1/2이 넘지 않도록 한다.

16. 인조 팁의 길이를 자를 때 팁 커터를 사용한다.

17. 푸셔로 큐티클을 밀어 올려 주고, 니퍼로 정리한다.

18. 스컬프처용 젤을 두껍게 올리면 히팅 현상이 생길 수 있으며 표면의 광택은 탑 젤로 마무리한다.

19. 띠너는 굳은 폴리시를 풀어주는 기능을 한다.

20. 샌딩블럭 버퍼는 손톱 전체의 표면을 매끄럽게 만들어 주는 데 사용한다.

21. 드릴머신의 비트는 소모품이다.

22. 글리세린은 큐티클 리무버의 성분이다.

23. 폴리시 색의 착색을 막아주는 것은 베이스 코트다.

24. 피하조직은 피하지방을 의미한다.

25. **랑게르한스 세포:** 유극층에 위치, 피부면역 담당

26. 각질층은 표피의 가장 윗부분에 있으며 주성분인 케라틴은 죽은 각질 세포들로 구성되어 있다.

27. 진피는 유두층과 망상층으로 구성된다. 망상층은 교원섬유(콜라겐섬유), 탄력섬유(엘라스틴섬유), 기질(무코다당류)로 구성된다.

28. - **원발진:** 피부질환의 초기 증상으로 반점, 구진, 결절, 종양, 팽진, 소수포, 농포가 있다.
    - **속발진:** 2차적 피부질환으로 미란, 찰상, 인설, 가피, 태선화, 반흔 등이 있다.

29. - **바이러스성 피부질환:** 단순 및 대상포진, 수두, 홍역
    - **진균성 피부질환:** 무좀 등

30. - **1도 화상:** 피부가 붉게 변함
    - **2도 화상:** 수포 발생
    - **3도 화상:** 신경 손상
    - **4도 화상:** 근육, 신경, 뼈 손상

31. 공중보건학은 질병예방, 수명연장, 신체적·정신적 건강 및 효율을 증진시키는 기술이며 과학이다.

32. 검역을 통해 감염병 여부를 검사하며, 감염병이 의심되는 경우 강제 격리를 한다.

33. 실내에서는 많은 사람들의 호흡으로 산소가 줄고, 습도가 증가하고, 이산화탄소가 증가한다. 한편 이러한 실내환경으로 인하여 현기증, 구토, 두통 등의 이상 현상을 나타나는 증상을 군집독이라고 한다.

34. 로션은 피부 보호를 목적으로 하며 화장수는 피부 정돈을 목적으로 사용한다.

35. **안전성**: 피부에 자극, 독성, 알레르기 반응이 없어야 한다.

36. • 화장품 용기 개재사항
    ㉠ 화장품의 명칭
    ㉡ 제조업자 및 제조판매업자의 상호 및 주소
    ㉢ 내용물의 용량 또는 중량
    ㉣ 제조번호
    ㉤ 사용기간 또는 개봉 후 사용기간
    ㉥ 가격 및 주의 사항

37. **방향화장품**: 향취 부여

38. 캐리어 오일은 에센셜 오일을 희석시켜 피부 흡수율을 높이기 위해 사용하는 식물성 오일을 말하며 베이스 오일이라고도 한다.

39. 소독은 병원균을 파괴하여 감염력 및 증식력을 없애는 작업이다.

40. **소독력의 크기**: 멸균 > 살균 > 소독 > 방부

41. **건열 멸균법의 종류:** 화염 멸균법, 건열 멸균법, 소각법 등이 있다.

42. 자비 소독 시 2% 붕소, 1~2% 탄산나트륨, 크레졸 비누액 2~3%를 첨가하면 살균력이 강화된다.

43. 석탄산(페놀)은 소독제의 살균력을 비교할 때 기준이 되는 소독약이다.

44. 생석회(CaO)는 백색의 고체나 분말제로 토사물, 화장실, 하수도, 쓰레기통 소독에 적합하다.

45. 소독약품은 부식성 및 표백성이 없어야 한다.

46. 면허취소권자는 시장, 군수, 구청장이다.

47. ①, ②, ④의 사유 이외에 방송 등 촬영에 참여하는 사람에 대하여 이·미용을 하는 경우와 사회복지시설에서 봉사활동으로 이·미용을 하는 경우도 허용된다.

48. 공중위생 감시원은 1년 이상 공중위생 행정에 종사한 경력이 있어야 한다.

49. 공중위생업주는 매년 3시간씩의 위생교육을 받아야 한다.

50. **위생교육을 받지 아니할 때**
    - **1차 위반:** 경고
    - **2차 위반:** 영업정지 5일
    - **3차 위반:** 영업정지 10일
    - **4차 위반:** 영업장폐쇄명령

51. 공중위생영업의 변경 신고를 하지 않은 자는 6개월 이하의 징역 또는 500만 원 이하의 벌금이 부과된다.

52. 신고를 하지 않고 영업소의 명칭, 상호 또는 면적의 1/3 이상을 변경한 때: 경고 또는 개선명령

53. **2백만 원 이하의 과태료**
    ㉠ 이·미용업소의 위생관리 의무를 지키지 아니한 자
    ㉡ 영업소 이외의 장소에서 이·미용 업무를 행한 자
    ㉢ 위생교육을 받지 아니한 자

54. 처분한 날로부터 30일 이내에 이의를 제기할 수 있다.

55. 공중위생감시원의 업무는 과징금 납부 이행 여부 확인과는 무관하다.

56. 영업시간표는 게시품목 규제 대상에 해당하지 않는다.

57. 새로 자란 네일에 전처리 후 같은 소재의 재료를 도포한다. 2주 경과 후에도 인조 네일에 리프팅이나 크랙이 없다면 보수·유지할 수 있다.

58. 루놀라는 반월 부분을 제외하고 컬러링한다.

59. 컬러링 시 사이드 월 부분과 큐티클에 최대한 가깝도록 도포하며 지속성을 높이기 위해 프리에지 끝부분까지 바른다.

60. 스마일 라인은 선명하고 대칭되는 곡선을 형성해야 한다.

Unit 4. 예상모의고사 2회

1. 다음 중 손톱 밑의 구조에 해당되지 않는 것은?

① 큐티클　　　　　　　② 네일 베드

③ 루눌라　　　　　　　④ 네일 매트릭스

2. 건강한 손톱의 특징이 아닌 것은?

① 매끄럽고 투명하며 연한 핑크색으로 희미하게 세로줄이 나 있다.

② 손톱의 유연함을 유지하기 위해 수분 20%를 유지한다.

③ 단단하고 탄력이 있으며 둥근 아치를 이룬다.

④ 세균의 감염이 쉽지 않아야 한다.

3. 매니큐어의 어원으로 손을 지칭하는 라틴어는?

① 큐라　　　　　　　　② 패디스

③ 매니스　　　　　　　④ 마누스

4. 손톱의 구조에 대한 설명으로 옳은 것은?

① 매트릭스(조모) - 모세혈관, 림프, 신경조직 등이 있으며 매우 민감한 부분

② 루눌라(반월) - 손톱의 가장 근본이 되는 곳

③ 로 라인(자유연) - 손톱 주위를 덮고 있는 신경이 없는 피부

④ 네일 베드(조상) - 옐로우 라인의 시작점

5. 손톱의 역할 및 기능과 가장 거리가 먼 것은?

① 몸의 건강상태를 표시

② 몸을 지탱하는 기능

③ 미용상의 기능

④ 작고 가느다란 물건을 집어 올리는 기능

6. 매니큐어 시술 시 미관상 제거의 대상이 되는 손톱을 덮고 있는 신경이 없는 피부는?

① 큐티클
② 네일 매트릭스
③ 프리에지
④ 스트레스 포인트

7. 다음 중 조갑종렬증(오니코렉시스)에 관한 설명으로 옳은 것은?

① 손톱 표면의 색소 침착으로 인한 거무스름한 얼룩 현상이 나타난다.

② 손톱이 세로로 갈라지고 찢어지면서 부서지는 증세로 골이 파인다.

③ 가장 일반적인 손톱 이상으로 손톱 표면에 작은 흰 점이 나타난다.

④ 손톱이 숟가락 모양으로 함몰하는 증상이다.

Unit 4. 예상모의고사 2회

8. 네일 도구를 제대로 위생처리하지 않고 사용했을 때 생기는 질병으로 시술할 수 없는 손톱의 병변은?

① 오키니와(조염)

② 조체진균증(오니코마이코시스)

③ 화농성 육아종(파이로제닉그래뉴로마)

④ 주위염(파로니키아)

9. 손의 근육이 아닌 것은?

① 벌림근(외전근)   ② 모음근(내전근)

③ 맞섬근(대립근)   ④ 엎침근(회내근)

10. 손톱의 이상증상 중 손톱을 심하게 물어뜯어 생기는 증상으로 인조손톱관리나 매니큐어를 통해 습관을 개선할 수 있는 것은?

① 교조증(오니코파지)

② 거스러미 손톱(행네일)

③ 멍든 손톱(헤마토마)

④ 조백반증(루코니키아)

11. 손톱의 성장과 관련한 내용 중 틀린 것은?

① 손톱은 하루 평균 0.1mm~0.15mm 정도 자란다.
② 손톱이 완전히 재생되는 데는 5~6개월 정도 소요된다.
③ 손가락마다 성장속도가 다르다.
④ 인간의 손톱은 출생 직후 형성된다.

12. 다음 중 네일숍에서 시술이 불가능한 시술은?

① 교조증
② 조갑위축증
③ 조갑비대증
④ 족부백선

13. 뼈의 형태에 따른 분류 중 장골(긴 뼈)에 해당하지 않은 것은?

① 상완골
② 족근골
③ 대퇴골
④ 경골

14. 네일의 형태 중 스퀘어형 네일에 대한 설명 중 틀린 것은?

① 내구성이 좋다.
② 파일각도는 45°로 사용한다.
③ 네일 양 측면이 강한 느낌의 사각형 손톱 모양으로 샤프하고 도시적인 이미지이다.
④ 네일 끝을 많이 사용하거나 손을 많이 쓰는 사람들이 선호하는 형태이다.

Unit 4. 예상모의고사 2회

15. 신경계의 기능이 아닌 것은?

① 감각 기능
② 운동 기능
③ 조정 기능
④ 여과 기능

16. 투톤 아크릴 스컬프처의 시술에 대한 설명으로 틀린 것은?

① 스트레스 포인트에 화이트 파우더가 얇게 시술되면 떨어지기 쉬우므로 주의해야 한다.
② 스퀘어 모양을 잡기 위해 파일의 각도는 45°로 한다.
③ 화이트 파우더 특성상 프리에지가 퍼져 보일 수 있으므로 핀칭에 유의해야 한다.
④ 프렌츠 스컬프처라고도 한다.

17. 아크릴 프렌치 스컬프처 시술 시 사용하지 않는 도구는?

① 아크릴릭 리퀴드
② 디펜디시
③ 아크릴 브러시
④ UV램프

18. 습식 매니큐어 시술에 관한 설명 중 틀린 것은?

① 소독제를 이용하여 손톱 전체의 유분기를 깨끗이 제거한다.
② 자연 네일을 보호하고 폴리시가 잘 도포될 수 있도록 베이스 코트를 두껍게 2회 도포한다.
③ 폴리시를 보호하고 광택을 주기 위해 탑 코트를 도포한다.
④ 큐티클을 부드럽게 하기 위해 큐티클 연화제(리무버)를 바른다.

19. 페디큐어 시술에 가장 적당한 프리에지는?
① 라운드형　　　　　② 오발형
③ 아몬드형　　　　　④ 스퀘어오프형

20. 인조팁을 사용하지 않고 네일 폼을 이용하여 손톱을 만드는 방법은?
① 실크 익스텐션　　　② 팁 위드 아크릴릭
③ 팁 위드 랩　　　　　④ 아크릴릭 스컬프처

21. 생명력이 없는 상태의 무색, 무핵층으로서 손바닥과 발바닥에 주로 있는 층은?
① 각질층　　　　　　② 과립층
③ 투명층　　　　　　④ 기저층

22. 피부의 면역 기능을 담당하는 세포는?
① 머켈 세포　　　　　② 랑게르한스 세포
③ 헤모글로빈 세포　　④ 멜라닌 세포

Unit 4. 예상모의고사 2회

23. 피부의 새 세포 형성이 이루어진 곳은?

① 기저층   ② 유극층
③ 투명층   ④ 과립층

24. 광노화 현상으로 틀린 것은?

① 주근깨 발생   ② 표피와 진피가 얇아짐
③ 면역성 감소   ④ 색소 침착

25. 화장품을 만들 때 4대 조건은?

① 발림성, 안정성, 방부성, 사용성
② 안전성, 방부성, 방향성, 유효성
③ 안전성, 안정성, 사용성, 유효성
④ 방향성, 안전성, 발림성, 사용성

26. 향수를 뿌린 후 즉시 느껴지는 향수의 첫 느낌으로, 주로 휘발성이 강한 향료들로 이루어져 있는 노트(note)는?

① 탑노트(top note)
② 미들노트(middle note)
③ 하트노트(heart note)
④ 베이스노트(base note)

27. 공중보건에 대한 설명으로 적절한 것은?

① 예방의학을 대상으로 한다.

② 사회의학을 대상으로 한다.

③ 공중보건의 대상은 개인이다.

④ 집단 또는 지역사회를 대상으로 한다.

28. 다음 중 UN이 정한 고령사회에 대한 설명으로 틀린 것은?

① 65세 이상의 인구가 총인구에서 차지하는 비율이 7% 이상인 사회이다.

② 65세 이상 인구가 총인구에서 차지하는 비율이 14% 이상인 사회이다.

③ 한국은 2017년 고령사회로 진입하였다.

④ 고령화 현상은 수명이 늘고 출산율이 하락하면서 고령인구가 늘고 생산 연령인구 (15~64세)는 줄어든 데 따른 영향이다.

29. 주로 여름철에 발병하며 어패류 등의 생식이 원인이 되어 복통, 설사 등 급성 위장염 증상을 나타내는 식중독은?

① 포도상구균 식중독

② 병원성 대장균 식중독

③ 장염 비브리오 식중독

④ 보툴리누스균 식중독

Unit 4. 예상모의고사 2회

30. 비교적 약한 살균력을 작용시켜 병원 미생물의 생활력을 파괴하여 감염의 위험성을 없애는 조작은?

① 소독
② 멸균 처리
③ 방부 처리
④ 냉각 처리

31. 다음 중 물리적 살균법이 아닌 것은?

① 화염 멸균법
② 자비 소독법
③ 자외선 멸균법
④ 석탄산 살균법

32. 이·미용실의 실내 소독법으로 가장 적당한 것은?

① 석탄산 소독
② 크레졸 소독
③ 승홍수 소독
④ 역성비누액

33. 공중위생영업에 해당하지 않는 것은?

① 세탁업
② 보건업
③ 미용업
④ 목욕장업

34. 다음 중 공중위생영업을 하고자 할 때 필요한 것은?

① 허가　　　　　　　② 통보
③ 인가　　　　　　　④ 신고

35. 공중위생영업의 신고를 위하여 제출하는 서류에 해당하지 않는 것은?

① 영업시설 및 설비개요서　　② 교육필증
③ 영업신고서　　　　　　　　④ 재산세 납부 영수증

36. 미용업소의 조명시설은 얼마 이상이어야 하는가?

① 50럭스　　　　　　② 75럭스
③ 100럭스　　　　　 ④ 125럭스

37. 다음 중 미용사의 면허를 받을 수 없는 사람은?

① 전문대학의 이·미용에 관한 학과를 졸업한 사람
② 교육부장관이 인정하는 고등기술학교에서 1년 이상 이·미용에 관한 소정의 과정을 이수한 자
③ 국가기술자격법에 의한 이·미용사의 자격을 취득한 자
④ 외국의 유명 이·미용학원에서 2년 이상 기술을 습득한 자

Unit 4. 예상모의고사 2회

38. 다음 중 이·미용사의 면허정지를 명할 수 있는 자는?
① 행정안전부장관
② 시·도지사
③ 시장, 군수, 구청장
④ 경찰서장

39. 이·미용업 영업소에 몰래카메라 설치 시의 1차 위반 시 행정처분 기준은?
① 영업정지 1월
② 영업정지 2월
③ 영업장 폐쇄명령
④ 개선명령

40. 면허증을 다른 사람에게 대여한 때의 2차 위반 행정처분 기준은?
① 면허정지 3월
② 면허정지 6월
③ 영업정지 3월
④ 영업정지 6월

41. 일반 관리대상 업소에 해당하는 위생관리 등급 구분은?
① 녹색등급
② 황색등급
③ 백색등급
④ 적색등급

42. 공중위생영업자가 위생교육을 받아야 하는 기간은?
① 6개월에 3시간
② 6개월에 6시간
③ 1년에 3시간
④ 1년에 6시간

43. 피부 세포가 기저층에서 생성되어 각질층으로 되어 떨어져 나가기까지의 기간을 피부의 1주기(각화주기)라 한다. 성인에 있어서 건강한 피부인 경우 1주기는 보통 며칠인가?
① 45일
② 28일
③ 15일
④ 7일

44. 피부의 가장 이상적인 pH는?
① 9.0~10.0
② 6.5~8.0
③ 1.0~2.0
④ 4.5~6.5

45. 피부구조에서 진피 중 혈관을 통해 기저층에 영양분을 공급하는 것은?
① 유극층
② 기저층
③ 유두층
④ 망상층

Unit 4. 예상모의고사 2회

46. 비타민의 종류 중 태양의 자외선에 의해 만들어지는 것은?

① 비타민 D
② 비타민 E
③ 비타민 F
④ 비타민 K

47. 감염병에 대한 설명으로 적당하지 않은 것은?

① 감염병은 심각도, 전파력, 격리수준, 신고 시기 등을 기준으로 분류한다.
② 감염병은 제1군 ~ 제5군으로 분류한다.
③ 제1급 감염병은 발생 및 유행 즉시 신고해야 한다.
④ 제2급 감염병은 환자의 격리가 요구된다.

48. 모발의 색상을 결정하는 멜라닌 색소가 가장 많이 분포되어 있는 곳은?

① 모표피
② 모피질
③ 모유두
④ 모수질

49. 화장품의 사용목적과 가장 거리가 먼 것은?

① 인체를 청결, 미화하기 위하여 사용한다.
② 용모를 변화시키기 위하여 사용한다.
③ 피부, 모발의 건강을 유지하기 위하여 사용한다.
④ 인체에 대한 약리적인 효과를 주기 위해 사용한다.

50. 다음 중 물에 오일성분이 혼합되어 있는 유화 상태는?
① O/W 에멀션
② W/O 에멀션
③ W/S 에멀션
④ W/O/W 에멀션

51. 다음 중 기초화장품의 필요성에 해당되지 않는 것은?
① 세정
② 미백
③ 피부정돈
④ 피부보호

52. 클렌징의 목적과 효과로 옳지 않은 것은?
① 모공 속에 있는 각질과 피지 제거의 효과가 있다.
② 주름을 없애기 위한 첫 단계이다.
③ 유효성분 흡수율을 높이게 도와준다.
④ 혈액순환을 도와 피부 안색을 맑게 한다.

53. 출생률이 높고 사망률이 낮으며 14세 이하 인구가 65세 이상 인구의 2배를 초과하는 인구 유형은?
① 피라미드형
② 종형
③ 항아리형
④ 별형

Unit 4. 예상모의고사 2회

54. 다음 중 가장 대표적인 보건수준 평가기준으로 사용되는 것은?

① 영아 사망률
② 성인 사망률
③ 사인별 사망률
④ 모성 사망률

55. 손톱에 색소가 침착되거나 변색되는 것을 방지하고 네일 표면을 고르게 하여 폴리시의 밀착성을 높이는 데 사용되는 네일미용 화장품으로 적합한 것은?

① 베이스 코트
② 탑 코트
③ 프라이머
④ 아세톤

56. 아크릴릭 네일 재료 중 프라이머에 대한 설명으로 틀린 것은?

① 인조 네일 전체에 사용하며 방부제 역할을 한다.
② 손톱 표면의 유·수분을 제거하고 건조시켜 아크릴의 접착력을 강하게 해준다.
③ 손톱 표면의 pH 밸런스를 맞춰준다.
④ 산성제품으로 피부에 화상을 입을 수 있어 소량만 사용한다.

57. 실크 익스텐션 시술 시 필요한 제품이 아닌 것은?

① 필러 파우더
② 브러시 온 젤
③ 탑 젤
④ 스틱글루

58. 네일 폴리시의 성분으로 거리가 먼 것은?
① 글리세린
② 니트로셀룰로스
③ 부틸아세톤
④ 톨루엔

59. 푸셔로 큐티클을 밀어올릴 때 가장 적합한 각도는?
① 15°
② 25°
③ 30°
④ 45°

60. 인조 네일 시술 시 가장 얇게 만들어야 하는 곳은?
① 프리에지
② 큐티클라인
③ 로 포인트
④ 하이 포인트

제2회 모의고사 정답 및 해설

1	2	3	4	5	6	7	8	9	10
①	②	④	①	②	①	②	①	④	①
11	12	13	14	15	16	17	18	19	20
④	④	②	②	④	②	④	②	④	④
21	22	23	24	25	26	27	28	29	30
③	②	①	②	③	①	④	①	③	①
31	32	33	34	35	36	37	38	39	40
④	②	②	④	④	②	④	③	①	②
41	42	43	44	45	46	47	48	49	50
③	③	②	④	③	①	④	②	④	①
51	52	53	54	55	56	57	58	59	60
②	②	①	①	①	①	③	①	④	②

1. 큐티클은 손톱 주위 피부이다.

2. 건강한 손톱의 수분함량은 15~18%이다.

3. 손을 지칭하는 라틴어는 마누스이다.

4. - **루놀라**: 매트릭스 뿌리 부분과 네일 베드가 만나는 부분
   - **옐로우 라인**: 손톱과 네일 베드의 경계선
   - **네일 베드**: 네일 루트에서 손톱 끝까지의 부분

5. 몸을 지탱하는 기능은 뼈에서 한다.

6. 큐티클은 손톱 주위를 덮고 있는 신경이 없는 피부로 제거 가능하다.

7. 조갑종렬증은 손톱이 세로로 갈라지고 찢어지면서 부서지며 골이 파인다.

8. 오키니아(조염)는 박테리아나 진균 감염으로 손톱에 염증이 생겨서 빨갛게 붓고 고름이 생기는 병변이다.

9. 엎침근(회내근)은 팔의 근육이다.

10. 교조증은 손톱을 심하게 물어뜯는 현상으로 인조 네일 시술로 교정이 가능하다.

11. 인간의 손톱은 14주경부터 자라며 20주면 완전히 자란 손톱을 볼 수 있다.

12. 족부백선은 진균에 의한 감염으로 시술이 불가능하다.

13. 족근골은 단골(짧은 뼈)에 해당한다.

14. 스퀘어형 네일의 파일각도는 90°이다.

15. 신경계의 기능은 감각, 운동, 조정으로 나눌 수 있다.

16. 스퀘어 모양을 잡기 위해 인조손톱과 파일의 각도는 90°로 해야 한다.

17. UV램프는 젤 네일 시 사용한다.

18. 베이스 코트는 얇게 1회 도포한다.

19. 페디큐어 시술에는 스퀘어오프 또는 스퀘어형이 적당하다.

20. 아크릴릭 스컬프처는 네일폼을 이용하여 손톱을 만드는 방법이다.

21. • **각질층**: 표피의 최상층, 피부보호 기능
    • **과립층**: 수분 증발을 막아주는 기능
    • **투명층**: 손·발바닥에 존재하는 투명 막
    • **기저층**: 표피의 가장 아래에 위치, 세포 형성 기능

22. 랑게르한스 세포는 주로 유극층에 분포하며 피부의 면역기능을 담당한다.

23. 기저층은 표피의 가장 내측에 위치하며 활발한 세포분열을 통하여 새로운 세포가 생성되는 층이다.

24. 광노화 현상은 피부 보호를 위해 오히려 피부 각질층이 두꺼워지고 내인성 노화는 표피와 진피가 얇아진다.

25. **화장품 품질의 4대 특성**
    ㉠ 안전성: 피부에 자극, 독성, 알레르기 반응이 없어야 한다.
    ㉡ 안정성: 보관 시 변질, 변색, 변취 및 미생물 오염이 없어야 한다.
    ㉢ 사용성: 피부에 잘 스며들고 부드러우며 촉촉해야 한다.
    ㉣ 유효성: 적절한 보습, 노화 억제, 미백효과, 주름방지, 세정, 색채효과 등을 부여할 수 있어야 한다.

26. • **탑노트**: 처음 느끼게 되는 향(향수 용기를 열거나, 뿌렸을 때)
    • **미들노트**: 중간 단계의 향(향수가 가진 본연의 향)
    • **베이스노트**: 마지막 남는 향(사용자의 체취와 혼합되어 발산되는 자신의 향)

27. 공중보건학의 대상은 개인이 아닌 지역사회 주민 전체, 인간집단을 대상으로 한다.

28. • **고령화사회**: 65세 이상의 인구가 전체의 7% 이상
    • **고령사회**: 65세 이상의 인구가 전체의 14% 이상

29. 장염비브리오 식중독은 감염형에 속하며 여름철에 절인 식품 및 어패류 섭취에서 발병된다.

30. 소독이란 감염병의 전파를 방지할 목적으로 병원 또는 비병원성 미생물을 죽이거나 그의 감염력이나 증식력을 없애는 작업

31. • **물리적 살균법의 종류**: 건열 및 습열을 이용
    • 화학적 살균법은 화학약품을 이용한 살균법이다.

32. 크레졸은 석탄산의 2배 소독효과가 있으며 피부 자극이 적다. 화장실 소독 시 3% 용액을 사용한다.

33. 공중위생영업은 숙박업, 목욕장업, 이용업, 미용업, 세탁업, 건물위생관리영업(구 위생관리용역업)이 있다.

34. 이·미용업을 신고하려면 보건복지부령이 정하는 시설과 설비를 갖추고 시장, 군수, 구청장에게 신고하여야 한다.

35. 공중위생영업의 신고를 위해서는 영업신고서, 영업시설 및 설비개요서, 교육필증이 필요하다.

36. 영업장 안의 조명도는 75럭스 이상이 되도록 유지하여야 한다.

37. **면허를 받을 수 있는 자격**
    ① 전문대학의 이·미용에 관한 학과를 졸업한 사람
    ② 교육부장관이 인정하는 고등기술학교에서 1년 이상 이·미용에 관한 소정의 과정을 이수한 자
    ③ 국가기술자격법에 의한 이·미용사의 자격을 취득한 자
    ④ 학점은행제로 이용 또는 미용에 관한 학위를 취득한 자

38. 면허취소권자는 시장, 군수, 구청장이다

39. **이·미용업소에 몰래 카메라를 설치할 경우**: 영업정지1월(1차 위반), 영업정지 2월(2차 위

반), 영업장 폐쇄명령(3차 위반)

40. 면허증을 다른 사람에게 대여할 경우: 면허정지 3월(1차 위반), 면허정지 6월(2차 위반), 면허취소(3차 위반)

41. - **최우수업소**: 녹색등급
    - **우수업소**: 황색등급
    - **일반관리업소**: 백색등급

42. 위생교육은 매년 3시간을 이수해야 한다.

43. **각화주기**: 기저층에서 생성되어 각질층까지 올라와 박리될 때까지 기간(약 28일 소요)

44. 피부는 pH 4.5~6.5의 약산성의 피부 보호막을 형성하는 약산성이다.

45. 유두층의 진피의 상단부분으로 혈관을 통해 기저층에 영양을 공급한다.

46. 비타민 D는 자외선을 통해 형성된다.

47. 감염병은 제1급 ~ 4급으로 분류한다.

48. 모피질에 멜라민 색소가 가장 많이 존재한다.

49. 화장품은 인체를 청결, 미화하여 매력을 더하고 용모를 밝게 변화시키거나 피부·모발의 건강을 유지 또는 증진하기 위하여 인체에 바르고 뿌리는 등의 방법으로 사용되는 물품이다. 그러나 의약품에 해당하는 물품은 제외한다.

50. 수중유형(O/W형)은 물에 오일이 분산되어 있는 형태로 보습로션, 클렌징 크림 등이 있다.

51. **기초 화장품**: 피부세정, 정돈 및 보호를 위해 사용하는 기초적인 화장품으로서 피부세정, 피부정돈, 피부보호의 역할을 한다.

52. 주름 개선에 도움을 주는 화장품은 기능성 화장품이다.

53. • **피라미드형(인구증가형)**: 출생률이 사망률보다 높은 형(후진국형)
    • **종형(인구정지형)**: 출생률과 사망률이 같은 형(이상적인 형태)
    • **항아리형(인구감소형)**: 출생률보다 사망률이 높은 형(선진국형)
    • **별형(인구유입형)**: 생산연령 인구의 전입이 늘어나는 형(도시형)
    • **표주박형(인구감소형)**: 생산연령 인구의 전출이 늘어나는 형(농촌형)

54. 영아 사망률(0세아의 사망률)은 한 국가의 건강수준을 나타내는 지표로 활용

55. 손톱의 색소침착 및 변색을 방지하기 위해서 베이스 코트를 도포한다.

56. 프라이머는 자연손톱에 소량만 바른다.

57. 탑 젤은 UV시스템에 사용된다.

58. 글리세린은 큐티클 리무버의 성분이다.

59. 큐티클은 푸셔로 45°각도로 밀어 올린다.

60. 자연 네일과 자연스럽게 연결되며 리프팅 방지를 위하여 큐티클라인은 얇게 완성해야 한다.

2 Section
미용사 네일 실기

01

준비

Unit 1 • 매니큐어와 페디큐어 준비사항 및 준비도구

Unit 1 매니큐어와 페디큐어 준비사항 및 준비도구

1 매니큐어 & 페디큐어 준비사항

1) 수험자 및 모델의 복장

구분	수험자	모델
사진		
지참목록	신분증 및 수험표	신분증
상의복장	흰색 위생가운(반팔 또는 긴팔)	흰색 무지상의(소재 무관, 남방류 및 니트류 허용, 유색 무늬불가, 아이보리색 등 포함 유색 불가)
하의복장	긴바지(색상, 소재 무관)	긴바지(색상, 소재 무관)
필수착용	흰색마스크(전 과제) 무색, 투명한 보안경 또는 안경(3과제)	흰색마스크(전 과제) 무색, 투명한 보안경 또는 안경(3과제)
착용금지	눈에 보이는 표식, 디자인, 손톱장식 액세서리	눈에 보이는 표식, 디자인, 손톱장식 액세서리

※ 신분증 인정범위: 학생증(미성년자의 경우), 운전면허증, 주민등록증, 여권

2) 모델의 오른손과 오른발

손

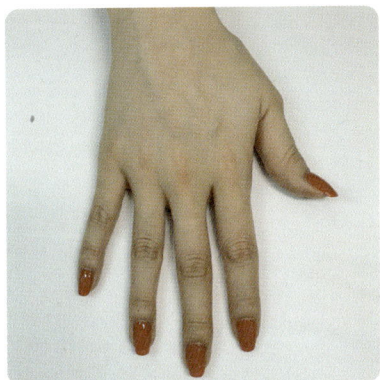
오른손

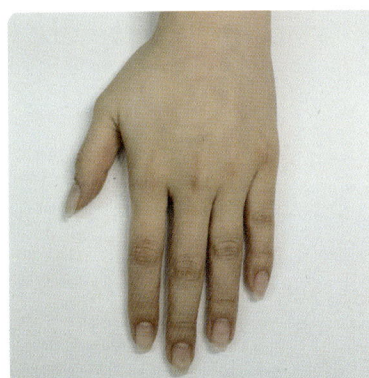
왼손

발

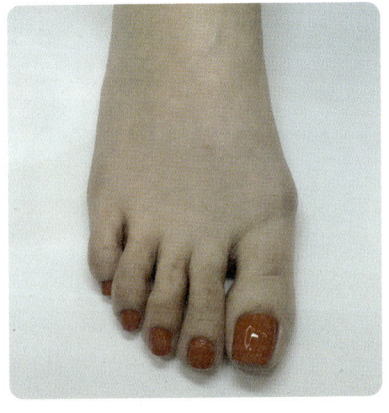
오른발

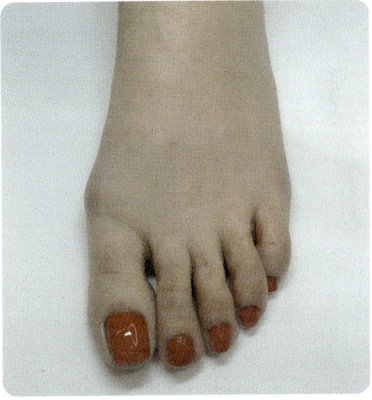
왼발

3) 모델의 오른손 형태

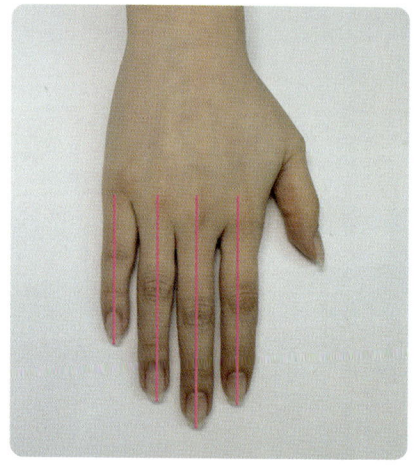
손가락과 손톱이 일직선을 이루는 손
(올바른 예시)

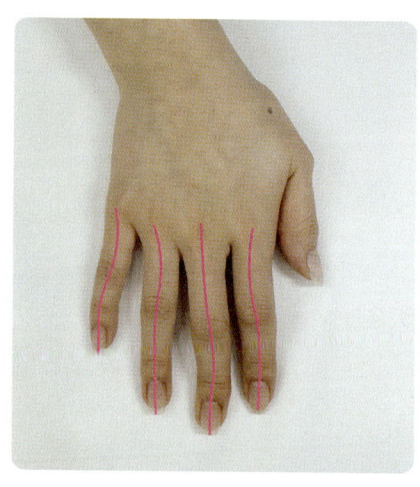
손가락과 손톱이 휘어있는 형태의 손
(잘못된 예시)

4) 수험자 지참 도구 목록

1. 위생가운

2. 흰색마스크

3. 손목받침대

4. 타월(흰색)

5. 소독제

6. 소독용기

7. 탈지면 용기

8. 위생봉지

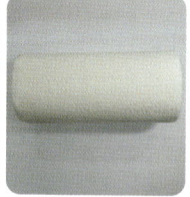
9. 페이퍼타월

10. 핑거볼

 36. 글루 드라이어
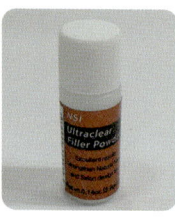 37. 필러 파우더
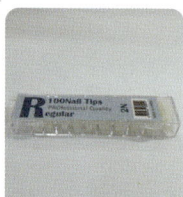 38. 네일팁 (레귤러팁)
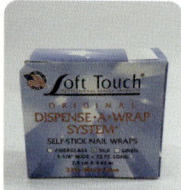 39. 실크
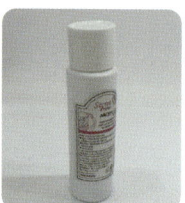 40. 아크릴릭 리퀴드

 41. 아크릴릭 파우더(클리어)
 42. 아크릴릭 파우더(핑크)
 43. 아크릴릭 파우더(화이트)
 44. 네일 폼
 45. 젤(투명)

 46. 젤클렌저
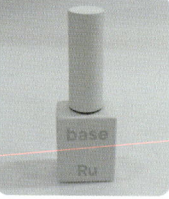 47. 베이스젤
 48. 탑 젤
 49. 젤 네일 폴리시(빨간색)
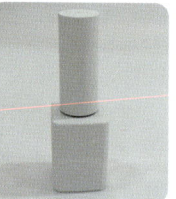 50. 젤 네일 폴리시(흰색)

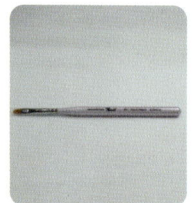 51. 젤 브러시
 52. 정리함(바구니)
 53. 스펀지
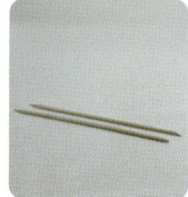 54. 오렌지 우드스틱
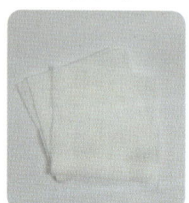 55. 멸균거즈

 56. 보온병(미온수 포함)
 57. 파일꽂이
 58. 쏙 오프전용 리무버
 59. 호일
 60. 자연손톱용 파일

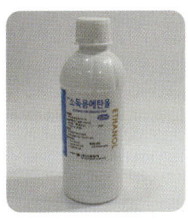  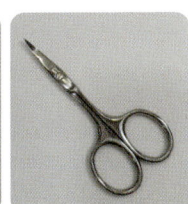

61. 에탄올　　62. 디스크패드　　63. 폼지가위

 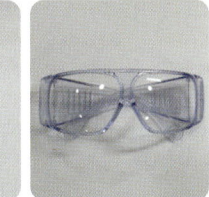

64. 큐티클 연화제　　65. 보안경

2 과제별 순서도

1) 1과제 매니큐어

형태	길이	시술부위	시간	배점
라운드	옐로우 라인에서 5mm 이내	오른손 1~5지	30분	20점

(1) 풀 코트 레드: 손 소독(시술자, 모델) → 네일 폴리시 제거 → 라운드 쉐입 → 거스러미 제거 → 표면 정리 → 연화제 → 핑거볼 담그기 → 물기 제거 → 푸셔로 밀기 → 큐티클 제거 → 소독하기 → 유분기 제거 → 베이스 코트 1회 → 레드 풀컬러 2회 → 수정 → 탑 코트 1회 → 작업대 정리

(2) 프렌치 화이트: 손 소독(시술자, 모델) → 네일 폴리시 제거 → 라운드 쉐입 → 거스러미 제거 → 표면 정리 → 연화제 → 핑거볼 담그기 → 물기 제거 → 푸셔로 밀기 → 큐티클 제거 → 소독하기 → 유분기 제거 → 베이스 코트 1회 → 화이트 프렌치 컬러 2회 → 수정 → 탑 코트 1회 → 작업대 정리

(3) 딥 프렌치 화이트: 손 소독(시술자, 모델) → 네일 폴리시 제거 → 라운드 쉐입 → 거스러미 제거 → 표면 정리 → 연화제 → 핑거볼 담그기 → 물기 제거 → 푸셔로 밀기 → 큐티클 제거 → 소독하기 → 유분기 제거 → 베이스 코트 1회 → 화이트 딥 프렌치 컬러 2회 → 수정 → 탑 코트 1회 → 작업대 정리

(4) 그러데이션 화이트: 손 소독(시술자, 모델) → 네일 폴리시 제거 → 라운드 쉐입 → 거스러미 제거 → 표면 정리 → 연화제 → 핑거볼 담그기 → 물기 제거 → 푸셔로 밀기 → 큐티클 제거 → 소독하기 → 유분기 제거 → 베이스 코트 1회 → 화이트 그러데이션 컬러 2회 → 수정 → 탑 코트 1회 → 작업대 정리

2) 1과제 페디큐어

형태	길이	시술부위	시간	배점
스퀘어	피부의 선단을 넘지 않도록	오른발 1~5지	30분	20점

(1) 풀 코트 레드: 손, 발 소독(시술자, 모델) → 네일 폴리시 제거 → 스퀘어 쉐입 → 거스러미 제거 → 표면 정리 → 연화제 → 분무하기 → 물기 제거 → 푸셔로 밀기 → 큐티클 제거 → 소독하기 → 유분기 제거 → 토우 세퍼레이트 → 베이스 코트 1회 → 레드 풀컬러 2회 → 수정 → 탑 코트 1회 → 작업대 정리

(2) 딥 프렌치 화이트: 손, 발 소독(시술자, 모델) → 네일 폴리시 제거 → 스퀘어 쉐입 → 거스러미 제거 → 표면 정리 → 연화제 → 분무하기 → 물기 제거 → 푸셔로 밀기 → 큐티클 제거 → 소독하기 → 유분기 제거 → 토우 세퍼레이트 → 베이스 코트 1회 → 딥 프렌치 화이트 2회 → 수정 → 탑 코트 1회 → 작업대 정리

(3) 그러데이션 화이트: 손, 발 소독(시술자, 모델) → 네일 폴리시 제거 → 스퀘어 쉐입 → 거스러미 제거 → 표면 정리 → 연화제 → 분무하기 → 물기 제거 → 푸셔로 밀기 → 큐티클 제거 → 소독하기 → 유분기 제거 → 토우 세퍼레이트 → 베이스 코트 1회 → 그러데이션 화이트 2회 → 수정 → 탑 코트 1회 → 작업대 정리

3) 2과제 젤 매니큐어

형태	길이	시술부위	시간	배점
라운드	옐로우 라인에서 5mm 이내	왼손 1~5지	35분	20점

(1) 선 마블링: 손 소독(시술자, 모델) → 라운드 쉐입 → 거스러미 제거 → 표면 정리 → 베이스젤 도포 → 큐어링 → 선마블링 → 수정 → 큐어링 → 탑 젤 도포 → 작업대 정리

(2) 부채꼴 마블링: 손 소독(시술자, 모델) → 라운드 쉐입 → 거스러미 제거 → 표면 정리 → 베이스젤 도포 → 빨간색 젤 폴리시 1회 이상 도포 → 큐어링 → 부채꼴 마블링 → 수정 → 큐어링 → 탑 젤 도포 → 작업대 정리

4) 3과제 인조 네일

형태	길이	시술부위	시간	배점
스퀘어	옐로우 라인에서 0.5cm~1cm	오른손 3지, 4지	40분	30점

(1) 내추럴 팁위드 랩: 손 소독(시술자, 모델) → 라운드 또는 오벌 쉐입 → 거스러미 제거 → 표면 정리 → 레귤러 팁부착 → 팁길이 조절 → 팁턱 갈기 → 먼지 및 이물질 제거 → 필러 파우더 & 글루(선택) → 표면 정리 → 먼지 및 이물질 제거 → 실크 재단 → 실크 부착 → 필러 파우더 & 글루(선택) → 실크턱 제거 → 젤 글루 도포 → 스퀘어 쉐입 → 샌딩 → 광파일 → 오일 도포 → 유분기 제거 → 작업대 정리

(2) 젤 원톤 스컬프처: 손 소독(시술자, 모델) → 라운드 또는 오벌 쉐입 → 거스러미 제거 → 표면 정리 베이스젤 → 큐어링 → 폼지 재단 → 폼지 부착 → 클리어젤 올리기(3회 반복) → 큐어링 → 미경화젤 제거 → 폼지 제거 → 파일링 → 표면 정리 → 스퀘어 쉐입 → 먼지 및 이물질 제거 → 탑 젤 도포 → 큐어링 → 미경화젤 제거 → 오일 도포 → 유분기 제거 → 작업대 정리

(3) 아크릴 프렌치 스컬프처: 손 소독(시술자, 모델) → 네일 폴리시 제거 → 라운드 또는 오벌 쉐입 → 거스러미 제거 → 표면 정리 → 폼지 재단 → 폼지 부착 → 화이트 볼로 스마일 라인 조형 → 핑크 또는 클리어 올려 오버레이 → 핀칭 → 폼지 제거 → 핀칭 → 스퀘어 쉐입 → 표면 정리 → 먼지 및 이물질 제거 → 광 파일 → 오일 도포 → 유분기 제거 → 작업대 정리

(4) 네일 랩 익스텐션: 손 소독(시술자, 모델) → 네일 폴리시 제거 → 라운드 또는 오벌 쉐입 → 거스러미 제거 → 표면 정리 → 먼지 및 이물질 제거 → 실크 재단 → 실크 부착 → 필러 파우더 & 글루(반복) → 실크턱 제거 → 먼지 및 이물질 제거 → 젤 글루 도포 → 스퀘어 쉐입 → 표면정리 → 먼지 및 이물질 제거 → 광 파일 → 오일 도포 → 유분기 제거 → 작업대 정리

5) 4과제 인조 네일 제거

형태	시술부위	시간	배점
라운드 또는 오벌	오른손 3지	15분	10점

(1) 인조 네일 제거: 손 소독(시술자, 모델) → 길이 자르기 → 파일링 → 먼지 및 이물질 제거 → 큐티클 오일 도포 → 용해제 도포 → 호일 감싸기 → 제거하기 → 표면 정리 → 먼지 및 이물질 제거 → 작업대 정리

3 기본재료 및 도구준비

1) 멸균거즈 활용법

① 멸균거즈 중앙에 오른손 엄지 놓기
② 삼각형 모양으로 접기
③ 엄지에 멸균거즈 감기
④ 멸균거즈를 감은 오른손에 니퍼 쥐기

2) 니퍼 잡는 법

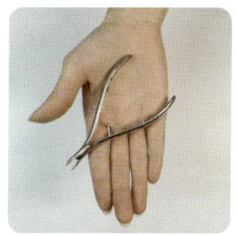 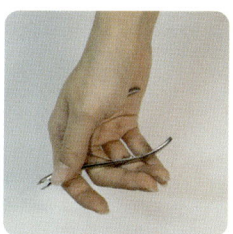 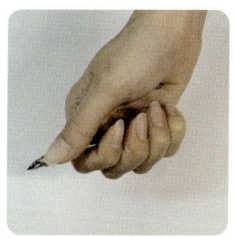 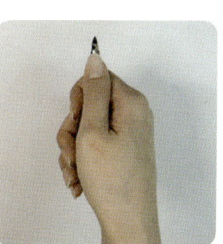

① 니퍼의 손잡이 부분을 손바닥에 놓기
② 니퍼날의 맞물리는 연결부위에 엄지손가락 올리기
③ 니퍼의 손잡이 부분을 쥐듯이 감싸기
④ 니퍼를 쥔 모습

3) 발 받침대 만들기

  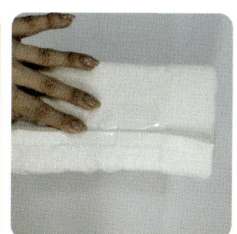 

① 적당한 크기의 박스를 흰색 종이로 포장하기
② 흰색 타월을 박스에 감싸 준다.
③ 흰색 타월을 고정한다.
④ 완성된 발 받침대

4) 우드스틱 다듬기

① 우드스틱과 우드파일을 준비한다.
② 우드스틱의 앞면을 날렵하게 갈아준다.
③ 우드스틱의 양측 옆면을 날렵하게 갈아준다.
④ 완성된 우드스틱

5) 네일 폴리시 잡는 법

  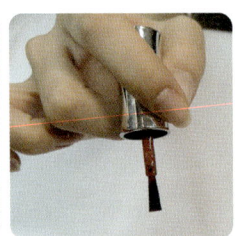 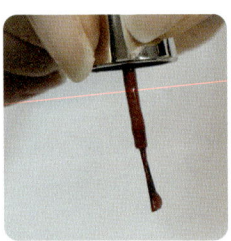

① 왼손 중앙에 네일 폴리시를 놓고 쥐듯이 잡아준다.
② 브러시에 묻은 컬러를 병목 부분에서 양 조절을 한다.
③ 브러시의 한쪽 면에 컬러가 묻지 않게 한다.
④ 브러시의 반대면에만 컬러가 맺힐 수 있게 한다.

6) 소독용기 만들기

   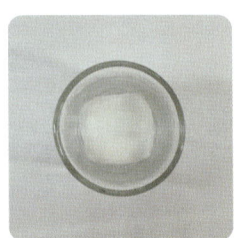

① 소독용기와 멸균거즈를 준비한다.
② 멸균거즈를 반으로 접는다.
③ 소독용기의 크기에 맞게 멸균거즈를 접어준다.
④ 소독용기의 아랫면에 멸균거즈를 깔아준다.

7) 파일 옆면 다듬기

  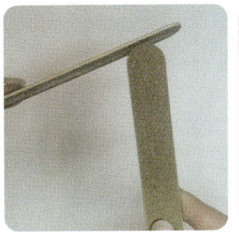 

① 파일의 오른쪽면을 부드럽게 다듬어 준다.
② 파일의 왼쪽면을 부드럽게 다듬어 준다.
③ 파일의 위와 아랫면을 부드럽게 다듬어 준다.
④ 완성된 파일

※ 파일의 테두리 부분을 부드럽게 다듬어 자연 네일 주변 피부의 손상을 방지한다.

8) 폴리시 입구 닦기

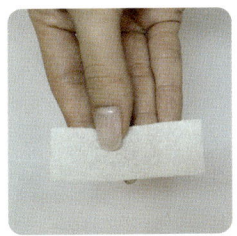   

① 페이퍼타월을 준비한다.
② 페이퍼타월에 리무버를 묻혀준다.
③ 폴리시의 입구에 리무버를 묻힌 페이퍼타월을 감아준다.
④ 브러시 손잡이를 폴리시 병 입구에 넣어 닦아준 뒤 입구에 묻은 폴리시를 제거한다.

※ 폴리시 입구에 묻은 폴리시를 제거하여 폴리시 사용의 지속력을 높이고 청결한 상태를 유지한다.

9) 소독용기와 탈지면 용기 준비

① 소독용기　② 멸균거즈　③ 페이퍼타월　④ 스펀지　⑤ 화장솜

10) 우드스틱에 탈지면 말기

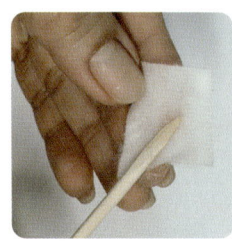 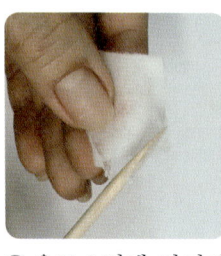  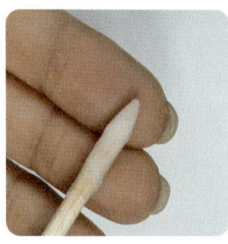

① 탈지면에 리무버를 충분히 흡수시킨다.
② 우드스틱에 탈지면을 소량 감싸준다.
③ 우드스틱의 탈지면이 뭉치지 않도록 주의한다.
④ 완성된 우드스틱

※ 우드스틱에 너무 많은 양의 탈지면을 감싸주면 손톱 사이드 부분의 컬러 제거가 용이하지 않다.

• Memo •

02
매니큐어

- Unit 0 • 매니큐어 작업대 준비
- Unit 1 • 풀 코트 매니큐어
- Unit 2 • 프렌치 매니큐어
- Unit 3 • 딥 프렌치 매니큐어
- Unit 4 • 그러데이션 매니큐어

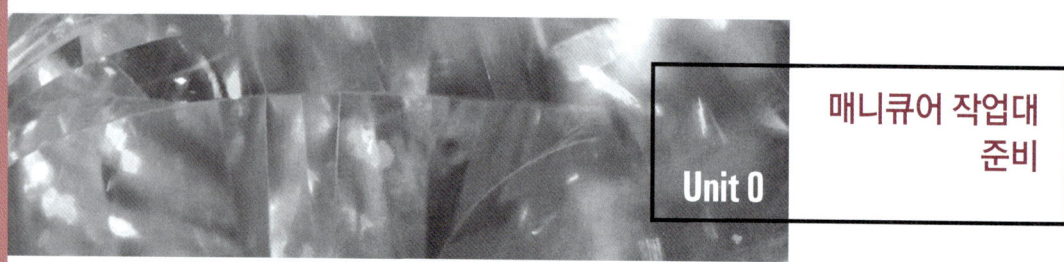

Unit 0 · 매니큐어 작업대 준비

🌀 매니큐어 작업대 준비

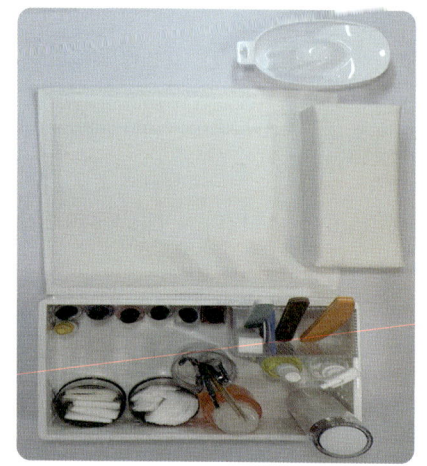

매니큐어 작업대 준비

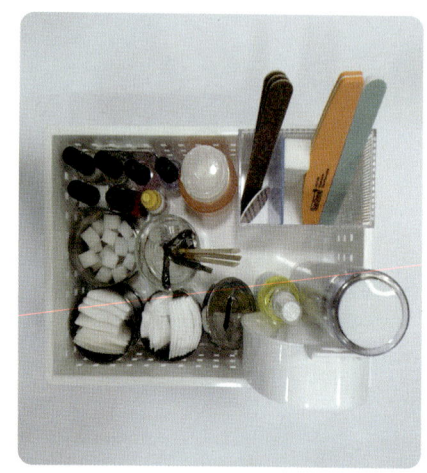

정리함 세팅

준비물 리스트

(모델 기준 참조), 위생가운, 마스크, 손목 받침대(흰타월), 작업대(흰색 페이퍼타월), 재료정리함(흰바구니), 안티셉틱(피부 소독용), 에탄올(기구 소독용), 탈지면 용기, 멸균거즈, 탈지면(화장솜), 위생비닐, 큐티클 니퍼, 푸셔, 클리퍼, 자연 네일용 파일, 디스크패드, 샌딩 파일, 우드스틱, 핑거볼, 보온병, 지혈제, 흰색 폴리시, 빨강 폴리시, 베이스 코트, 탑코트, 폴리시 리무버, 큐티클 오일, 철제 기구 소독용기(유리볼), 파일꽂이

🌸 매니큐어 작업대 준비순서

① 작업대를 소독제로 소독 후 깨끗하게 정리해준다.
② 깨끗한 흰색 타월을 작업대에 깔고 그 위에 페이퍼 타올을 3~4장 겹쳐 올려준다.
③ 흰색 손목 받침대를 모델의 앞쪽에 놓는다(흰색 손목 받침대가 없을 시 흰색 타월을 손목 받침대에 감싸준다).
④ 재료가 세팅된 정리함을 시술자의 오른쪽에 놓는다.
⑤ 수험자의 오른쪽 작업대에 위생봉투를 부착한다.
⑥ 핑거볼에 준비해온 미온수를 채워 수험자의 왼편에 놓는다.

🌸 정리함 준비

① 1과제 매니큐어에 필요한 재료를 흰색 바구니에 정리해 준다.
② 파일류 및 1회용 준비물은 반드시 새 것을 준비한다.
③ 소독용기의 아랫면에 멸균거즈를 깔아 니퍼날의 손상을 방지하고, 소독용기에 에탄올을 2/3 이상 넣어준 뒤 클리퍼, 니퍼, 푸셔, 오렌지 우드스틱, 더스트 브러시를 넣어준다.
④ 3개의 탈지면 용기를 준비하여 멸균거즈, 화장솜, 페이퍼타월, 스펀지를 넣어준다.
⑤ 준비한 보온병에 미온수를 넣어준다.

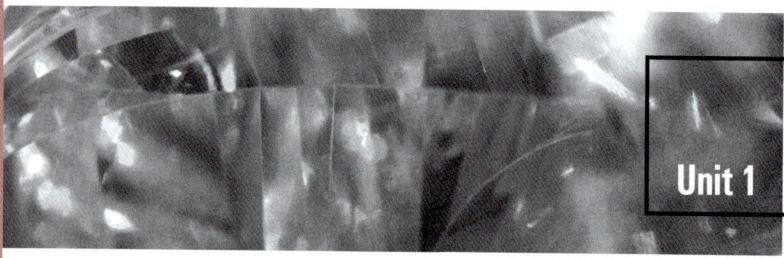

Unit 1 풀 코트 매니큐어

🟣 요구사항(제 1과제)

※ 지참 도구 및 재료를 사용하여 요구사항내로 풀 코트 매니큐어를 완성하시오.

(1) 과제를 수행하기 전 수험자와 모델의 손과 손톱을 소독하시오.
(2) 사전에 모델의 손에 도포되어 있는 네일 폴리시를 깨끗하게 제거하시오.
(3) 오른손 5개의 손톱에 (1~5지)에 습식 네일 케어를 실시하시오.
(4) 손톱의 프리에지의 형태는 라운드로 조형하시오.
　　※ 라운드 : 도면과 같이 스트레스 포인트에서부터 프리에지까지 직선이 존재하고, 끝 부분은 라운드 형태를 이루어야 하며, 프리에지의 어느 곳에도 각이 없는 상태
(5) 손톱 주변 큐티클을 오렌지 우드스틱 또는 큐티클 푸셔를 사용하여 안전하게 밀어 주시오.
(6) 큐티클 니퍼를 사용하여 손톱 주변의 불필요한 손거스러미 등을 정리하시오.
(7) 펄이 첨가되지 않은 빨강색 네일 폴리시를 사용하여 오른손 1~5지의 손톱 모두를 풀 코트로 완성하시오.
(8) 컬러 도포는 프리에지의 단면의 앞선까지 모두 도포하시오.
(9) 베이스 코트 1회 - 빨강색 폴리시 2회 - 탑 코트 1회의 도포 순서로 완성하시오.

세부과제	요구사항
레드 풀 코트	◆ 빨강색 네일 폴리시를 사용하여 오른손 1~5지의 손톱 모두를 풀 코트로 완성하시오. ◆ 베이스 코트 1회 - 빨강색 폴리시 2회 - 탑 코트 1회의 도포 순서로 완성하시오.
프렌치 화이트	◆ 흰색 네일 폴리시를 사용하여 오른손 1~5지의 손톱 모두를 프렌치 화이트로 완성하시오. ◆ 프렌치 라인의 상하 넓이는 3~5mm이어야 하며 완만한 스마일 라인으로 완성하여야 합니다. ◆ 베이스 코트 1회 - 흰색 폴리시 2회 - 탑 코트 1회의 도포 순서로 완성하시오.

세부과제	요구사항
딥 프렌치 화이트	• 흰색 네일 폴리시를 사용하여 오른손 1~5지의 손톱 모두를 프렌치 화이트로 완성하시오. • 딥 프렌치의 라인은 손톱의 1/2 이상이어야 하며 완만한 스마일 라인으로 완성하여야 합니다. • 베이스 코트 1회 – 흰색 폴리시 2회 – 탑 코트 1회의 도포 순서로 완성하시오.
그러데이션 화이트	• 흰색 네일 폴리시를 사용하여 오른손 1~5지 손톱 모두를 그러데이션으로 완성하시오. • 그러데이션의 범위는 손톱 전체 길이의 1/2 이상 부분 반월 부분을 넘지 않아야 합니다. • 베이스 코트 1회 – 흰색 그러데이션 도포 – 탑 코트 1회의 도포 순서로 완성하시오.

수험자 유의사항

(1) 모델 손톱의 준비상태는 빨강색 네일 폴리시가 풀컬러로 도포된 스퀘어 형태를 유지하여야 합니다.

(2) 자연 네일 파일링 시 문지르거나 비비지 말고 한 방향으로 파일링하시오.

(3) 길이는 옐로우 라인의 중심에서 5mm 이내의 길이로 일정하게 작업합니다.

(4) 큐티클 연화제(큐티클 오일, 리무버, 크림), 멸균거즈는 작업 상황에 맞도록 적절히 사용합니다.

(5) 탑 코트 후 마무리 시 오일을 사용하지 마시오.

(6) 컬러 도포 시 네일 폴리시의 브러시를 사용하시오.

(7) 큐티클 니퍼, 큐티클 푸셔, 클리퍼, 네일 더스트 브러시, 오렌지 우드스틱(푸셔용)은 알코올 소독용기에 담가두어야 합니다.

시험내용

손톱형태	길이	시술	시간	배점
라운드	옐로우 라인에서 5mm 이내	오른손 1~5지	30분	20점

시간분배

1	2	3	4	5	6	7	8	9	10	11	12	13	14	15	16	17	18	19	20	21	22	23	24	25	26	27	28	29	30
소독		컬러 지우기			쉐입 잡기					케어하기								소독 및 유분기 제거		컬러링 하기								마무리	

풀 코트 매니큐어 작업순서

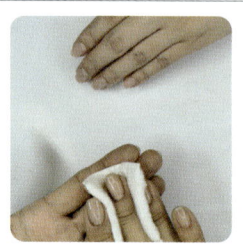

1. 시술자 손 소독하기 - 손 소독 시에는 화장솜에 소독제를 분사하여 소독하여 준다.

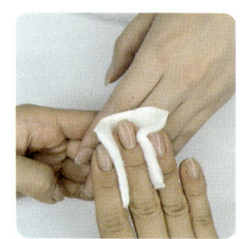

2. 모델 손 소독하기 - 손 소독 시에는 화장솜에 소독제를 분사하여 소독하여 준다.

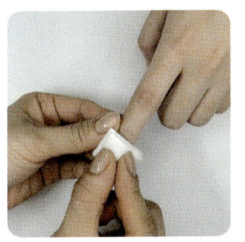

3. 묵은 폴리시 제거하기 - 손톱 사이즈에 맞는 화장솜에 적당량의 리무버를 묻혀 폴리시를 제거한다.

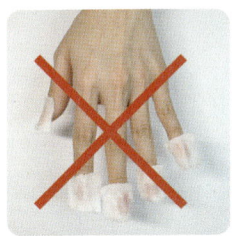

※ 폴리시 제거 시 1~5지손가락에 리무버를 묻힌 솜을 다 올려놓지 않도록 주의한다.

4. 쉐입 잡기 - 자연 네일용 우드 파일을 사용하여 손톱의 왼쪽 코너에서 중앙으로, 손톱의 오른쪽 코너에서 중앙으로 라운드 모양이 되도록 손톱 모양을 양측 모두 균형감있게 잡아준다. 이때 파일링은 한방향으로 한다.

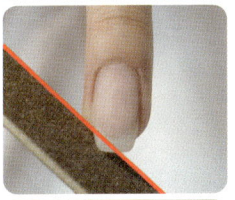

※ 라운드 : 도면과 같이 스트레스 포인트에서부터 프리에지까지 직선이 존재하고, 끝 부분은 라운드 형태를 이루어야 하며, 프리에지의 어느 곳에도 각이 없는 상태
※ 손톱의 좌우 대칭과 1~5지의 라운드 형태가 동일한지 확인한다.
※ 파일링 시 문지르거나 비비지 않도록 주의한다.
※ 손톱의 길이는 옐로우 라인의 중심에서 3~5mm 정도로 균일하게 잡아준다.

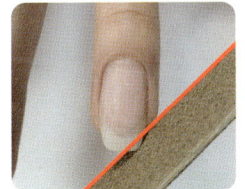

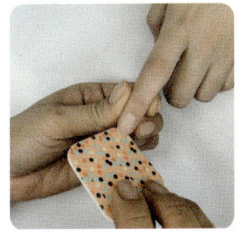

5. 손톱 및 거스러미 제거하기 - 디스크패드를 사용하여 손톱 및 거스러미를 제거하여 준다.

6. 손톱 표면 파일링 - 손톱 표면의 굴곡을 샌딩 버퍼를 사용하여 매끄럽게 정리하여 준다.

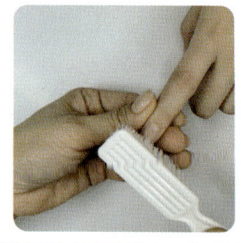
7. 손톱 주변 먼지 제거하기 - 손톱 주변에 남아있는 먼지를 더스트 브러시를 사용하여 털어낸다.

8. 큐티클 연화제 바르기 - 큐티클이 단단하게 많이 발달되어 있는 경우 연화제를 사용하여 준다.
※ 큐티클 연화제, 큐티클 오일은 선택사항으로 필요시 사용한다.

9. 핑거볼에 손 담그기 - 미온수를 이용하여 큐티클을 불려준다.

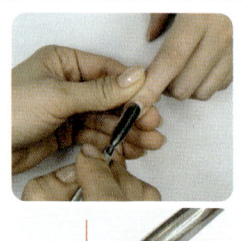
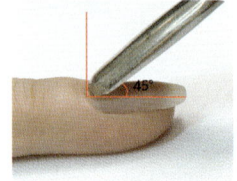
10. 큐티클 푸셔로 밀어주기 - 푸셔의 각도는 45°를 유지하여 네일 매트릭스 부분과 손톱 주변 피부가 손상되지 않도록 가볍게 밀어준다.

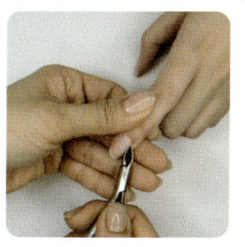
11. 큐티클 니퍼로 정리하기 - 니퍼의 날이 큐티클 부분의 피부를 과하게 제거하지 않고 손톱 표면을 손상시키지 않도록 주의하고, 니퍼의 날이 큐티클 부분과 45°를 유지하여 큐티클을 제거하도록 한다.

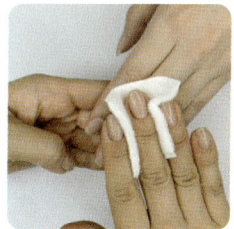
12. 소독하기 - 케어 후 손 소독 시 멸균거즈에 소독제를 묻혀 소독하여 준다.
※ 철제기구가 닿은 피부는 반드시 소독하여 위생관리를 한다.

13. 손톱의 유분기 제거하기 - 손톱에 남아있는 유분기를 제거하여준다.
※ 유분기를 제거하는 과정이 충분히 진행되지 않을 경우 균일한 폴리시 도포가 어렵다.

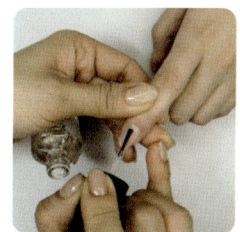
14. 베이스 코트 발라주기 - 컬러의 발색력과 자연 네일을 보호하기 위해 베이스 코트를 1회 도포하여 준다.

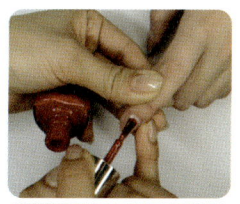
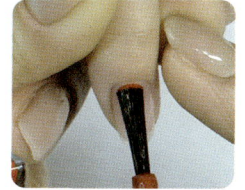
15. 첫 번째 폴리시 바르기 - 첫 번째 컬러링 시 큐티클 라인에 맞추어 브러시의 각도 45°를 유지하며 컬러링하여 준다.

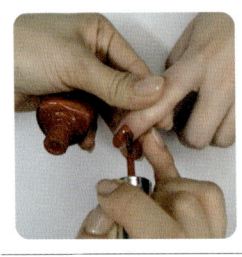
16. 두 번째 폴리시 바르기 - 두 번째 컬러링 시 일정한 두께로 균일하게 도포될 수 있도록 브러시에 힘을 빼고, 손톱의 사이드 부분과 프리에지까지 컬러링하여 준다.

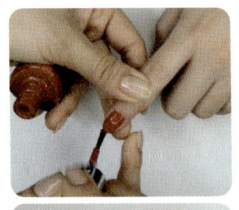
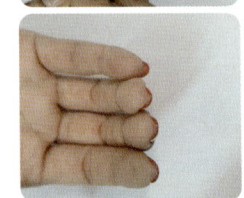
17. 프리에지 바르기 - 손톱 끝(프리에지) 단면 부분도 컬러링하여 준다.

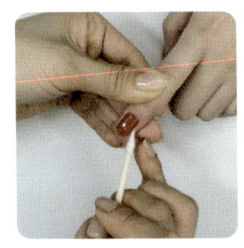
18. 손톱 주변에 묻은 컬러 제거하기 - 컬러링 후 피부에 묻은 잔여물을 우드스틱에 탈지면을 말아 리무버를 묻혀 제거하여 준다.

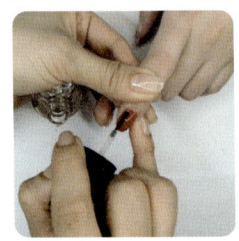
19. 탑 코트 도포하기 - 적당량의 탑 코트를 컬러링 위에 얹듯이 도포하여 폴리시에 광택감을 준다.
※ 탑 코트 도포 시 브러시에 너무 힘을 주어 도포하면 컬러링이 밀릴 수 있으니 주의한다.
※ 마무리 시 오일 사용은 하지 않는다.

20. 작업대 마무리 - 작업 시 사용한 재료와 도구를 정리하여 준다.

케어 시술 시

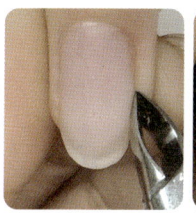 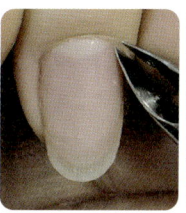 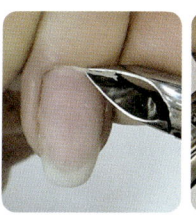 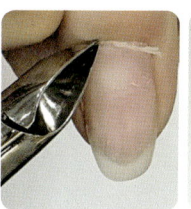 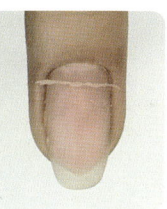

오른쪽 사이드 부분에서 큐티클 라인 쪽으로 니퍼의 각도 45° 유지한다.

오른쪽 코너 부분 케어 시 니퍼의 뒷날이 피부에 닿지 않도록 피부를 살짝 당겨준다.

큐티클 라인을 따라 니퍼날의 입구를 좁게 벌려 일자로 자른다.

왼쪽 큐티클 라인도 오른쪽과 같게 이동하며, 큐티클 라인의 중앙으로 자른다.

일자로 잘려진 큐티클

풀 코트 레드 시술 시

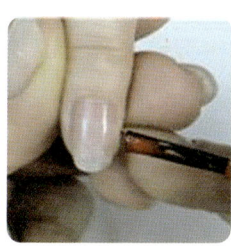   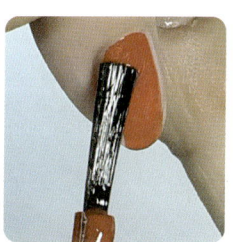

① 브러시의 한쪽 면에 적당량의 컬러를 덜어낸다.

② 큐티클 라인의 중심 부분을 맞춰준다.

③ 컬러를 균일한 두께감으로 발라준다.

④ 큐티클의 왼쪽 사이드 부분의 라인을 맞춰준다.

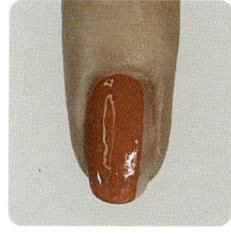   

⑤ 큐티클 라인부터 프리에지까지 균일한 두께감으로 발라준다.

⑥ 큐티클의 오른쪽 사이드 부분의 라인을 맞춰준다.

⑦ 프리에지 부분을 빠짐없이 발라준다.

⑧ 완성된 풀 코트

풀 코트 매니큐어 완성 사진

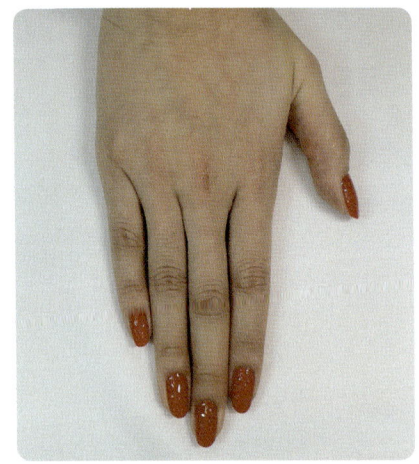
풀 코트 레드 정면

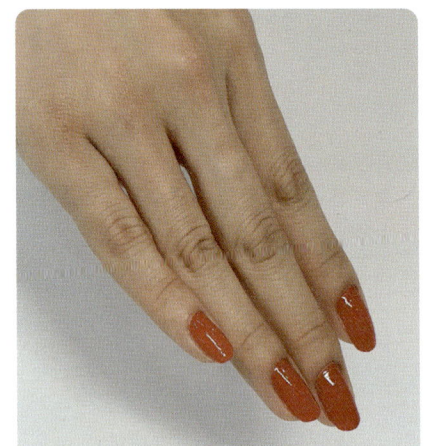
풀 코트 레드 측면

정면

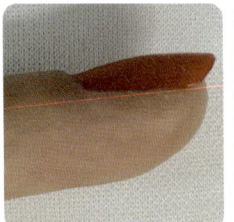
오른쪽 측면

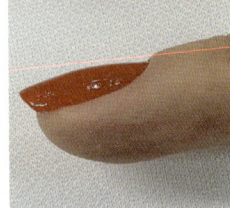
왼쪽 측면

프리에지

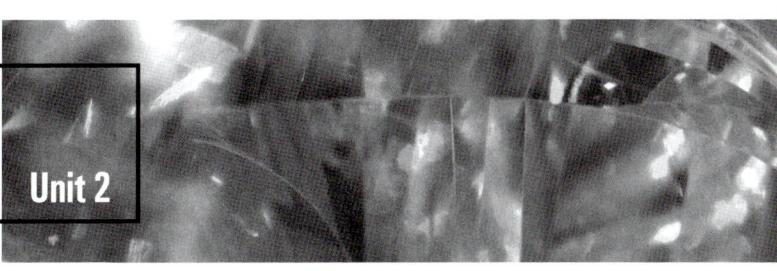

프렌치 매니큐어
Unit 2

요구사항

※ 지참 도구 및 재료를 사용하여 요구사항대로 프렌치 매니큐어를 완성하시오.

(1) 과제를 수행하기 위해 수험자와 모델의 손과 손톱을 소독하시오.

(2) 모델의 오른손에 도포되어 있는 네일 폴리시를 깨끗하게 제거하시오.

(3) 오른손 5개의 손톱에 (1~5지)에 습식 네일 케어를 실시하시오.

(4) 손톱의 프리에지의 형태는 라운드로 조형하시오.

　※ 라운드 : 도면과 같이 스트레스 포인트에서부터 프리에지까지 직선이 존재하고, 끝 부분은 라운드 형태를 이루어야 하며, 프리에지의 어느 곳에도 각이 없는 상태

(5) 손톱의 주변 큐티클을 오렌지 우드스틱 또는 큐티클 푸셔를 사용하여 안전하게 밀어주시오.

(6) 큐티클 니퍼를 사용하여 손톱 주변의 불필요한 손거스러미를 정리하시오.

(7) 펄이 첨가되지 않은 순수 흰색 네일 폴리시를 사용하여 오른손 1~5지의 손톱 모두를 프렌치로 완성하시오. 단 프렌치 라인의 상하넓이는 3~5mm이어야 하며 완만한 스마일 라인으로 완성하여야 합니다.

(8) 컬러 도포는 프리에지의 단면 앞선까지 모두 도포하시오.

(9) 베이스 코트 1회 - 흰색 폴리시 2회 - 탑 코트 1회의 도포 순서로 완성하시오

🌸 수험자 유의사항

(1) 모델 손톱의 준비상태는 빨강색 네일 폴리시가 풀컬러로 도포된 스퀘어 형태를 유지하여야 합니다.
(2) 자연 네일 파일링 시 문지르거나 비비지 말아야 합니다(한 방향으로 파일링).
(3) 길이는 옐로우 라인의 중심에서 5mm 이내의 길이로 일정하게 작업합니다.
(4) 큐티클 연화제(큐티클 오일, 리무버, 크림), 멸균거즈는 작업 상황에 맞도록 적절히 사용합니다.
(5) 탑 코트 후 마무리 시 오일을 사용하지 마시오.
(6) 컬러 도포 시 네일 폴리시의 브러시를 사용하시오.
(7) 큐티클 니퍼, 큐티클 푸셔, 클리퍼, 네일 더스트 브러시, 오렌지 우드스틱(푸셔용)은 알코올 소독용기에 담가 두어야 합니다.

🌸 시험내용

손톱형태	길이	시술	시간	배점
라운드	옐로우 라인에서 5mm 이내	오른손 1~5지	30분	20점

🌸 시간분배

1	2	3	4	5	6	7	8	9	10	11	12	13	14	15	16	17	18	19	20	21	22	23	24	25	26	27	28	29	30
소독		컬러 지우기			쉐입 잡기					케어하기								소독 및 유분기 제거		컬러링 하기								마무리	

🟣 프렌치 화이트 작업순서

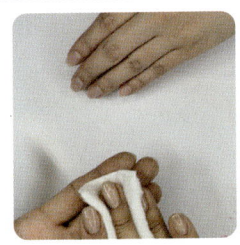

1. 시술자 손 소독하기 - 손 소독 시에는 화장솜에 소독제를 분사하여 소독하여 준다.

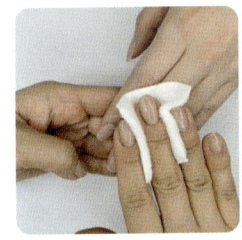

2. 모델 손 소독하기 - 손 소독 시에는 화장솜에 소독제를 분사하여 소독하여 준다.

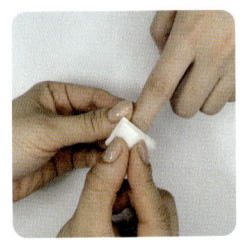

3. 묵은 폴리시 제거하기 - 손톱 사이즈에 맞는 화장솜에 적당량의 리무버를 묻혀 폴리시를 제거한다.

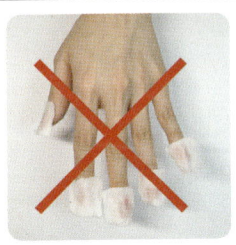

※ 폴리시 제거 시 1~5지 손가락에 리무버를 묻힌 솜을 다 올려놓지 않도록 주의한다.

4. 쉐입 잡기 - 자연 네일용 우드 파일을 사용하여 손톱의 왼쪽 코너에서 중앙으로, 손톱 오른쪽 코너에서 중앙으로 라운드 모양이 되도록 손톱 모양을 양측 모두 균형감있게 잡아준다. 이때 파일링은 한 방향으로 한다.

※ 라운드: 도면과 같이 스트레스 포인트에서부터 프리에지까지 직선이 존재하고, 끝 부분은 라운드 형태를 이루어야 하며, 프리에지의 어느 곳에도 각이 없는 상태
※ 손톱의 좌우 대칭과 1~5지의 라운드 형태가 농일한지 확인한다.
※ 파일링 시 문지르거나 비비지 않도록 주의한다.
※ 손톱의 길이는 옐로우 라인의 중심에서 3~5mm 정도로 균일하게 잡아준다.

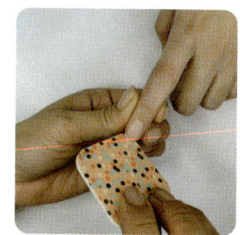

5. 손톱 및 거스러미 제거하기 - 디스크패드를 사용하여 손톱 및 거스러미를 제거하여 준다.

6. 손톱 표면 파일링 - 손톱 표면의 굴곡을 샌딩버퍼를 사용하여 매끄럽게 정리해 준다.

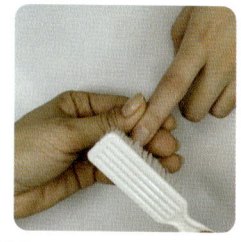

7. 손톱 주변 먼지 제거하기 - 손톱 주변에 남아있는 먼지를 더스트 브러시를 사용하여 털어낸다.

8. 큐티클 연화제 바르기 - 큐티클이 단단하게 많이 발달되어 있는 경우 연화제를 사용하여 준다.
※ 큐티클 연화제, 큐티클 오일은 선택사항으로 필요시 사용한다.

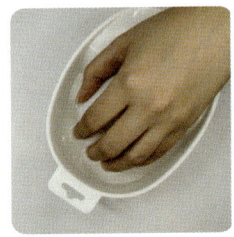
9. 핑거볼에 손담그기 - 미온수를 이용하여 큐티클을 불려준다.

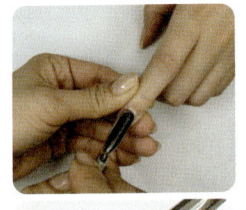
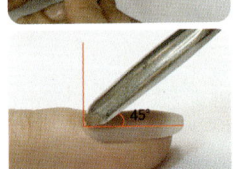
10. 큐티클 푸셔로 밀어주기 - 푸셔의 각도는 45°를 유지하여 네일 매트릭스 부분과 주변 피부가 손상되지 않도록 가볍게 밀어준다.

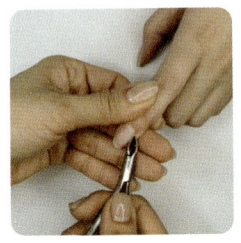
11. 큐티클 니퍼로 정리하기 - 니퍼의 날이 큐티클 부분의 피부를 과하게 제거하지 않고 손톱 표면을 손상시키지 않도록 주의한다. 니퍼의 날이 큐티클 부분과 45°를 유지하여 큐티클을 제거하도록 한다.

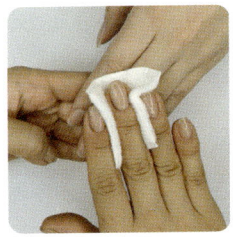
12. 소독하기 - 케어 후 손 소독 시 멸균거즈에 소독제를 묻혀 소독하여 준다.
※ 철제기구가 닿은 피부는 반드시 소독하여 위생관리를 한다.

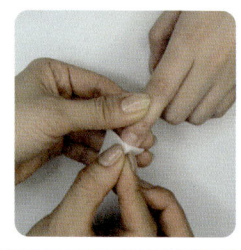

13. 손톱의 유분기 제거하기 - 손톱에 남아있는 유분기를 제거하여 준다.
※ 유분기를 제거하는 과정이 충분히 진행되지 않는 경우 균일한 폴리시 도포가 어렵다.

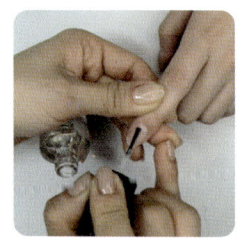

14. 베이스 코트 발라주기 - 컬러의 발색력과 자연 네일을 보호하기 위해 적당량의 베이스 코트를 1회 도포하여 준다.

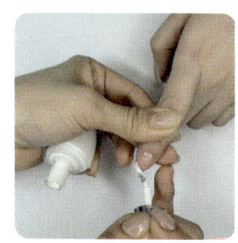

15. 프렌치 라인 만들기 - 첫 번째 컬러링 시 소량의 컬러로 양측 사이드 손톱의 프렌치 라인의 두께가 동일하도록 잡아준다.
※ 이때 프렌치 라인의 두께는 3~5mm 정도로 손톱의 양 측면의 라인(↔양방향)을 균형감있게 잡아준다.
※ 손톱의 왼쪽 사이드에서 오른쪽 사이드(→한 방향)로 스마일 라인을 그리는 방법도 있다.

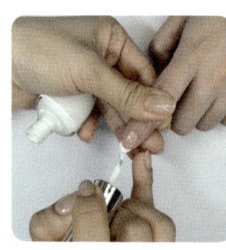

16. 두 번째 컬러링 - 프렌치 라인을 따라 두 번째 컬러링을 진행하여 준다.
※ 화이트 컬러의 경우 브러시 결이 남을 수 있으므로 빠르게 컬러링하여 준다.
※ 이때 컬러링의 진행 방향은 가로 또는 세로로 진행하여도 무방하다.
※ 두 번째 컬러링 시에는 묽은 화이트 컬러를 사용하는 것이 컬러 뭉침 현상을 방지할 수 있다.

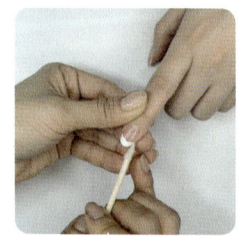

17. 손톱 주변에 묻은 컬러 제거하기 - 컬러링 후 피부에 묻은 잔여물을 우드스틱에 솜을 말아 리무버를 묻혀 제거하여 준다.

18. 탑 코트 도포하기 - 적당량의 탑 코트를 컬러링 위에 얹듯이 도포하여 폴리시에 광택감을 준다.
※ 탑 코트 도포 시 브러시에 너무 힘을 주어 도포하면 컬러링이 밀릴 수 있으니 주의한다.
※ 마무리 시 오일 사용은 하지 않는다.

19. 작업대 마무리 - 작업 시 사용한 재료와 도구를 정리하여 준다.

🟣 프렌치 화이트 시술 시

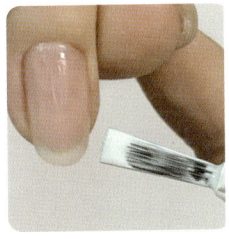 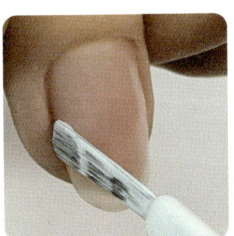 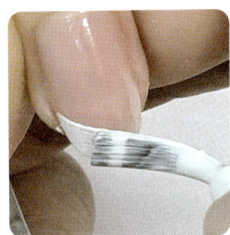 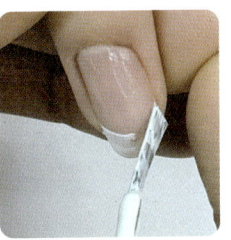

① 브러시의 한쪽면에 소량의 컬러를 덜어 낸다.
② 손톱의 왼쪽 사이드 부분에 브러시를 얇게 밀착한다.
③ 브러시는 45°각도를 유지하고 스마일 라인을 그리며 중앙으로 이동한다.
④ 손톱의 오른쪽 사이드 부분에서 시작하여 스마일 라인을 이어준다.

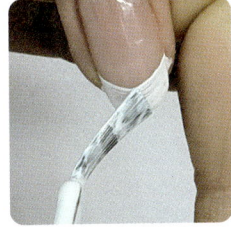 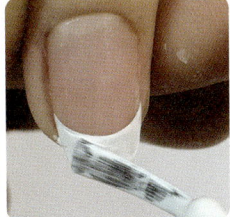  

⑤ 중앙 스마일라인의 대칭을 맞추기 위해 손가락을 살짝 틀어준다.
⑥ 두 번째 컬러링 시 스마일 라인의 좌우대칭을 확인하며 수정한다.
⑦ 프리에지를 도포한다.
⑧ 우드스틱에 솜을 말아 피부에 묻은 잔여물을 지워준다.

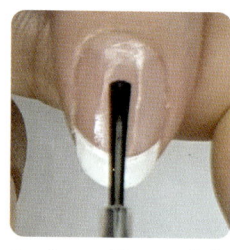 

⑨ 탑 코트를 도포한다. ⑩ 완성

🌸 프렌치 화이트 완성사진

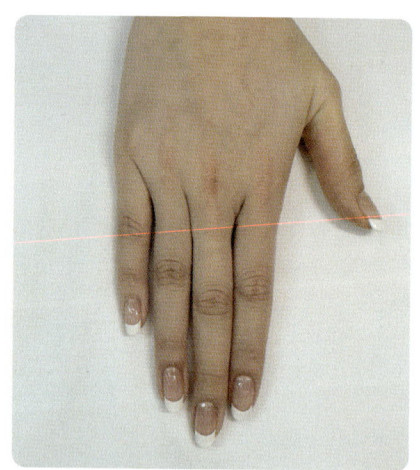 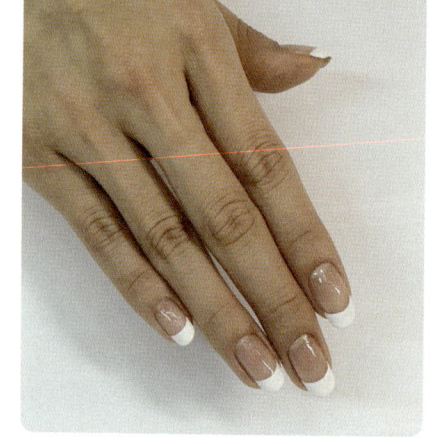

프렌치 화이트 정면   프렌치 화이트 측면

 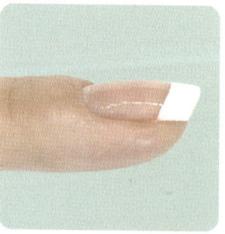 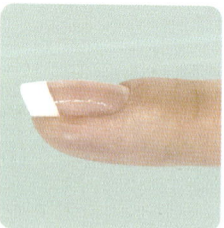 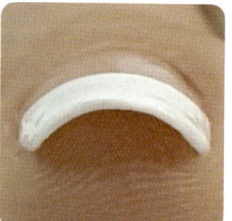

정면   오른쪽 측면   왼쪽 측면   프리에지

딥 프렌치 매니큐어

Unit 3

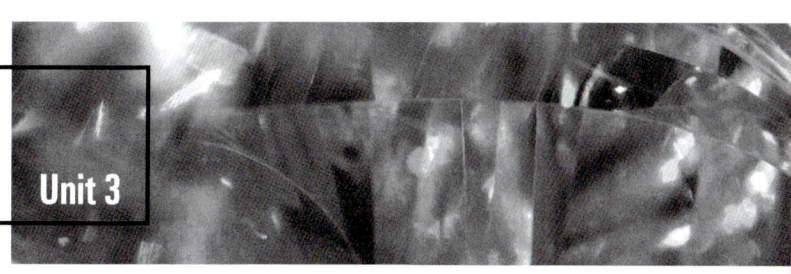

🌀 요구사항

※ 지참 도구 및 재료를 사용하여 요구사항대로 딥 프렌치 매니큐어를 완성하시오.

(1) 과제를 수행하기 전 수험자와 모델의 손과 손톱을 소독하시오.

(2) 사전에 모델의 손에 도포되어 있는 네일 폴리시를 깨끗하게 제거하시오.

(3) 오른손 5개의 손톱에 (1~5지)에 습식 네일 케어를 실시하시오.

(4) 손톱의 프리에지의 형태는 라운드로 조형하시오.

   ※ 라운드 : 도면과 같이 스트레스 포인트에서부터 프리에지까지 직선이 존재하고, 끝 부분은 라운드 형태를 이루어야 하며, 프리에지의 어느 곳에도 각이 없는 상태

(5) 손톱의 주변 큐티클을 오렌지 우드스틱 또는 큐티클 푸셔를 사용하여 안전하게 밀어주시오.

(6) 큐티클 니퍼를 사용하여 손톱 주변의 불필요한 손거스러미를 정리하시오.

(7) 펄이 첨가되지 않은 순수 흰색 네일 폴리시를 사용하여 오른손 1~5지 손톱 모두를 딥 프렌치로 완성하시오. 단, 딥 프렌치 라인은 손톱 전체 길이의 1/2 이상 부분이여야 하며, 반월 부분은 침범하지 않도록 하시오

(8) 컬러 도포는 프리에지의 단면의 앞선까지 모두 도포하시오.

(9) 베이스 코트 1회 - 흰색 폴리시 2회 - 탑 코트 1회의 도포 순서로 완성하시오

수험자 유의사항

(1) 모델 손톱의 준비상태는 빨강색 네일 폴리시가 풀컬러로 도포된 스퀘어 형태를 유지하여야 합니다.
(2) 자연 네일 파일링 시 문지르거나 비비지 말아야 합니다(한 방향으로 파일링).
(3) 길이는 옐로우 라인의 중심에서 5mm 이내의 길이로 일정하게 작업합니다.
(4) 큐티클 연화제(큐티클 오일, 리무버, 크림),멸균거즈는 작업 상황에 맞도록 적절히 사용합니다.
(5) 탑 코트 후 마무리 시 오일을 사용하지 마세요.
(6) 컬러 도포 시 네일 폴리시의 브러시를 사용하시오.
(7) 큐티클 니퍼, 큐티클 푸셔, 클리퍼, 네일 더스트 브러시, 오렌지 우드스틱(푸셔용)은 알코올 소독용기에 담가 두어야 합니다.

시험내용

손톱형태	길이	시술	시간	배점
라운드	옐로우 라인에서 5mm 이내	오른손 1~5지	30분	20점

시간분배

1	2	3	4	5	6	7	8	9	10	11	12	13	14	15	16	17	18	19	20	21	22	23	24	25	26	27	28	29	30
소독		컬러 지우기			쉐입 잡기					케어하기								소독 및 유분기 제거		컬러링 하기								마무리	

🌸 딥 프렌치 매니큐어 작업순서

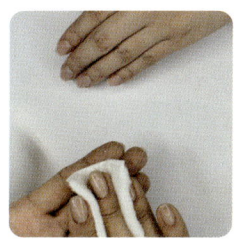

1. 시술자손소독하기 - 손 소독 시에는 화장솜에 소독제를 분사하여 소독하여 준다.

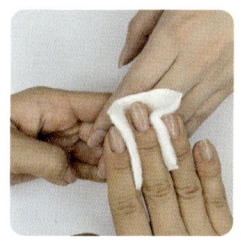

2. 모델 손 소독하기 - 손 소독 시에는 화장솜에 소독제를 분사하여 소독하여 준다.

3. 묵은 폴리시 제거하기 - 손톱 사이즈에 맞는 화장솜에 적당량의 리무버를 묻혀 폴리시를 제거한다.

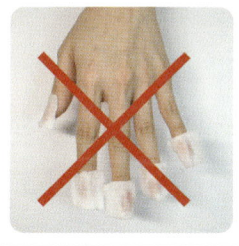

※ 폴리시 제거 시 1~5지손가락에 리무버를 묻힌 솜을 다 올려놓지 않도록 주의한다.

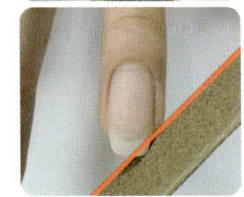

4. 쉐입 잡기 - 자연 네일용 우드파일을 사용하여 손톱의 왼쪽 코너에서 중앙으로 손톱 오른쪽 코너에서 중앙으로 라운드 모양이 되도록 손톱모양을 양측 균형감있게 잡아준다. 이때 파일링은 한방향으로 한다.

※ 라운드: 도면과 같이 스트레스 포인트에서부터 프리에지까지 직선이 존재하고, 끝 부분은 라운드 형태를 이루어야 하며, 프리에지의 어느 곳에도 각이 없는 상태
※ 손톱의 좌우 대칭과 1~5지의 라운드 형태가 동일한지 확인한다.
※ 파일링 시 문지르거나 비비지 않도록 주의한다.
※ 손톱의 길이는 옐로우 라인의 중심에서 3~5mm 정도로 균일하게 잡아준다.

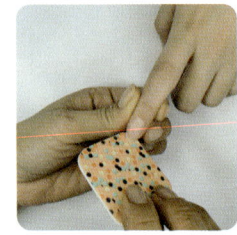

5. 손톱 및 거스러미 제거하기 - 디스크패드를 사용하여 손톱 및 거스러미를 제거하여 준다.

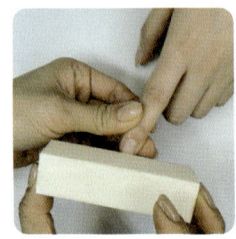

6. 손톱 표면 파일링 - 손톱 표면의 굴곡을 샌딩버퍼를 사용하여 매끄럽게 정리해준다.

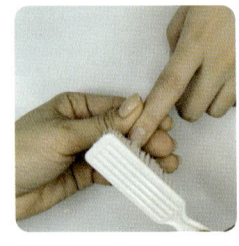

7. 손톱 주변 먼지 제거하기 - 손톱 주변에 남아있는 먼지를 더스트 브러시를 사용하여 털어준다.

8. 큐티클 연화제 바르기 - 큐티클이 단단하게 많이 발달되어 있는 경우 연화제를 사용하여 준다.

※ 큐티클 연화제, 큐티클 오일은 선택사항으로 필요시 사용한다.

9. 핑거볼에 손담그기 - 미온수를 이용하여 큐티클을 불려준다.

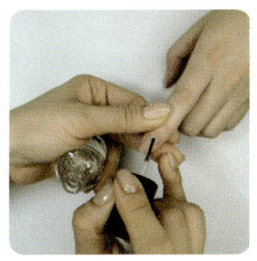
10. 큐티클 오일 도포하기 - 큐티클에 오일을 도포하여 손톱 주변 피부를 유연하게 해준다.

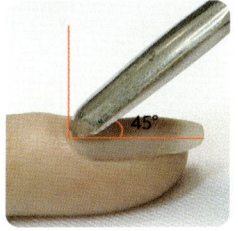
11. 큐티클 푸셔로 밀어주기 - 푸셔의 각도는 45°를 유지하여 네일 매트릭스 부분과 주변 피부가 손상되지 않도록 가볍게 밀어준다.

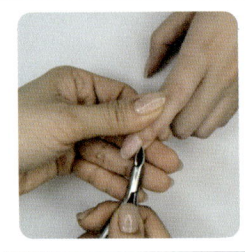
12. 큐티클 니퍼로 정리하기 - 니퍼의 날이 큐티클 부분의 피부를 과하게 제거하지 않도록 주의하고, 니퍼의 날이 큐티클 부분과 45°를 유지하여 제거하도록 한다.

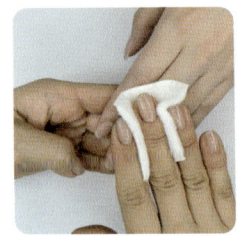
13. 소독하기 - 케어 후 손 소독 시 멸균거즈에 소독제를 묻혀 소독하여 준다.
※ 헐게기가 낳은 피부는 반드시 소독하여 위생적인 관리를 한다.
※ 니퍼는 케어 후 소독용기에 보관하여 준다.

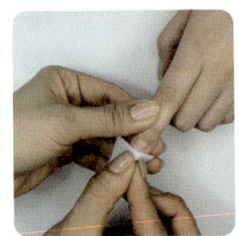
14. 손톱의 유분기 제거하기 - 손톱에 남아있는 유분기를 제거하여 준다.
※ 유분기를 제거하는 과정이 충분히 진행되지 않을 경우 균일한 폴리시 도포가 어렵다.

15. 베이스 코트 발라주기 - 컬러의 발색력과 자연 네일을 보호하기 위해 적당량의 베이스 코트를 도포하여 준다.

16. 딥 프렌치 라인 만들기 - 첫 번째 컬러링 시 왼쪽 사이드에서 손톱의 중앙 부분으로 완만한 스마일 라인을 그리며, 2/3 지점까지 도포한 뒤 오른쪽 사이드 끝에서 중앙으로 스마일 라인을 연결하여 준다. 이때 스마일 라인은 좌우 대칭이어야 한다.
※ 딥 프렌치 라인의 두께는 손톱의 1/2 이상 부분으로 양측면의 스마일 라인(↔양방향)을 좌우 대칭있게 그린 후 스마일 라인에서 손끝 프리에지 방향으로 컬러링하여 준다.

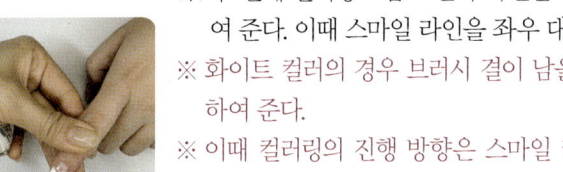

17. 두 번째 컬러링 - 딥 프렌치 라인을 따라 두 번째 컬러링을 진행하여 준다. 이때 스마일 라인을 좌우 대칭에 맞게 수정할 수 있다.
※ 화이트 컬러의 경우 브러시 결이 남을 수 있으므로 빠르게 컬러링 하여 준다.
※ 이때 컬러링의 진행 방향은 스마일 라인에서 손끝 프리에지 방향으로 컬러링하여 준다.
※ 두 번째 컬러링 시에는 묽은 화이트 컬러를 사용하는 것이 컬러 뭉침 현상을 방지할 수 있다.

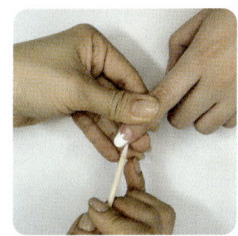

18. 손톱 주변에 묻은 컬러 제거하기 - 컬러링 후 피부에 묻은 잔여물을 우드스틱에 솜을 말아 리무버를 묻혀 제거하여 준다.

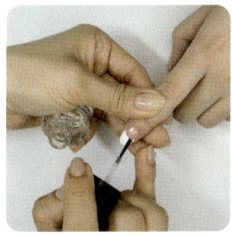

19. 탑 코트하기 - 적당량의 탑 코트를 컬러링 위에 얹듯이 도포하여 폴리시에 광택감을 준다.
※ 탑 코트 도포 시 브러시에 너무 힘을 주어 도포하면 컬러링이 밀릴 수 있으니 주의한다.
※ 마무리 시 오일 사용은 하지 않는다.

20. 작업대 마무리 - 작업 시 사용한 재료와 도구를 정리한다.

딥 프렌치 시술 시

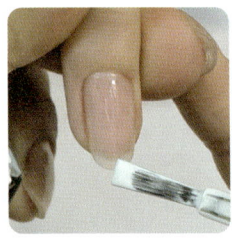 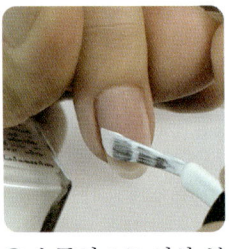  

① 브러시의 한쪽면에 적당량의 컬러를 덜어낸다.
② 손톱의 1/2 이상 부분이며 루눌라 부분을 침범하지 않도록 시작점을 잡아 준다.
③ 스마일 라인을 손톱의 2/3 지점까지 그려준다.
④ 오른쪽 사이드 부분과 스마일 라인이 좌우 대칭에 맞게 연결한다.

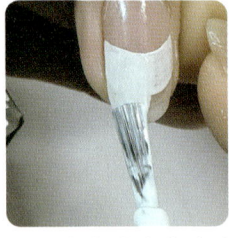  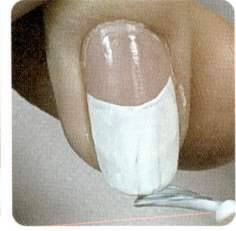 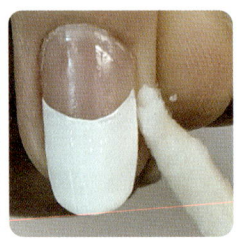

⑤ 스마일 라인의 아래쪽 손톱을 세로로 컬러링하여 준다.
⑥ 오른쪽 사이드 부분의 라인과 스마일 라인을 연결한다(좌우 대칭).
⑦ 프리에지 부분을 빠짐없이 발라준다(스마일 라인에 벗어나지 않고 ⑤~⑦ 반복).
⑧ 우드스틱에 솜을 말아 피부에 묻은 잔여물을 지워준다.

⑨ 탑 코트를 도포한다.
⑩ 완성

딥 프렌치 화이트 완성사진

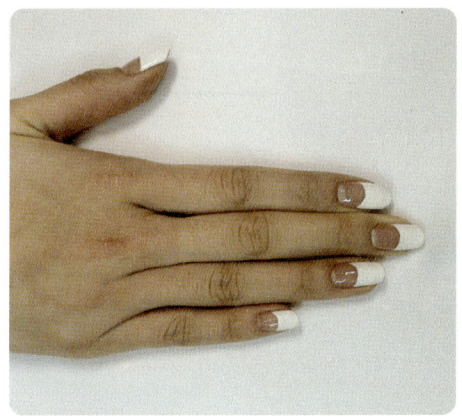
딥 프렌치 화이트 정면

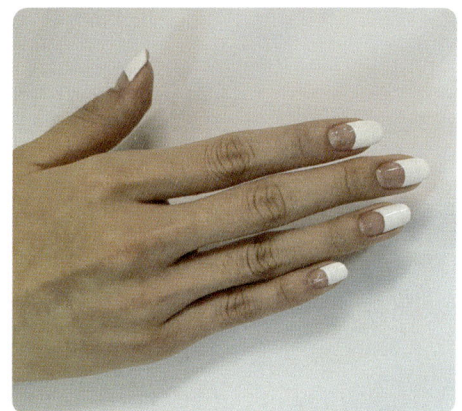
딥 프렌치 화이트 측면

정면

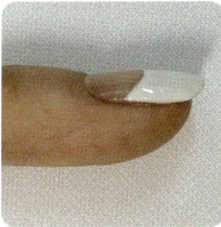
오른쪽 측면

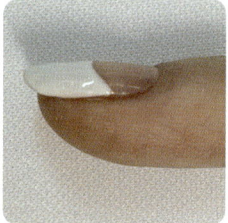
왼쪽 측면

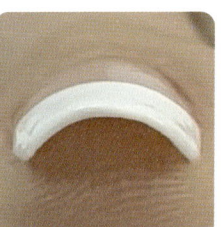
프리에지

Unit 4 그러데이션 매니큐어

요구사항

※ 지참 도구 및 재료를 사용하여 요구사항내로 그러데이션 매니큐어를 완성하시오.

(1) 과제를 수행하기 전 수험자와 모델의 손과 손톱을 소독하시오.

(2) 사전에 모델의 손에 도포되어 있는 네일 폴리시를 깨끗하게 제거하시오.

(3) 오른손 5개의 손톱에 (1~5지)에 습식 네일 케어를 실시하시오.

(4) 손톱의 프리에지의 형태는 라운드로 조형하시오.

　※ 라운드 : 도면과 같이 스트레스 포인트에서부터 프리에지까지 직선이 존재하고, 끝 부분은 라운드 형태를 이루어야 하며, 프리에지의 어느 곳에도 각이 없는 상태

(5) 손톱의 주변 큐티클을 오렌지 우드스틱 또는 큐티클 푸셔를 사용하여 안전하게 밀어주시오.

(6) 큐티클 니퍼를 사용하여 손톱 주변의 불필요한 손거스러미를 정리하시오.

(7) 펄이 첨가되지 않은 순수 흰색 네일 폴리시를 사용하여 오른손 1~5지 손톱 모두를 그러데이션으로 완성하시오. 단, 그러데이션의 범위는 손톱 전체 길이의 1/2 이상 부분이어야 하며, 그러데이션은 스펀지를 이용하여 표현하되, 반월 부분은 침범하지 않도록 하시오.

(8) 컬러 도포는 프리에지의 단면의 앞선까지 모두 도포하시오.

(9) 베이스 코트 1회 - 흰색 그러데이션 도포 - 탑 코트 1회의 도포 순서로 완성하시오

🌸 수험자 유의사항

(1) 모델 손톱의 준비상태는 빨강색 네일 폴리시가 풀컬러로 도포된 스퀘어 형태를 유지하여야 합니다.
(2) 자연 네일 파일링 시 문지르거나 비비지 말고 한 방향으로 파일링하시오.
(3) 길이는 옐로우 라인의 중심에서 5mm 이내의 길이로 일정하게 작업합니다.
(4) 큐티클 연화제(큐티클 오일, 리무버, 크림), 멸균거즈는 작업 상황에 맞도록 적절히 사용합니다.
(5) 탑 코트 후 마무리 시 오일을 사용하지 마세요.
(6) 컬러 도포 시 네일 폴리시의 브러시를 사용하시오.
(7) 큐티클 니퍼, 큐티클 푸셔, 클리퍼, 네일 더스트 브러시, 오렌지 우드스틱(푸셔용)은 알코올 소독용기에 담가 두어야 합니다.

🌸 시험내용

손톱형태	길이	시술	시간	배점
라운드	옐로우 라인에서 5mm 이내	오른손 1~5지	30분	20점

🌸 시간분배

1	2	3	4	5	6	7	8	9	10	11	12	13	14	15	16	17	18	19	20	21	22	23	24	25	26	27	28	29	30
소독		컬러 지우기			쉐입 잡기					케어하기								소독 및 유분기 제거		컬러링 하기								마무리	

🌸 그러데이션 작업순서

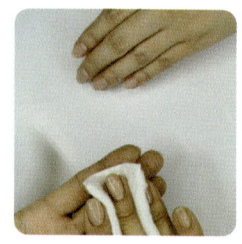

1. 시술자 손 소독하기 - 손 소독 시에는 화장솜에 소독제를 분사하여 소독하여 준다.

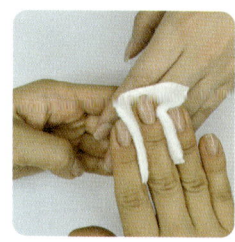

2. 모델 손 소독하기 - 손 소독 시에는 화장솜에 소독제를 분사하여 소독하여 준다.

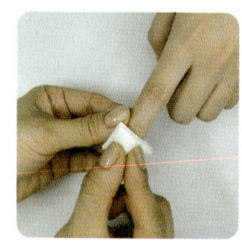

3. 묵은 폴리시 제거하기 - 손톱 사이즈에 맞는 화장솜에 적당량의 리무버를 묻혀 폴리시를 제거한다.

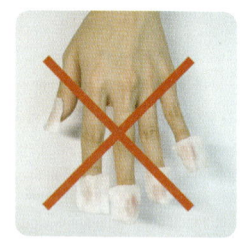

※ 폴리시 제거 시 1~5지 손가락에 리무버를 묻힌 솜을 올려놓지 않도록 주의한다.

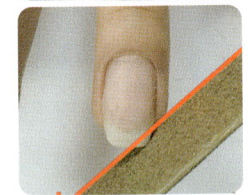

4. 쉐입 잡기 - 자연 네일용 우드 파일을 사용하여 손톱의 왼쪽 코너에서 중앙으로 손톱 오른쪽 코너에서 중앙으로 라운드 모양이 되도록 손톱모양을 양측 균형감있게 잡아준다. 이때 파일링은 한 방향으로 한다.

※ 라운드: 도면과 같이 스트레스 포인트에서부터 프리에지까지 직선이 존재하고, 끝 부분은 라운드 형태를 이루어야 하며, 프리에지의 어느 곳에도 각이 없는 상태
※ 손톱의 좌우대칭과 1~5지의 라운드 형태가 동일한지 확인한다.
※ 파일링 시 문지르거나 비비지 않도록 주의한다.
※ 손톱의 길이는 옐로우 라인의 중심에서 3~5mm 정도로 균일하게 잡아준다.

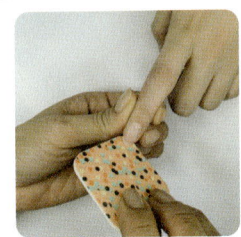

5. 손톱 및 거스러미 제거하기 - 디스크패드를 사용하여 손톱 및 거스러미를 제거하여 준다.

6. 손톱 표면 파일링 - 손톱 표면의 굴곡을 샌딩버퍼를 사용하여 매끄럽게 정리해준다.

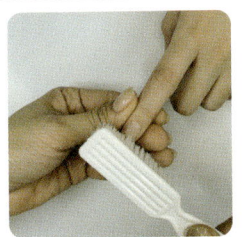

7. 손톱 주변 먼지 제거하기 - 손톱 주변에 남아있는 먼지를 더스트브러쉬를 사용하여 털어준다.

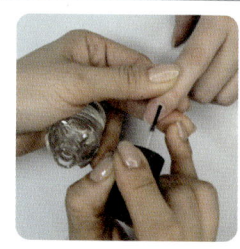
8. 큐티클 연화제 바르기 - 큐티클이 단단하게 많이 발달되어 있는 경우 연화제를 사용하여 준다.
※ 큐티클 연화제, 큐티클 오일은 선택사항으로 필요시 사용한다.

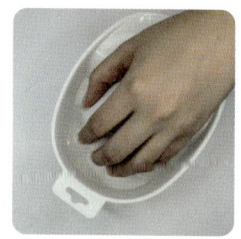
9. 핑거볼에 손담그기 - 미온수를 이용하여 큐티클을 불려준다.

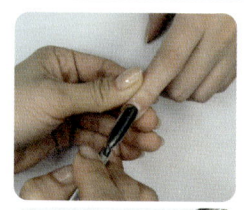
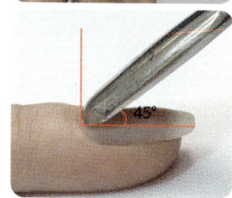
10. 큐티클 푸셔로 밀어주기 - 푸셔의 각도는 45°를 유지하여 네일 매트릭스 부분과 주변 피부가 손상되지 않도록 가볍게 밀어준다.

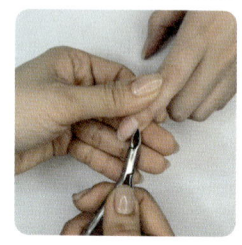
11. 큐티클 니퍼로 정리하기 - 니퍼의 날이 큐티클 부분의 피부를 과하게 제거하지 않도록 주의하고, 니퍼의 날이 큐티클 부분과 45°를 유지하여 제거하도록 한다.

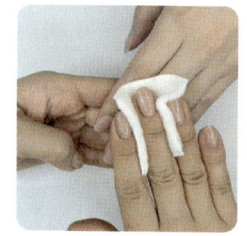
12. 소독하기 - 케어 후 손 소독 시 멸균거즈에 소독제를 묻혀 소독하여 준다.
※ 철제기구가 닿은 피부는 반드시 소독하여 위생적인 관리를 한다.

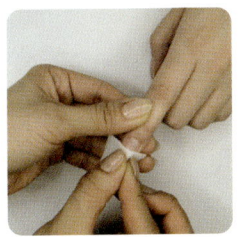
13. 손톱의 유분기 제거하기 - 손톱에 남아있는 유분기를 제거하여 준다.
※ 유분기를 제거하는 과정이 충분히 진행되지 않을 경우 균일한 폴리시 도포가 어렵다.

14. 베이스 코트 발라주기 - 컬러의 발색력과 자연 네일을 보호하기 위해 베이스 코트를 1회 도포하여 준다.

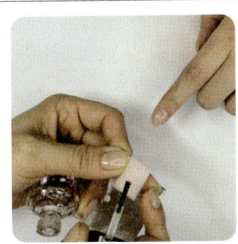
15. 스펀지 그러데이션 - 스펀지를 3등분하여 윗부분에 베이스 코트와 스펀지 아래 부분에 화이트 컬러를 도포하여 중간 부분을 그러데이션하여 준다.
※ 이때 스펀지의 화이트 컬러량은 프리에지 쪽이 가장 많이 발릴 수 있도록 양 조절하여 준다.

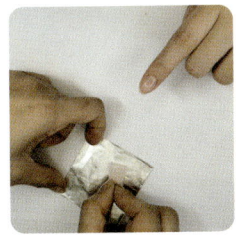
16. 스펀지의 베이스 코트와 화이트 컬러가 자연스러운 그러데이션이 형성될 수 있도록 호일에 스펀지를 가볍게 두드려준다.
※ 호일 팔레트에 스펀지를 가볍게 두드려 화이트 컬러의 경계면이 생기지 않도록 한다.
※ 이때 두드리는 작업을 너무 많이 진행하면 오히려 스펀지에 컬러량이 너무 적어지는 효과가 나타날 수 있으므로 주의한다.

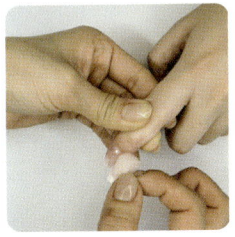
17. 첫 번째 그러데이션 - 스펀지 아래 부분인 화이트 폴리시 부분이 프리에지 쪽에 닿게 하여 손톱에 가볍게 두드려준다.
※ 그러데이션의 범위가 손톱 전체의 1/2 이상 부분으로 반월 부분을 침범하지 않도록 주의한다.

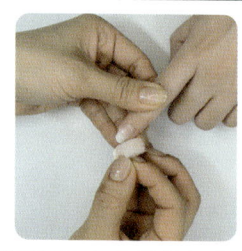
18. 두 번째 그러데이션 - 두 번째 화이트 컬러와 베이스 코트를 이용하여 위와 같은 방법으로 그러데이션하면서 손톱에 자연스러운 그러데이션이 형성되는지 확인한다. 자연스러운 그러데이션이 형성되도록 반복적으로 가볍게 두드려준다.

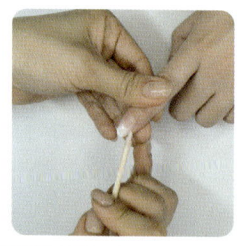
19. 손톱 주변에 묻은 컬러 제거하기 - 컬러링 후 피부에 묻은 잔여물을 우드 스틱에 솜을 말아 리무버를 묻혀 제거하여 준다.

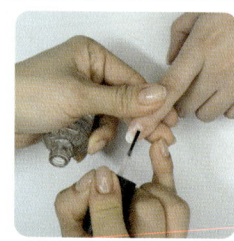
20. 탑 코트 도포하기 - 적당량의 탑 코트를 컬러링 위에 얹듯이 도포하여 폴리시에 광택감을 준다.
※ 탑코트 도포 시 브러시에 너무 힘을 주어 도포하면 컬러링이 밀릴 수 있으니 주의한다.
※ 마무리 시 오일 사용은 하지 않는다.

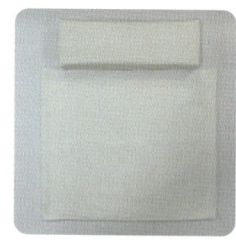
21. 작업대 마무리 - 작업 시 사용한 재료와 도구를 정리하여 준다.

🌸 그러데이션 시술 시

① 스펀지를 3등분하여 윗면에 베이스 코트를 도포한다.
② 스펀지의 아랫면에 화이트 폴리시를 도포한다.
③ 스펀지의 중간 지점이 그러데이션될 수 있도록 해준다.
④ 호일에 스펀지를 두드려 자연스러운 그러데이션이 되도록 한다.

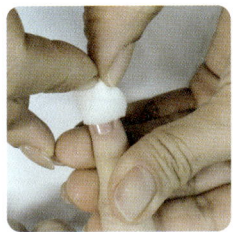 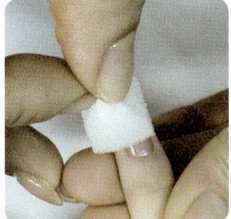 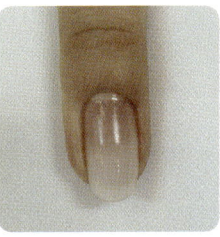 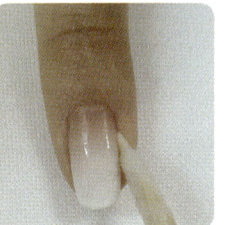

⑤ 왼쪽 사이드 지점부터 시작하여 손톱에 가볍게 두드려준다.
⑥ 오른쪽 사이드 부분까지 그러데이션해준다.
⑦ 프리에지 부분도 빠짐없이 발라준다(루눌라를 침범하지 않고 ⑤~⑦ 반복).
⑧ 우드스틱에 솜을 말아 피부에 묻은 잔여물을 지워준다.

 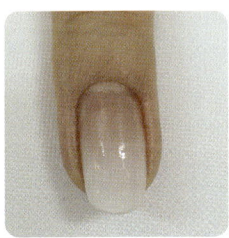

⑨ 탑 코트를 도포한다.
⑩ 완성

그러데이션 완성사진

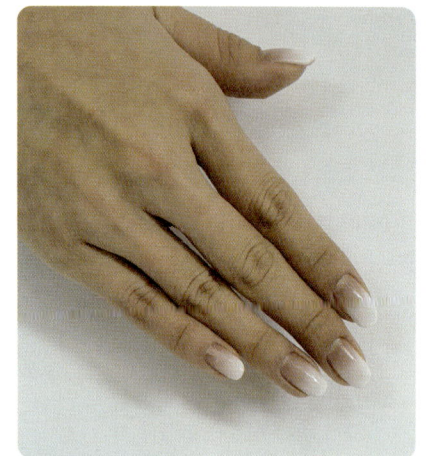
그러데이션 화이트 정면

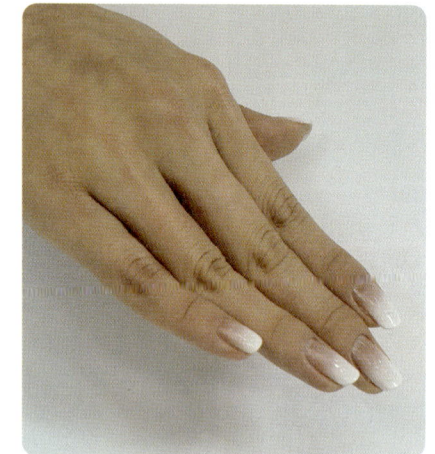
그러데이션 화이트 측면

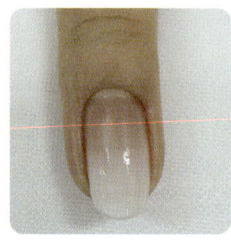
정면

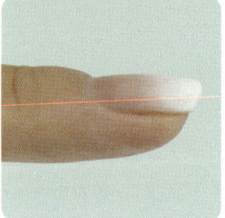
오른쪽 측면

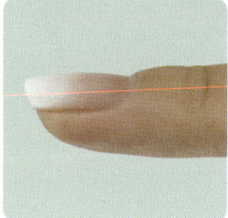
왼쪽 측면

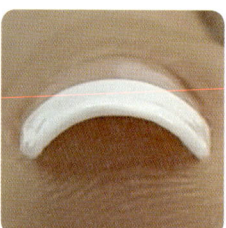
프리에지

• Memo •

03

페디큐어

- Unit 0 • 페디큐어 작업대 준비
- Unit 1 • 풀 코트 페디큐어
- Unit 2 • 딥 프렌치 페디큐어
- Unit 3 • 그러데이션 페디큐어

Unit 0 — 페디큐어 작업대 준비

페디큐어 작업대 준비

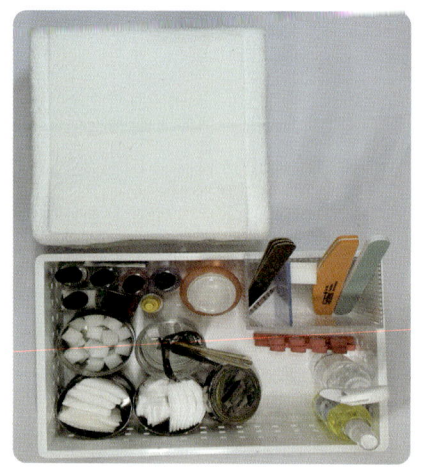

페디큐어 작업대 준비

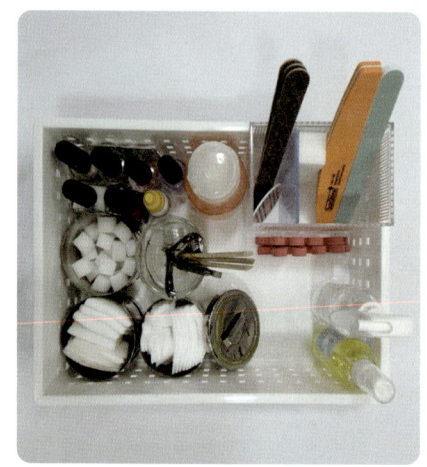

정리함 세팅

준비물 리스트

(모델 기준 참조), 위생가운, 마스크, 손목 받침대(흰타월), 작업대(흰색 페이퍼타월), 재료 정리함(흰바구니), 안티셉틱(피부용, 소독용), 에타올(기구소독용), 탈지면 용기, 멸균거즈, 탈지면(화장솜), 위생비닐, 큐티클 니퍼, 푸셔, 클리퍼, 자연 네일용 파일, 디스크패드, 샌딩 파일, 우드스틱, 보온병, 지혈제, 흰색 폴리시, 빨강 폴리시, 베이스 코트, 탑 코트, 폴리시 리무버, 큐티클 오일, 철제 기구 소독용기(유리볼), 파일꽂이, 분무기, 토우 세퍼레이트, 발받침대

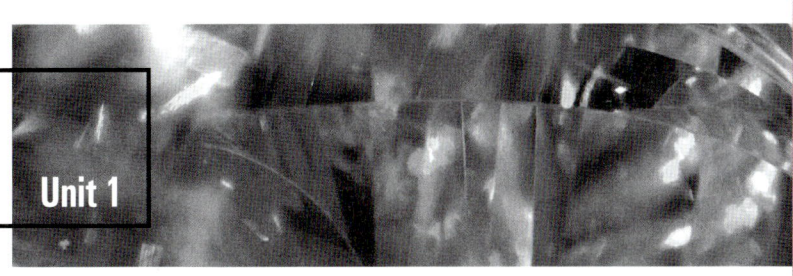

풀 코트 페디큐어
Unit 1

🌀 요구사항

※ 지참 도구 및 재료를 사용하여 요구사항대로 풀 코트 페디큐어를 완성하시오.

(1) 과제를 수행하기 전 수험자 손 및 모델의 발과 발톱을 소독하시오.

(2) 사전에 모델의 오른발에 도포되어 있는 네일 폴리시를 깨끗하게 제거하시오.

(3) 오른발 5개의 발톱(1~5지)에 물스프레이를 이용한 습식 페디 케어를 실시하시오.

(4) 발톱의 프리에지 형태는 스퀘어형으로 조형하시오.

 ※ 스퀘어 : 도면과 같이 스트레스 포인트에서부터 프리에지까지 직선이 존재하고, 끝 부분은 직선 형태(스퀘어)를 이루어야 하며, 각이 있는 모서리가 존재하는 상태

(5) 발톱의 주변 큐티클을 오렌지 우드스틱 또는 큐티클 푸셔를 사용하여 안전하게 밀어주시오.

(6) 큐티클 니퍼를 사용하여 발톱 주변의 불필요한 거스러미를 정리하시오.

(7) 펄이 첨가되지 않은 빨강색 네일 폴리시를 사용하여 오른발 1~5지의 발톱 모두를 풀 코트로 완성하시오.

(8) 컬러 도포는 프리에지의 단면의 앞선까지 모두 도포하시오.

(9) 베이스 코트 1회 - 빨강색 폴리시 2회 - 탑 코트 1회의 도포 순서로 완성하시오

세부과제	요구사항
레드 풀 코트	◆ 빨강색 네일 폴리시를 사용하여 오른발 1~5지의 손톱 모두를 풀 코트로 완성하시오. ◆ 베이스 코트 1회 - 빨강색 폴리시 2회 - 탑 코트 1회의 도포 순서로 완성하시오.
딥 프렌치 화이트	◆ 흰색 네일 폴리시를 사용하여 오른발 1~5지의 손톱 모두를 프렌치 화이트로 완성하시오. ◆ 딥 프렌치의 라인은 발톱 전체 길이의 1/2 이상이며 완만한 스마일 라인으로 완성하시오. ◆ 베이스 코트 1회 - 흰색 폴리시 2회 - 탑 코트 1회의 도포 순서로 완성하시오.

세부과제	요구사항
그러데이션 화이트	• 흰색 네일 폴리시를 사용하여 오른손 1~5지 손톱 모두를 그러데이션으로 완성하시오. • 그러데이션의 범위는 발톱 전체 길이의 1/2 이상 반월 부분을 넘지 않아야 합니다. • 베이스 코트 1회 – 흰색 그러데이션 도포 – 탑 코트

수험자 유의사항

(1) 모델 발톱의 준비상태는 빨강색 폴리시가 풀컬러로 도포되어야 하며, 스퀘어 형태로 사전 작업되지 않은 자연 형태를 유지하여야 합니다.
(2) 자연 네일 파일링 시 문지르거나 비비지 말고 한 방향으로 파일링하시오.
(3) 발톱의 길이는 피부의 선단을 넘지 않도록 하시오.
(4) 큐티클 연화제(큐티클 오일, 리무버, 크림), 멸균거즈는 작업 상황에 맞도록 적절히 사용하시오.
(5) 탑 코트 후 마무리 시 오일을 사용하지 마시오.
(6) 컬러 도포 시 네일 폴리시의 브러시를 사용하시오.
(7) 큐티클 니퍼, 큐티클 푸셔, 클리퍼, 네일 더스트 브러시, 오렌지 우드스틱(푸셔용)은 알코올 소독용기에 담가 두어야 합니다.

시험내용

발톱형태	길이	시술	시간	배점
스퀘어	피부의 선단을 넘지 않도록	오른발 1~5지	30분	20점

시간분배

1	2	3	4	5	6	7	8	9	10	11	12	13	14	15	16	17	18	19	20	21	22	23	24	25	26	27	28	29	30
소독		컬러 지우기			쉐입 잡기					케어하기								소독 및 유분기 제거		컬러링 하기								마무리	

풀 코트 페디큐어 작업순서

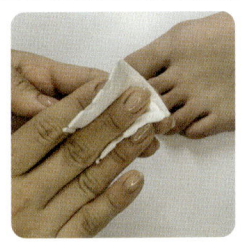

1. 시술자 손 소독하기 - 손 소독 시에는 화장솜에 소독제를 분사하여 소독하여 준다.

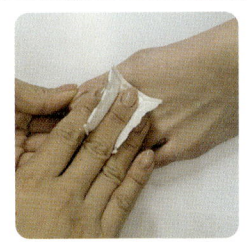

2. 모델 발 소독하기 - 발 소독 시에는 멸균거즈에 소독제를 분사하여 소독하여 준다.

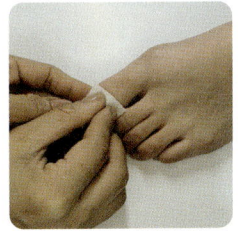

3. 묵은 폴리시 제거하기 - 발톱 사이즈에 맞는 화장솜에 적당량의 리무버를 묻혀 폴리시를 제거한다.
※ 폴리시 제거 시 다섯발가락에 리무버를 묻힌 솜을 다 올려놓지 않도록 주의한다.

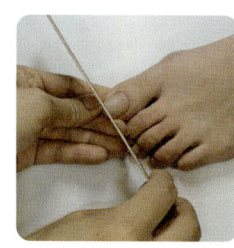
4. 쉐입 잡기 - 자연 네일용 우드 파일을 사용하여 발톱의 사이드 라인을 직선으로 정리한다. 발톱의 프리에지도 일직선이 되도록 파일의 각도를 90°로 유지하며 한 방향으로 파일링하여 준다.
※ 파일링 시 문지르거나 비비지 않도록 주의한다.
※ 발톱의 길이는 피부의 선단을 넘지 않도록 한다.
※ 스퀘어 쉐입 - 스트레스 포인트에서 프리에지까지 직선이 존재하고, 끝부분은 직선의 형태(스퀘어)를 이루어야 하며, 각이 있는 모서리가 존재하는 형태

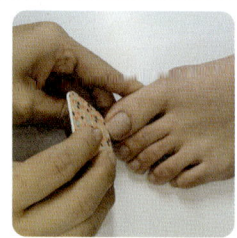
5. 발톱 및 거스러미 제거하기 - 디스크패드를 사용하여 발톱 및 주변 거스러미를 제거하여 준다.

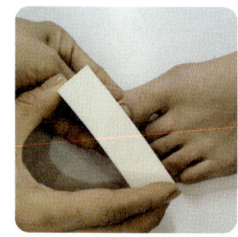
6. 발톱 표면 파일링 - 발톱 표면의 굴곡을 샌딩버퍼를 사용하여 매끄럽게 정리하여 준다.

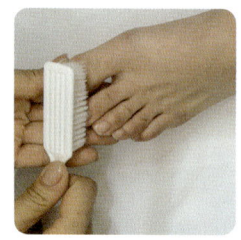
7. 발톱 주변 먼지 제거하기 - 발톱 주변에 남아있는 먼지를 더스트 브러시를 사용하여 털어낸다.

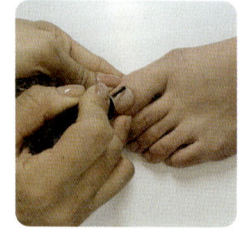
8. 큐티클 연화제 바르기 - 큐티클이 단단하게 많이 발달되어 있는 경우 연화제를 사용하여 준다.
※ 큐티클 연화제, 큐티클 오일은 선택사항으로 필요시 사용한다.

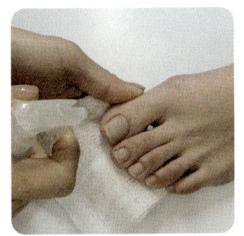

9. 물 분사하기 - 발톱에 물을 분사한 후 멸균거즈를 사용하여 발에 묻은 물을 멸균거즈를 사용하여 흡수시킨다.

※ 페디 관리이므로 물을 분사하여 준다.

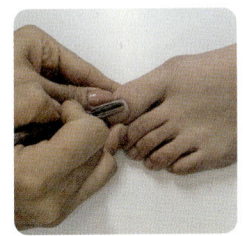

10. 큐티클 푸셔로 밀어주기 - 푸셔의 각도는 45°를 유지하여 발톱의 매트릭스 부분과 주변 피부가 손상되지 않도록 가볍게 밀어준다.

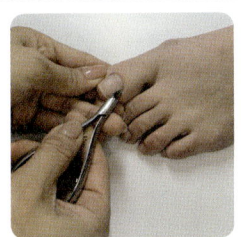

11. 큐티클 니퍼로 정리하기 - 니퍼의 날이 큐티클 부분의 피부를 과하게 제거하지 않도록 주의하고, 니퍼의 날이 큐티클 부분과 45°를 유지하여 제거하도록 한다.

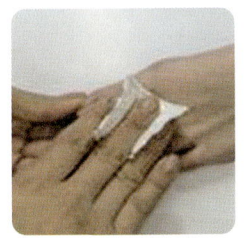

12. 소독하기 - 케어 후 발 소독 시 멸균거즈에 소독제를 묻혀 소독하여 준다.

※ 철제기구가 닿은 피부는 반드시 소독하여 위생관리하여 준다.

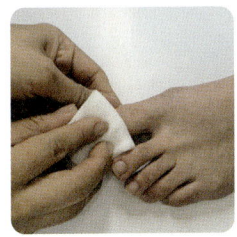

13. 발톱의 유분기 제거하기 - 발톱에 남아있는 유분기를 제거하여 준다.

※ 유분기를 제거하는 과정이 충분히 진행되지 않을 경우 균일한 폴리시 도포가 어렵다.

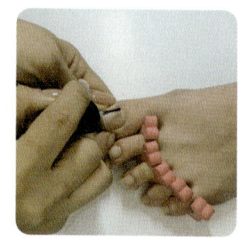
14. 베이스 코트 발라주기 - 토우 세퍼레이트를 착용한 후 컬러의 발색력과 자연 네일을 보호하기 위해 적당량의 베이스 코트를 도포하여 준다.

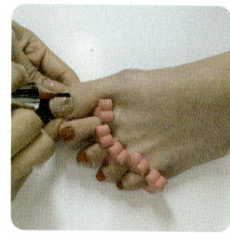
15. 첫 번째 폴리시 바르기 - 첫 번째 컬러링 시 큐티클 라인에 맞추어 브러시의 각도 45°를 유지하며 컬러링하여 준다.

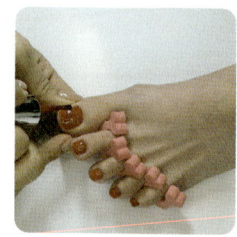
16. 두 번째 폴리시 바르기 - 일정한 두께로 균일하게 도포될 수 있도록 브러시에 힘을 빼고, 발톱의 사이드 부분과 프리에지까지 컬러링하여 준다.

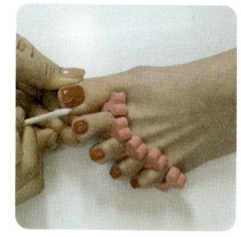
17. 발톱 주변에 묻은 컬러 제거하기 - 컬러링 후 피부에 묻은 잔여물을 우드스틱에 솜을 말아 리무버를 묻혀 제거하여 준다.

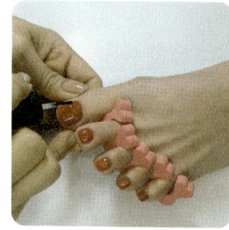
18. 탑 코트 도포하기 - 적당량의 탑 코트를 컬러링 위에 얹듯이 도포하여 폴리시에 광택을 준다.
※ 탑 코트 도포 시 브러시에 너무 힘을 주어 도포하면 컬러링이 밀릴 수 있으니 주의한다.
※ 마무리 시 오일 사용은 하지 않는다.

19. 작업대 마무리 - 작업 시 사용한 재료와 도구를 정리하여 준다.

풀 코트 페디큐어 시술시

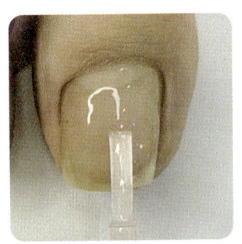 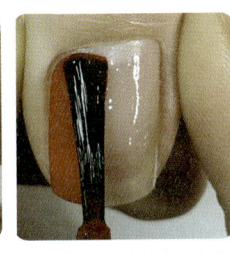 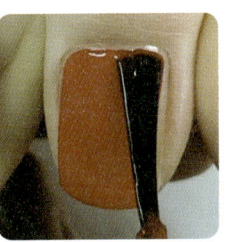

① 베이스 코트를 바른다.
② 왼쪽 큐티클 라인부터 컬러링하여 준다.
③ 큐티클 라인을 맞추어 오른쪽 라인으로 이동하며 컬러링한다.
④ 풀 코트는 큐티클 라인과 1mm 정도 띄우며 균일하게 도포한다.

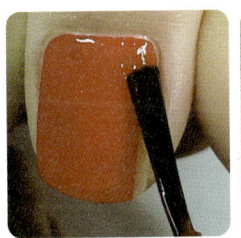 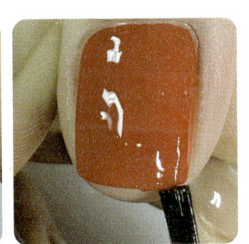 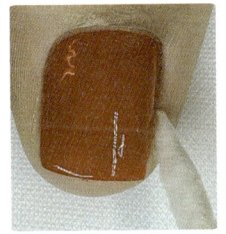 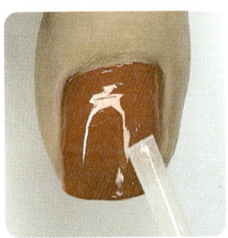

⑤ 오른쪽 사이드 라인을 컬러링한다.
⑥ 발톱의 끝부분(프리에지)도 세심히 발라준다.
⑦ 우드스틱에 리무버를 묻힌 솜을 말아 피부에 묻은 잔여물을 지워준다.
⑧ 탑 코트를 도포한다.

⑨ 완성

🌸 풀 코트 페디큐어 완성사진

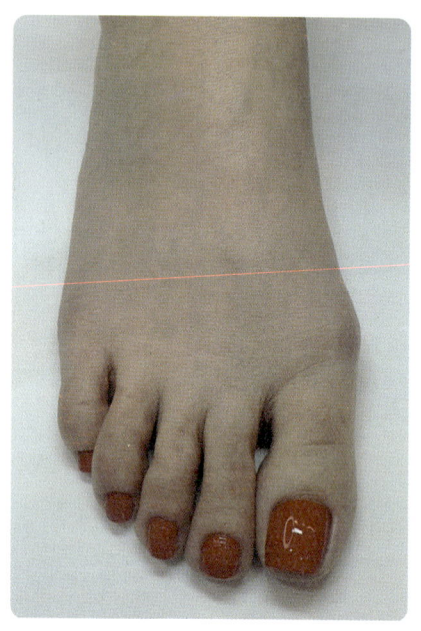

풀 코트 레드 정면

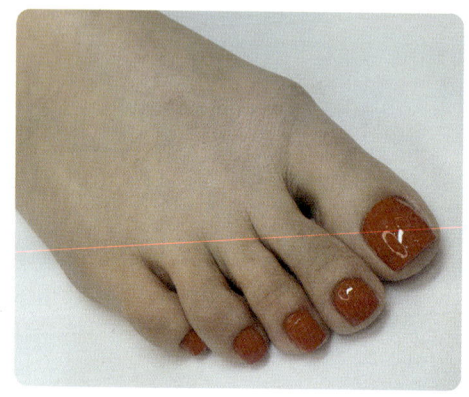

풀 코트 레드 측면

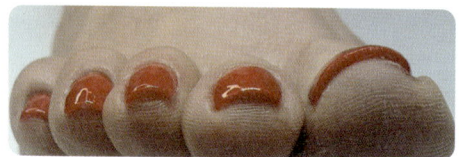

프리에지 단면

정면

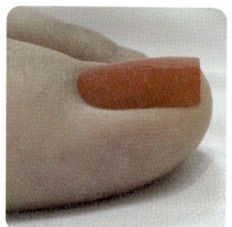

오른쪽 측면

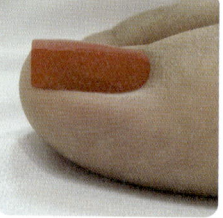

왼쪽 측면

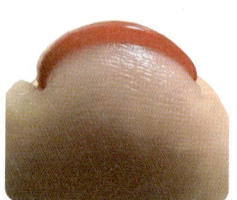

프리에지

딥 프렌치 페디큐어 Unit 2

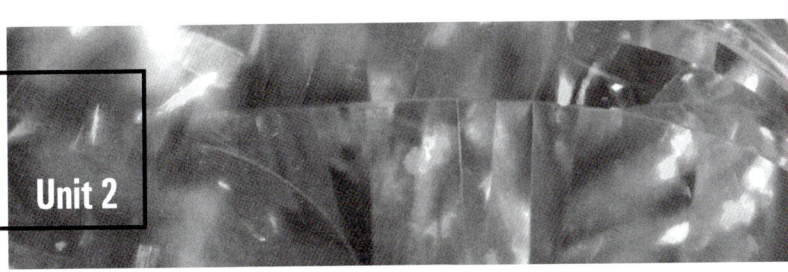

🌸 요구사항

※ 지참 도구 및 재료를 사용하여 요구사항대로 딥 프렌치 페디큐어를 완성하시오.

(1) 과제를 수행하기 전 수험자 손 및 모델의 발과 발톱을 소독하시오.

(2) 사전에 모델의 오른발에 도포되어 있는 네일 폴리시를 깨끗하게 제거하시오.

(3) 오른발 5개의 발톱(1~5지)에 물스프레이를 이용한 습식 페디 케어를 실시하시오.

(4) 발톱의 프리에지의 형태는 스퀘어형으로 조형하시오.

※ 스퀘어 : 도면과 같이 스트레스 포인트에서부터 프리에지까지 직선이 존재하고, 끝 부분은 직선의 형태(스퀘어)를 이루어야 하며, 각이 있는 모서리가 존재하는 상태

(5) 발톱의 주변 큐티클을 오렌지 우드스틱 또는 큐티클 푸셔를 사용하여 안전하게 밀어주시오.

(6) 큐티클 니퍼를 사용하여 발톱 주변의 불필요한 거스러미를 정리하시오.

(7) 펄이 첨가되지 않은 순수 흰색 네일 폴리시를 사용하여 오른발 1지~5지의 발톱 모두를 딥 프렌치로 완성하시오. 단, 딥 프렌치 라인은 발톱 전체 길이의 1/2 이상의 부분이어야 하며, 반월 부분은 침범하지 않도록 하시오.

(8) 컬러 도포는 프리에지의 단면의 앞 선까지 모두 도포하시오.

(9) 베이스 코트 1회 - 흰색 폴리시 2회 - 탑 코트 1회의 도포 순서로 완성하시오.

🌸 수험자 유의사항

(1) 모델 발톱의 준비상태는 **빨강색 폴리시가 풀 컬러로 도포되어야** 하며, 스퀘어 형태로 사전 작업되지 않은 자연형태를 유지하여야 합니다.
(2) 자연 네일 파일링 시 문지르거나 비비지 말고 한 방향으로 파일링하시오.
(3) 발톱의 길이는 피부의 선단을 넘지 않도록 하시오.
(4) 큐티클 연화제(큐티클 오일, 리무버, 크림), 멸균거즈는 작업 상황에 맞도록 적절히 사용하시오.
(5) 탑 코트 후 마무리 시 오일을 사용하지 마시오.
(6) 컬러 도포 시 네일 폴리시이 브러시를 사용하시오.
(7) 큐티클 니퍼, 큐티클 푸셔, 클리퍼, 네일 더스트 브러시, 오렌지 우드스틱(푸셔용)은 알코올 소독용기에 담가 두어야 합니다.

🌸 시험내용

발톱형태	길이	시술	시간	배점
스퀘어	피부의 선단을 넘지 않도록	오른발 1~5지	30분	20점

🌸 시간분배

1	2	3	4	5	6	7	8	9	10	11	12	13	14	15	16	17	18	19	20	21	22	23	24	25	26	27	28	29	30
소독		컬러 지우기			쉐입 잡기					케어하기								소독 및 유분기 제거		컬러링 하기								마무리	

딥 프렌치 페디큐어 작업순서

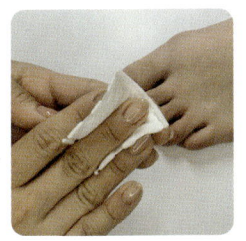
1. 시술자 손 소독하기 - 손 소독 시에는 멸균거즈에 소독제를 분사하여 소독하여 준다.

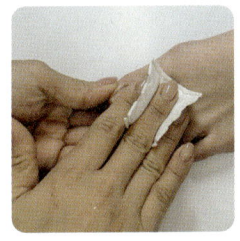
2. 모델 발 소독하기 - 발 소독 시에는 화장솜에 소독제를 분사하여 소독하여 준다.

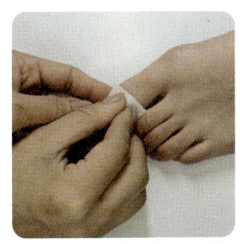
3. 묵은 폴리시 제거하기 - 발톱 사이즈에 맞는 화장솜에 적당량의 리무버를 묻혀 폴리시를 제거한다.
※ 폴리시 제거 시 다섯 발가락에 리무버를 묻힌 솜을 올려놓지 않도록 주의한다.

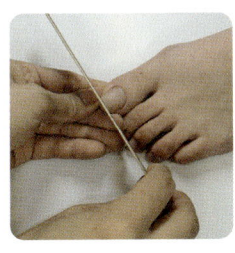
4. 쉐입 잡기 - 자연 네일용 우드 파일을 사용하여 발톱의 사이드 라인을 직선으로 정리한다. 발톱의 프리에지도 일직선이 되도록 파일의 각도를 90°로 유지하며 한 방향으로 파일링하여 준다.
※ 파일링 시 문지르거나 비비지 않도록 주의한다.
※ 발톱의 길이는 피부의 선단을 넘지 않도록 한다.
※ 스퀘어: 스트레스 포인트에서 프리에지까지 직선이 존재하고 끝부분은 직선의 형태(스퀘어)를 이루어야 하며, 각이 있는 모서리가 존재하는 형태

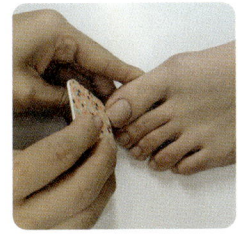
5. 발톱 및 거스러미 제거하기 - 디스크패드를 사용하여 발톱 및 주변 거스러미를 제거하여 준다.

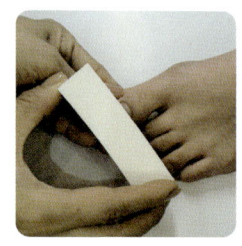

6. 발톱 표면 파일링 - 발톱 표면의 굴곡을 샌딩 버퍼를 사용하여 매끄럽게 정리하여 준다.

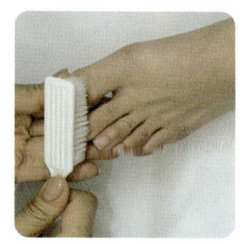

7. 발톱 주변 먼지 제거하기 - 발톱 주변에 남아있는 먼지를 니스트 브러시를 사용하여 털어낸다.

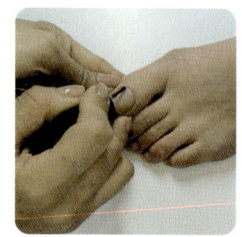

8. 큐티클 연화제 도포하기 - 발톱 주변 피부에 연화제를 도포하여 준다.

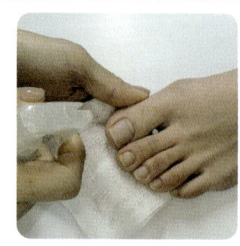

9. 물 분사하기 - 발톱에 물을 분사한 후 멸균거즈를 사용하여 발에 묻은 물을 흡수시킨다.
※ 패디 관리이므로 물을 분사하여 준다.

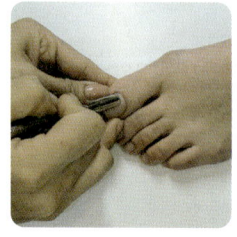

10. 큐티클 푸셔로 밀어주기 - 푸셔의 각도는 45°를 유지하여 발톱의 매트릭스 부분과 주변 피부가 손상되지 않도록 가볍게 밀어준다.

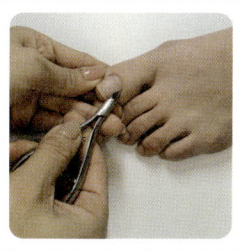
11. 큐티클 니퍼로 정리하기 - 니퍼의 날이 큐티클 부분의 피부를 과하게 제거하지 않도록 주의하고, 니퍼의 날이 큐티클 부분과 45°를 유지하여 제거하도록 한다.

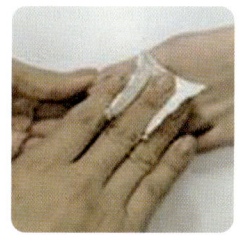
12. 소독하기 - 케어 후 발 소독 시 멸균거즈에 소독제를 묻혀 소독하여 준다.
※ 철제기구가 닿은 피부는 반드시 소독하여 위생관리하여 준다.

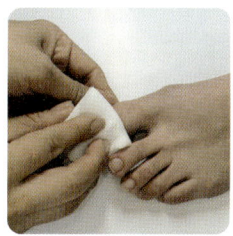
13. 발톱의 유분기 제거하기 - 발톱에 남아있는 유분기를 제거하여 준다.
※ 유분기를 제거하는 과정이 충분히 진행되지 않을 경우 균일한 폴리시 도포가 어렵다.

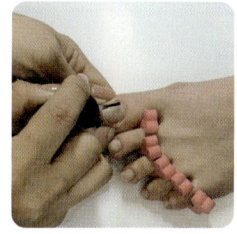
14. 베이스 코트 발라주기 - 토우 세퍼레이트를 착용한 후 컬러의 발색력과 자연 네일을 보호하기 위해 적당량의 베이스 코트를 도포하여 준다.

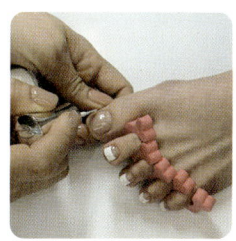
15. 첫 번째 폴리시 바르기 - 첫 번째 컬러링 시 발톱의 왼쪽 사이드에서 발톱의 중앙 부분으로 완만한 스마일 라인을 그리며 2/3 지점까지 도포한 뒤 오른쪽 사이드 끝에서 중앙으로 스마일 라인을 연결하여 준다. 이때 스마일 라인은 좌우대칭이여야 한다.
※ 딥 프렌치 라인의 두께는 발톱의 1/2 이상 부분으로 양측면의 스마일 라인(↔양방향)을 좌우대칭있게 그린 후 스마일 라인에서 발 끝 프리에지 방향으로 컬러링하여 준다.

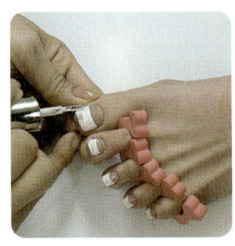
16. 두 번째 폴리시 바르기 - 딥 프렌치 라인을 따라 두 번째 컬러링을 진행하여 준다. 이때 스마일 라인을 좌우대칭에 맞게 수정할 수 있다. 프리에지 부분도 세심히 발라준다.
※ 화이트 컬러의 경우 브러시 결이 남을 수 있으므로 빠르게 컬러링 하여 준다.
※ 이때 컬러링의 진행 방향은 스마일 라인에서 손끝 프리에지 방향으로 컬러링하여 준다.
※ 두 번째 컬러링 시에는 묽은 화이트 컬러를 사용하는 것이 컬러 뭉침 현상을 방지할 수 있다.

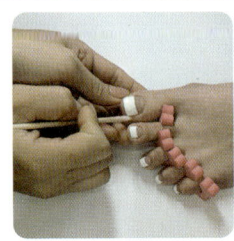
17. 발톱 주변에 묻은 컬러 제거하기 - 컬러링 후 피부에 묻은 잔여물을 우드스틱에 솜을 말아 리무버를 묻혀 제거하여 준다.

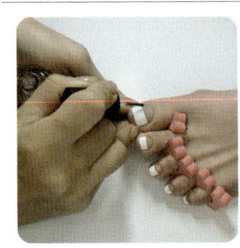
18. 탑 코트 도포하기 - 적당량의 탑코트를 컬러링 위에 얹듯이 도포하여 폴리시에 광택을 준다.
※ 탑 코트 도포 시 브러시에 너무 힘을 주어 도포하면 컬러링이 밀릴 수 있으니 주의한다.
※ 마무리 시 오일 사용은 하지 않는다.

19. 작업대 마무리 - 작업 시 사용한 재료와 도구를 정리하여 준다.

🌀 딥 프렌치 페디큐어 시술 시

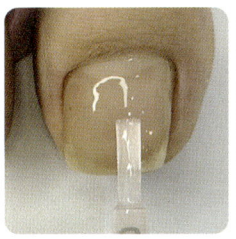 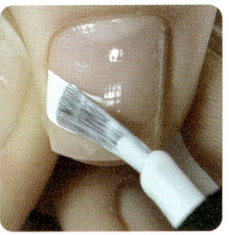  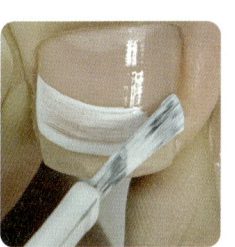

① 베이스 코트를 바른다.
② 손톱의 1/2 이상 부분이며 루눌라 부분을 침범하지 않도록 시작점을 잡아 준다.
③ 스마일 라인을 손톱의 2/3 지점까지 그려준다.
④ 오른쪽 사이드 부분과 스마일 라인이 좌우대칭에 맞게 연결한다.

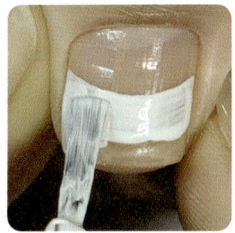 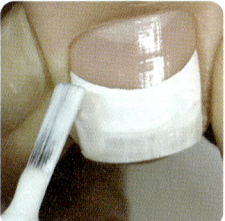  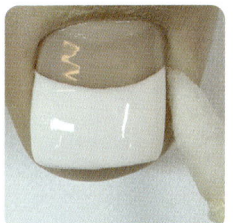

⑤ 스마일 라인의 아래쪽 손톱을 세로로 컬러링하여 준다.
⑥ 오른쪽 사이드 부분의 라인과 스마일 라인을 연결한다(좌우대칭).
⑦ 프리에지 부분을 빠짐없이 발라준다 (스마일 라인에 벗어나지 않고 ⑤~⑦ 반복).
⑧ 우드스틱에 솜을 말아 피부에 묻은 잔여물을 지워준다.

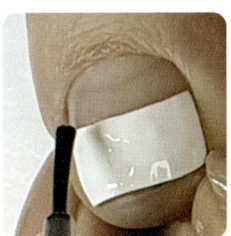 

⑨ 탑 코트를 도포한다.
⑩ 완성

딥 프렌치 페디큐어 완성사진

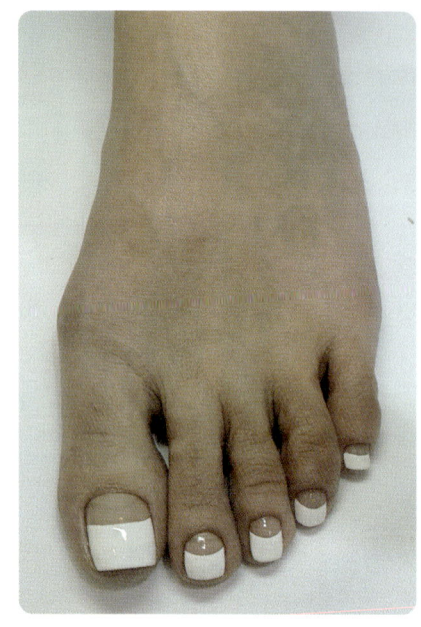

딥 프렌치 화이트 정면

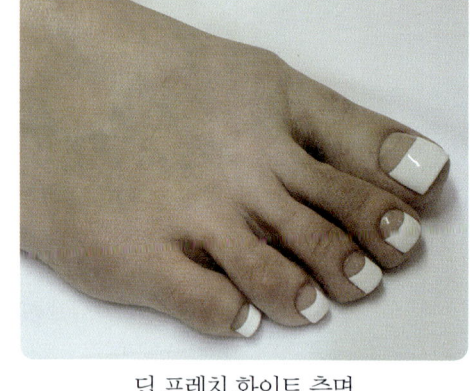

딥 프렌치 화이트 측면

프리에지 단면

정면

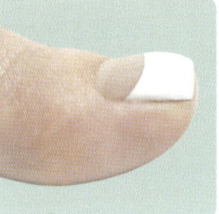

오른쪽 측면

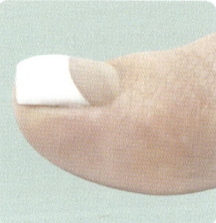

왼쪽 측면

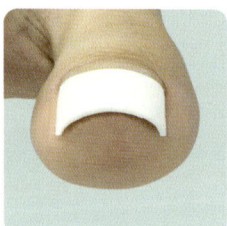

프리에지

그러데이션 페디큐어

Unit 3

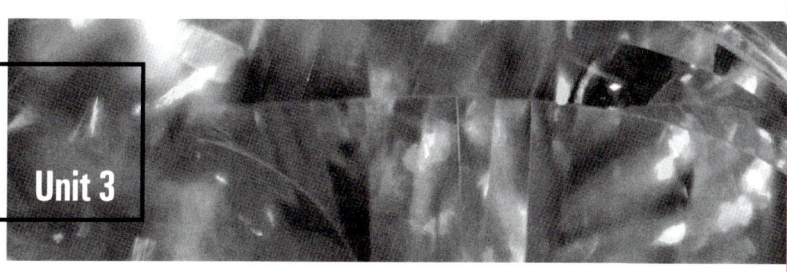

● 요구사항

※ 지참 도구 및 재료를 사용하여 요구사항대로 그러데이션 화이트 페디큐어를 완성하시오.

(1) 과제를 수행하기 전 수험자 손 및 모델의 발과 발톱을 소독하시오.

(2) 사전에 모델의 오른발에 도포되어 있는 네일 폴리시를 깨끗하게 제거하시오.

(3) 오른발 5개의 발톱(1~5지)에 물스프레이를 이용한 습식 페디 케어를 실시하시오.

(4) 발톱의 프리에지 형태는 스퀘어형으로 조형하시오.

  ※ 스퀘어: 도면과 같이 스트레스 포인트에서부터 프리에지까지 직선이 존재하고, 끝 부분은 직선의 형태(스퀘어)를 이루어야 하며, 각이 있는 모서리가 존재하는 상태

(5) 발톱의 주변 큐티클을 오렌지 우드스틱 또는 큐티클 푸셔를 사용하여 안전하게 밀어주시오.

(6) 큐티클 니퍼를 사용하여 발톱 주변의 불필요한 거스러미를 정리하시오.

(7) 펄이 첨가되지 않은 순수 흰색 네일 폴리시를 사용하여 오른발 1지~5지의 발톱 모두를 그러데이션으로 완성하시오. 단, 그러데이션의 범위는 발톱 프리에지에서 시작하여 전체 길이의 1/2 이상이며, 그러데이션은 스펀지를 이용하여 표현하되, 반월 부분은 침범하지 않도록 하시오.

(8) 컬러 도포는 프리에지의 단면의 앞선까지 모두 도포하시오.

(9) 베이스 코트 1회 - 흰색 그러데이션 도포 - 탑 코트 1회의 도포 순서로 완성하시오

수험자 유의사항

(1) 모델 발톱의 준비상태는 빨강색 폴리시가 풀컬러로 도포되어야 하며, 스퀘어 형태로 사전 작업되지 않은 자연 형태를 유지하여야 합니다.
(2) 자연 네일 파일링 시 문지르거나 비비지 말고 한 방향으로 파일링하시오.
(3) 발톱의 길이는 피부의 선단을 넘지 않도록 하시오.
(4) 큐티클 연화제(큐티클 오일, 리무버, 크림), 멸균거즈는 작업 상황에 맞도록 적절히 사용하시오.
(5) 탑 코트 후 마무리 시 오일을 사용하지 마시오.
(6) 컬러 도포 시 네일 폴리시의 브러시를 사용하시오
(7) 큐티클 니퍼, 큐티클 푸셔, 클리퍼, 네일 더스트 브러시, 오렌지 우드스틱(푸셔용)은 알코올 소독용기에 담가 두어야 합니다.

시험내용

발톱형태	길이	시술	시간	배점
스퀘어	피부의 선단을 넘지 않도록	오른발 1~5지	30분	20점

시간분배

1	2	3	4	5	6	7	8	9	10	11	12	13	14	15	16	17	18	19	20	21	22	23	24	25	26	27	28	29	30
소독		컬러 지우기			쉐입 잡기					케어하기								소독 및 유분기 제거		컬러링 하기								마무리	

그러데이션 페디큐어 작업순서

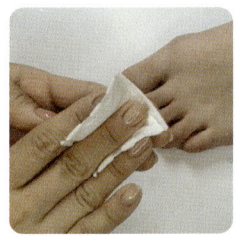

1. 시술자 손 소독하기 - 손 소독 시에는 멸균거즈 또는 화장솜에 소독제를 분사하여 소독하여 준다.

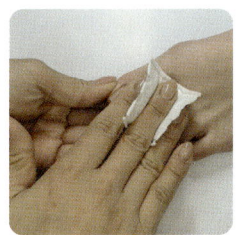

2. 모델 발 소독하기 - 발 소독 시에는 멸균거즈 또는 화장솜에 소독제를 분사하여 소독하여 준다.

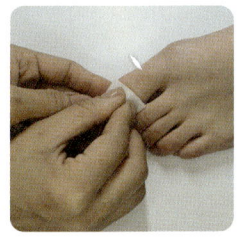

3. 묵은 폴리시 제거하기 - 발톱 사이즈에 맞는 화장솜에 적당량의 리무버를 묻혀 폴리시를 제거한다.
※ 폴리시 제거 시 다섯 발가락에 리무버를 묻힌 솜을 올려놓지 않도록 주의한다.

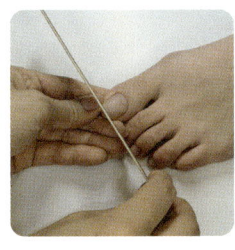

4. 쉐입 잡기 - 자연 네일용 우드 파일을 사용하여 발톱의 사이드 라인을 직선으로 정리한다. 발톱의 프리에지도 일직선이 되도록 파일의 각도를 90°로 유지하며 한 방향으로 파일링하여 준다.
※ 파일링 시 문지르거나 비비지 않도록 주의한다.
※ 발톱의 길이는 피부의 선단을 넘지 않도록 한다.
※ 스퀘어 쉐입 - 스트레스 포인트에서 프리에지까지 직선이 존재하고, 끝부분은 직선의 형태(스퀘어)를 이루어야 하며, 각이 있는 모서리가 존재하는 형태

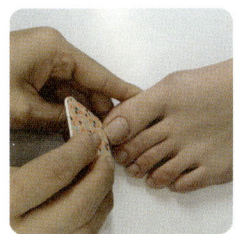

5. 발톱 및 거스러미 제거하기 - 디스크패드를 사용하여 발톱 및 주변 거스러미를 제거하여 준다.

6. 발톱 표면 파일링 - 발톱 표면의 굴곡을 샌딩버퍼를 사용하여 매끄럽게 정리하여 준다.

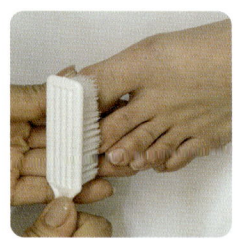

7. 발톱 주변 먼지 제거하기 - 발톱 주변에 남아있는 먼지른 더스트 브러기를 시용하니 벌어낸다.

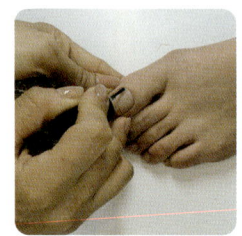

8. 큐티클 연화제 도포하기 - 큐티클이 단단하게 많이 발달되어 있는 경우 연화제를 사용하여 준다.
※ 큐티클 연화제, 큐티클 오일은 선택사항으로 필요시 사용한다.

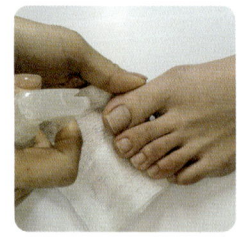

9. 물 분사하기 - 발톱에 물을 분사한 후 멸균거즈를 사용하여 발에 묻은 물을 흡수시킨다.
※ 페디 습식 관리이므로 물을 분사하여 준다.

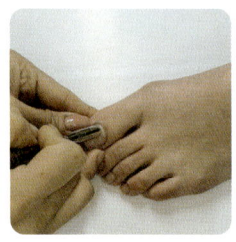

10. 큐티클 푸셔로 밀어주기 - 푸셔의 각도는 45°를 유지하여 발톱의 매트릭스 부분과 주변 피부가 손상되지 않도록 가볍게 밀어준다.

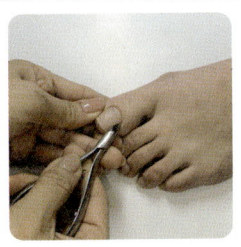
11. 큐티클 니퍼로 정리하기 - 니퍼의 날이 큐티클 부분의 피부를 과하게 제거하지 않고 손톱 표면을 손상시키지 않도록 주의하고, 니퍼의 날이 큐티클 부분과 45°를 유지하여 큐티클을 제거하도록 한다.

12. 소독하기 - 케어 후 발 소독시 멸균솜에 소독제를 묻혀 소독하여 준다.
※ 철제기구가 닿은 피부는 반드시 소독하여 위생관리하여 준다.

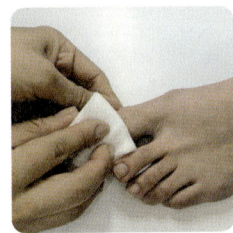
13. 발톱의 유분기 제거하기 - 발톱에 남아있는 유분기를 제거하여 준다.
※ 유분기를 제거하는 과정이 충분히 진행되지 않을 경우 균일한 폴리시 도포가 어렵다.

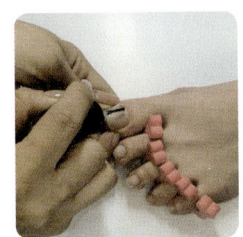
14. 베이스 코트 발라주기 - 토우 세퍼레이트를 착용한 후 컬러의 발색력과 자연 네일을 보호하기 위해 적당량의 베이스 코트를 도포하여 준다.

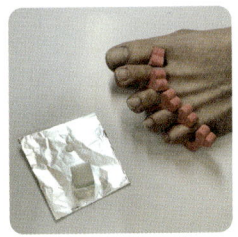
15. 스펀지의 베이스 코트와 화이트 컬러가 자연스러운 그러데이션이 형성될 수 있도록 호일에 스펀지를 가볍게 두드려준다.
※ 호일 팔레트에 스펀지를 가볍게 두드려 화이트 컬러의 경계면이 생기지 않도록 한다.
※ 이때 두드리는 작업을 너무 많이 진행하면 오히려 스펀지에 컬러량이 너무 적어지는 효과가 나타날 수 있으므로 주의한다.

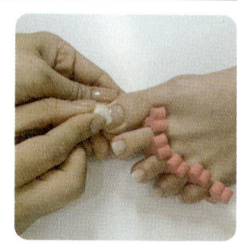

16. 첫 번째 그러데이션 - 스펀지 아랫부분인 화이트 폴리시 부분이 프리에지 쪽에 닿게 하여 손톱에 가볍게 두드려준다.
※ 그러데이션의 범위가 손톱 전체의 1/2 이상 부분으로 반월 부분을 침범하지 않도록 주의한다.

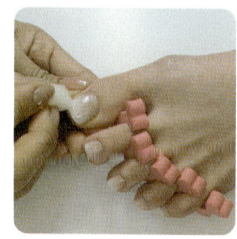

17. 두 번째 그러데이션 - 두 번째 화이트 컬러와 베이스 코트를 이용하여 위와 같은 방법으로 그러데이션하면서 손톱에 자연스러운 그러데이션이 형성되는지 확인한다. 자연스러운 그러데이션이 형성되도록 반복적으로 가볍게 두드려준다.

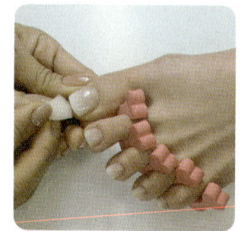

18. 프리에지 바르기 - 프리에지 부분도 빠짐없이 컬러링하여 준다.

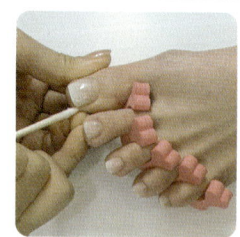

19. 손톱 주변에 묻은 컬러 제거하기 - 컬러링 후 피부에 묻은 잔여물을 우드스틱에 솜을 말아 리무버를 묻혀 제거하여 준다.

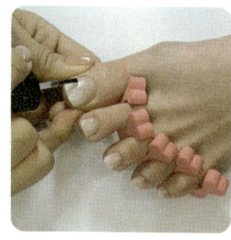

20. 탑 코트 도포하기 - 적당량의 탑코트를 컬러링 위에 얹듯이 도포하여 폴리시에 광택을 준다.
※ 탑 코트 도포 시 브러시에 너무 힘을 주어 도포하면 컬러링이 밀릴 수 있으니 주의한다.
※ 마무리 시 오일 사용은 하지 않는다.

 21. 작업대 마무리 - 작업 시 사용한 재료와 도구를 정리하여 준다.

그러데이션 페디큐어 시술 시

 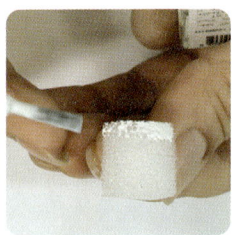  

① 스펀지를 3등분하여 윗면에 베이스 코트를 도포한다.
② 스펀지의 아랫면에 화이트 폴리시를 도포한다.
③ 스펀지의 중간지점이 그러데이션될 수 있도록 해준다.
④ 호일에 스펀지를 두드려 자연스러운 그러데이션이 되도록 한다.

   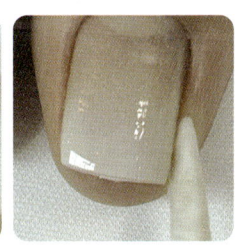

⑤ 왼쪽 사이드 지점부터 시작하여 발톱에 가볍게 두드려준다.
⑥ 오른쪽 사이드 부분까지 그러데이션해 준다.
⑦ 프리에지 부분도 빠짐없이 발라 준다 (루눌라를 침범하지 않고 ⑤~⑦ 반복).
⑧ 우드스틱에 솜을 말아 피부에 묻은 잔여물을 지워준다.

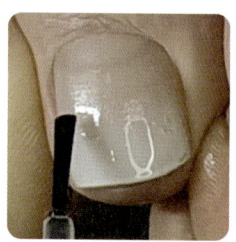 

⑨ 탑 코트를 도포한다.   ⑩ 완성

그러데이션 페디큐어 완성사진

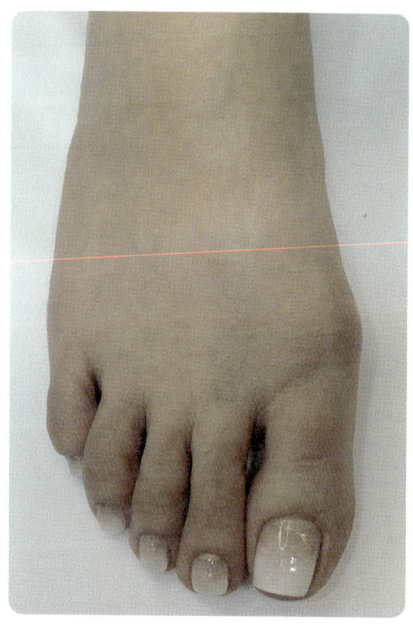

그러데이션 화이트 정면

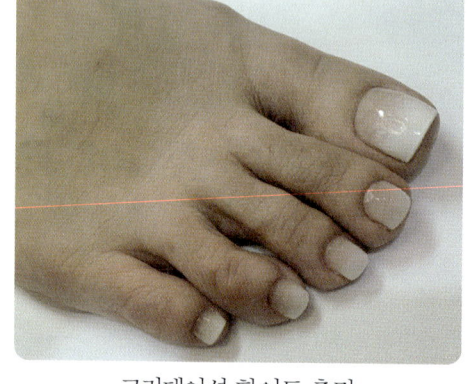

그러데이션 화이트 측면

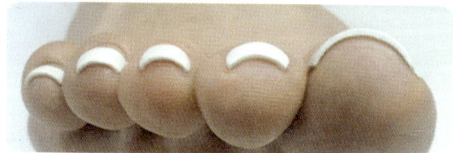

프리에지 단면

 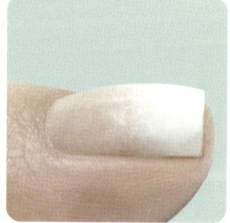 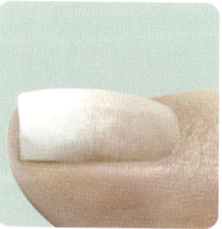 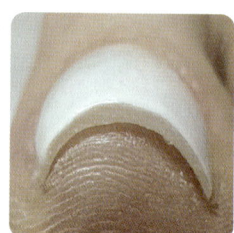

정면   오른쪽 측면   왼쪽 측면   프리에지

• Memo •

04

젤 매니큐어

Unit 0 • 젤 매니큐어 작업대 준비

Unit 1 • 선 마블링 젤 매니큐어

Unit 2 • 부채꼴 마블링 젤 매니큐어

Unit 0 — 젤 매니큐어 작업대 준비

선 마블링 모델의 왼손

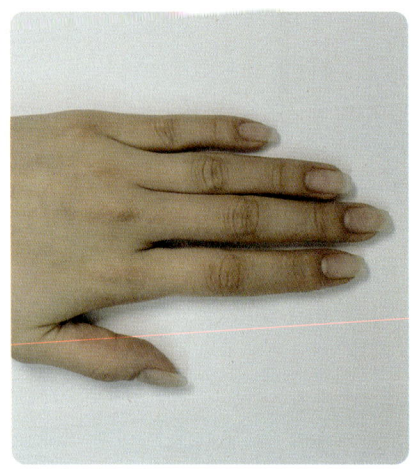

완성 전

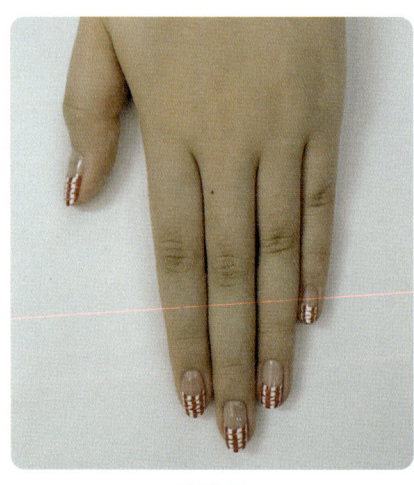

완성 후

- 사전에 큐티클 제거가 되어있는 상태
- 컬러링이 되어있지 않은 상태
- 손톱은 스퀘어 또는 스퀘어 오프 상태

젤 매니큐어 작업대 준비

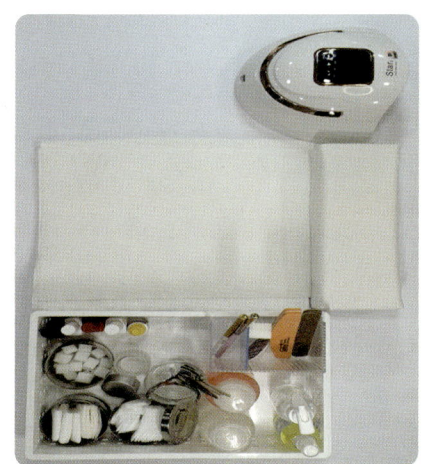

젤 매니큐어 작업대 준비

정리함 세팅

준비물 리스트

(모델 기준 참조), 위생가운, 투병 보호 안경, 마스크, 손목 받침대(흰타월), 작업대(흰색 페이퍼타월), 재료정리함(흰바구니), 안티셉틱(피부용, 소독용), 에탄올(기구소독용), 탈지면 용기, 멸균거즈, 탈지면(화장솜), 위생비닐, 큐티클 니퍼, 푸셔, 클리퍼, 자연 네일용 파일, 디스크패드, 샌딩 파일, 우드스틱, 지혈제, 흰색 젤 폴리시, 빨강 젤 폴리시, 베이스젤, 탑 젤, 젤 리무버, 철제기구 소독용기(유리볼), 파일꽂이, 세필 브러시, 라운드 브러시, 젤램프(핀타입도 사용가능), 네일 팔레트(호일 8×8 이하) 등

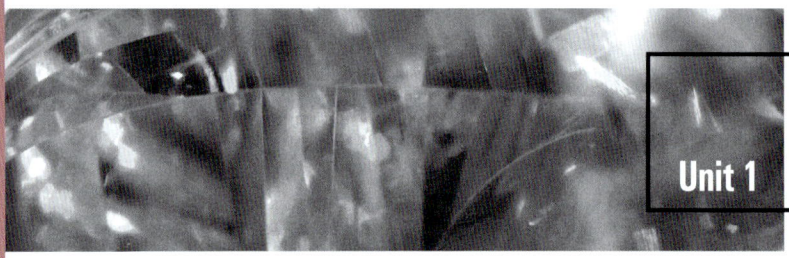

Unit 1 선 마블링 젤 매니큐어

요구사항

※ 지참도구 및 재료를 사용하여 아래의 요구사항대로 선 마블링 젤 매니큐어를 완성하시오.

(1) 과제를 수행하기 전 수험자와 모델의 손과 손톱을 소독하시오.
(2) 필요한 경우 손톱 주변의 각질이나 거스러미를 제거하기 위한 건식 케어를 실시할 수 있으며, 순서는 무관합니다.
(3) 손톱의 프리에지 형태는 라운드로 조절하시오.
  ※ 라운드: 스트레스 포인트에서부터 프리에지까지 직선이 존재하고, 끝 부분은 라운드 형태를 이루어야 하며, 프리에지의 어느 곳에도 각이 없는 상태
(4) 자연 손톱 표면을 버퍼로 정리한 후 주변의 잔여물 및 유수분기를 제거하시오(표면에 네일 전 처리제를 사용할 수 있음).
(5) 펄이 첨가되지 않은 순수 흰색과 빨강색 젤 네일 폴리시를 사용하여 왼손 1~5지 손톱 모두를 선 마블링으로 완성하시오.
  ① 흰색과 빨강색선의 교대 배열 세로선 8개(흰색, 빨강색 각 4개): 흰색과 빨강색을 번갈아 가며 총 8개의 교차된 세로선을 일정한 간격으로 5개의 손톱 모두 균일하게 작업하시오.
  ② 마블링 가로선 교차 5줄: 마블링을 표현하는 가로선은 완만한 곡선을 이루며, 좌우측 방향으로 번갈아 가며 마블링이 되도록 명료하게 작업하시오.
  ③ 개별 손톱 내에서 각 선의 간격은 균일해야 합니다(단, 5지(새끼손가락)의 경우 세로선 총 6개(흰색, 빨강색 각 3개), 가로 교차선 3줄로 줄여서 작업할 수 있음).
(6) 컬러 도포 시 프리에지 단면의 앞선까지 모두 도포하시오.
(7) 젤 베이스 코트 1회 - 흰색과 빨강색 젤 폴리시 선 마블링 - 젤 탑 코트 1회의 순서로 도포하시오.

(8) 젤 램프기기는 수험자의 상황에 맞도록 적절히 사용하시오.

세부과제	요구사항
선 마블링 젤 매니큐어	◆ 펄이 첨가되지 않은 흰색과 빨강색 젤 폴리시를 사용하여 1~5지 손톱에 선 마블링으로 완성한다. ◆ 세로선 8개 – 흰색 4개, 빨강색 4개가 교차된 세로선을 일정한 간격으로 교대 배열한다. ◆ 젤 베이스 1회 – 흰색과 빨강색 젤 폴리시 선 마블링 – 젤 탑 코트 1회로 작업한다. ◆ 가로 교차선 5줄 – 완만한 곡선을 이루며 좌우측 방향으로 번갈아가며 작업한다. ◆ 컬러 도포 시 프리에지 단면의 앞선까지 모두 도포한다. * 단, 5지의(새끼손가락)의 경우 세로선 총 6개(흰색, 빨강색 각 3개), 가로 교차선 3줄로 줄여서 작업할 수 있다
부채꼴 마블링 젤 매니큐어	◆ 펄이 첨가되지 않은 흰색과 빨강색 젤 폴리시를 사용하여 1~5지 손톱에 부채꼴 마블링으로 완성한다. ◆ 세로선 7줄 구심점을 중심으로 7개의 세로선을 일정한 간격으로 완성한다. ◆ 가로선 총 7개(흰색 4개, 빨강색 3개) 둥근 부채꼴 모양의 교차된 가로선을 일정한 간격으로 균일하게 작업한다. ◆ 젤 베이스 1회 – 빨강색 젤 폴리시 1회 이상 – 흰색과 빨강색 젤 폴리시 부채꼴 마블링 – 젤 탑 코트 1회로 작업한다. ◆ 컬러 도포 시 프리에지 단면의 앞선까지 모두 도포한다. * 단, 5지의(새끼손가락)의 경우 가로선 총 5개(흰색 3개, 빨강색 2개), 세로선 5줄로 줄여서 작업할 수 있다.

● 수험자 유의사항

(1) 모델 손톱의 준비상태는 사전에 큐티클 정리가 되어있는 상태를 유지하여야 합니다.

(2) 자연 네일 파일링 시 문지르거나 비비지 말고 한 방향으로 파일링하시오.

(3) 길이는 옐로우 라인의 중심에서 프리에지 길이가 5mm 이내(네일 바디 전체의 1/2 정도)로 일정하게 작업하시오.

(4) 큐티클 연화제(큐티클 오일, 리무버, 크림), 멸균거즈는 작업 상황에 맞도록 적절히 사용하시오.

(5) 젤 폴리시 외에 부적합한 제품(물감, 통젤, 빨강색을 벗어난 색 등)을 사용하지 마시오.

(6) 컬러 도포 시 아트용 브러시를 사용할 수 있습니다.

(7) 젤 경화 시간을 준수하여 필요시 미경화된 부분이 남지 않도록 작업하시오.

(8) 젤 탑 코트 후 마무리 시 오일을 사용하지 마시오.

(9) 큐티클 니퍼, 큐티클 푸셔, 클리퍼, 네일 더스트 브러시, 오렌지 우드스틱(푸셔용)은 알코올 소독용기에 담가 두어야 합니다.

시험내용

손톱형태	시술	시간	배점
라운드	왼손 1~5지	35분	20점

시간분배

1	2	3	4	5	6	7	8	9	10	11	12	13	14	15	16	17	18	19	20	21	22	23	24	25	26	27	28	29	30	31	32	33	34	35
소독		쉐입, 표면 정리					베이스젤 도포			선 마블링 젤 컬러링																				탑 젤 도포		마무리		

🔴 선 마블링 젤 매니큐어 작업순서

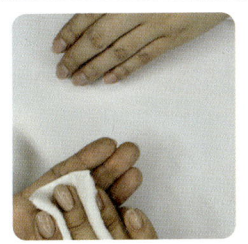

1. 시술자 손 소독하기 - 손 소독 시에는 화장솜 또는 멸균거즈에 소독제를 분사하여 소독하여 준다.

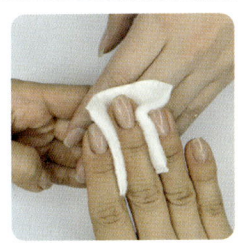

2. 모델 손 소독하기 - 손 소독 시에는 화장솜에 소독제를 분사하여 소독하여 준다.

3. 쉐입 잡기 - 자연 네일용 우드 파일을 사용하여 손톱의 왼쪽 코너에서 중앙으로 손톱 오른쪽 코너에서 중앙으로 라운드 모양이 되도록 손톱 모양을 양측 균형감 있게 잡아준다. 이때 파일링은 한 방향으로 한다.
※ 라운드: 도면과 같이 스트레스 포인트에서부터 프리에지까지 직선이 존재하고, 끝 부분은 라운드 형태를 이루어야 하며, 프리에지의 어느 곳에도 각이 없는 상태
※ 손톱의 좌우대칭과 1~5지의 라운드 형태가 동일한지 확인한다.
※ 파일링 시 문지르거나 비비지 않도록 주의한다.
※ 손톱의 길이는 옐로우 라인의 중심에서 3~5mm 정도로 균일하게 잡아준다.

4. 큐티클 푸셔로 밀어주기 - 푸셔의 각도는 45°를 유지하여 발톱의 매트릭스 부분과 주변 피부가 손상되지 않도록 가볍게 밀어준다.
※ 젤 매니큐어 시술 전 모델의 손톱은 사전 케어 상태이므로 손톱 주변 거스러미 제거를 위한 건식 케어를 실시한다.
※ 선택사항

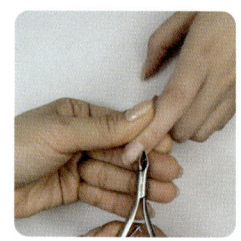
5. 큐티클 니퍼로 정리하기 - 니퍼의 날이 큐티클 부분의 피부를 과하게 제거하지 않고 손톱 표면을 손상시키지 않도록 주의하고, 니퍼의 날이 큐티클 부분과 45°를 유지하여 큐티클을 제거하도록 한다.
※ 젤 매니큐어 시술 전 모델의 손톱은 사전 케어 상태이므로 손톱 주변 거스러미 제거를 위한 건식 케어를 실시한다.
※ 선택사항

6. 손톱 표면 파일링 - 손톱 표면의 굴곡을 샌딩 버퍼를 사용하여 매끄럽게 정리하여 준다.
※ 젤 시술 전 손톱에 유수분 제거를 위한 작업을 하여준다.

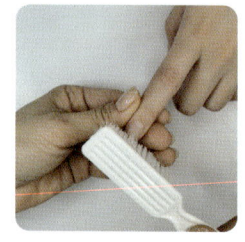
7. 손톱 주변 먼지 제거하기 - 손톱 주변에 남아있는 먼지를 더스트 브러시를 사용하여 털어낸다.

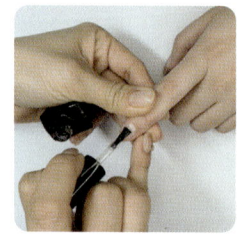
8. 베이스젤 바르기 - 자연 네일에 베이스젤을 도포한다. 소량의 베이스젤을 도포하여 피부에 흘러내리지 않도록 주의한다.
※ 젤 마블 시 프리에지 부분에 컬러의 뭉침 현상을 방지할 수 있도록 소량의 베이스젤을 도포하여 준다.

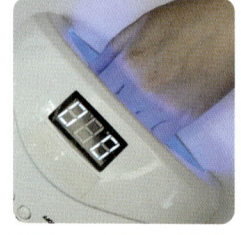
9. 큐어링하기 - UV 또는 LED 또는 핀타입 램프를 사용하여 경화한다.
※ 젤 클렌저를 사용하여 미경화젤을 제거하여 준다.

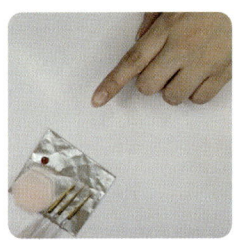
10. 재료와 도구 준비 - 선 마블에 필요한 재료와 도구를 호일에 준비하여 준다.
※ 세필 브러시, 컬러젤, 젤클렌저를 묻힌 스펀지를 준비하여 준다.

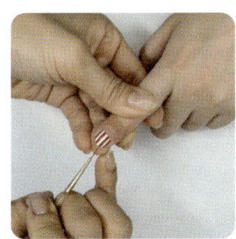
11. 세로선 그리기 - 흰색과 빨강색 선의 교대배열로 세로선 8개(흰색, 빨강색 각 4개) 손톱의 1/2선까지 세로줄 총 8개(흰선 4줄, 빨강선 4줄)를 5개의 손톱에 균일하게 작업한다.
※ 개별 손톱 내에서 각 선의 간격을 균일하게 한다.
※ 5지의 경우 세로선 총 6개(흰색, 빨강색 각 3개)로 줄여서 작업할 수 있다.

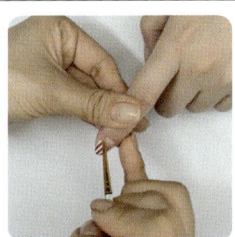
12. 마블링 가로선 그리기 - 가로선 교차선 5줄은 완만한 곡선을 이루며, 좌우측 방향으로 번갈아가며 마블링이 되도록 명료하게 작업하시오.
※ 개별 손톱 내에서 각 선의 간격을 균일하게 한다.
※ 5지의 경우 가로 교차선 3줄로 줄여서 작업할 수 있다.

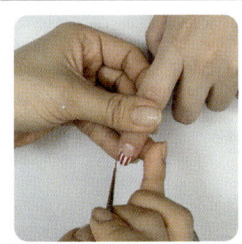
13. 컬러 도포 시 프리에지 단면의 앞선까지 모두 도포하시오.
※ 단, 5지의 경우 세로선 총 6개(흰색, 빨강색 각 3개) 가로 교차선은 3줄로 줄여서 작업할 수 있다.

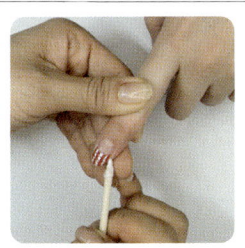
14. 손톱 주변에 묻은 컬러 제거하기 - 컬러링 후 피부에 묻은 잔여물을 우드스틱에 솜을 말아 리무버를 묻혀 제거하여 준다.

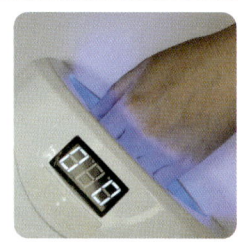
15. 큐어링하기 - UV 또는 LED 또는 핀타입 램프를 사용하여 5~10초 경화한다.
※ 부채꼴 마블링이 완성되면 한 손가락씩 경화하여 준다. 1~5지까지 순서대로 작업 후 큐어링하여 준다.

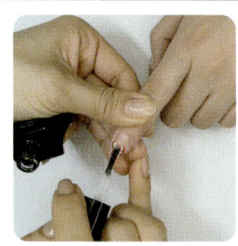
16. 탑 젤 도포하기 - 손톱 표면의 광택감과 완성된 마블 표면이 균일안 누께감을 위해 탑 젤이 두꺼워지지 않도록 주의한다.

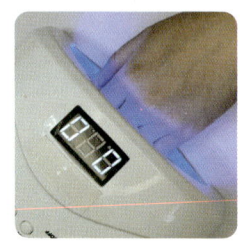
17. 큐어링하기 - UV 또는 LED 또는 핀타입 램프를 사용하여 경화한다.

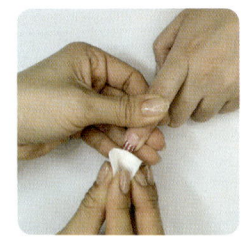
18. 미경화젤 제거 - 손톱 표면에 남아있는 미경화젤을 제거하여 준다.
※ 마무리 시 오일 사용금지

19. 작업대 마무리 - 작업 시 사용한 재료와 도구를 정리하여 준다.

세로선 8개 도포순서

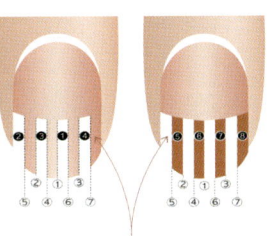 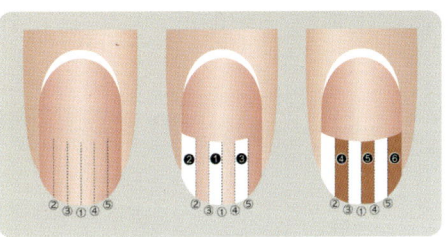

1~4지: 흰색과 빨강색 선의 교대배열 세로선 8개(흰색, 빨강색 각 4개)

5지: 새끼손가락의 경우 세로선 총 6개 (흰색, 빨강색 각 3개)

① 화이트 컬러로 손톱의 중앙 오른쪽에 ①번 세로선을 그린다.

② 화이트 컬러로 왼쪽 끝부분에 동일한 간격으로 ②번 세로선을 그린다.

③ ①, ②의 세로선 사이에 동일한 간격의 화이트 세로선을 그린다.

④ 화이트 컬러로 오른쪽 끝부분에 동일한 간격의 세로선을 그린다.

⑤ 레드 컬러로 ②, ③번 사이에 세로선을 그린다.

⑥ 레드 컬러로 ①, ③번 사이에 세로선을 그린다.

⑦ 레드 컬러로 ①, ④번 사이에 세로선을 그린다.

⑧ 레드 컬러로 오른쪽 끝부분에 동일한 간격의 세로선을 그린다.

🌸 가로선 5개 도포순서

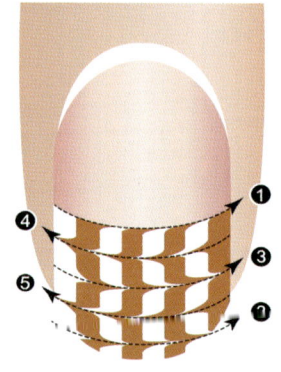

도면과 같이 교차하는 가로선 5개를 좌우측 교대방향으로 마블링한다.

완성 사진

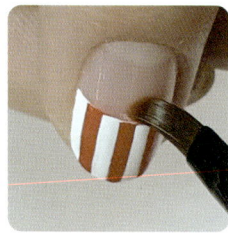

① 브러시를 사용하여 손톱의 1/2 이상 스마일 라인을 왼쪽에서 오른쪽으로 닦아낸다.

② 필 브러시를 사용해서 ②번 가로선을 왼쪽에서 오른쪽 방향으로 마블링한다.

③ 세필 브러시를 사용해서 ③번 가로선을 왼쪽에서 오른쪽으로 마블링한다.

④ 세필 브러시를 사용해서 ④번 가로선을 오른쪽에서 왼쪽으로 마블링한다.

⑤ 세필브러시를 사용해서 ⑤번 가로선을 오른쪽에서 왼쪽으로 마블링한다.

⑥ 완성 사진

선 마블링 젤 매니큐어 완성사진

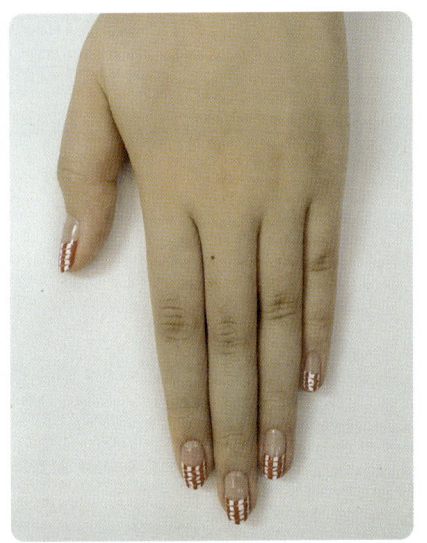
선 마블링 젤 매니큐어 정면

선 마블링 젤 매니큐어 측면

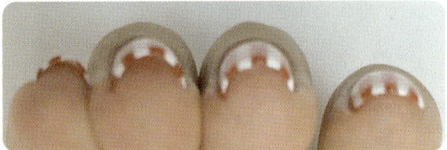
프리에지 단면

정면

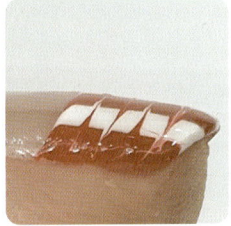
오른쪽 측면

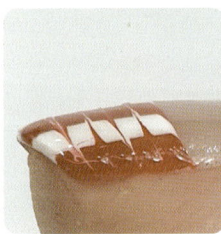
왼쪽 측면

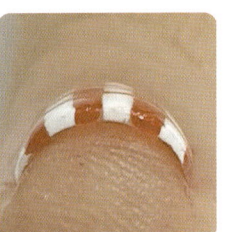
프리에지

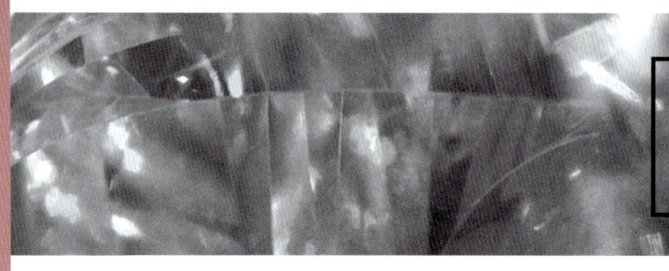

Unit 2

부채꼴 마블링 젤 매니큐어

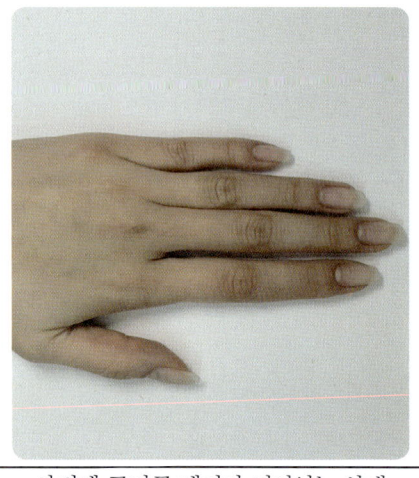

사전에 큐티클 제거가 되어있는 상태
컬러링이 되어있지 않은 상태
손톱은 스퀘어 또는 스퀘어 오프 상태

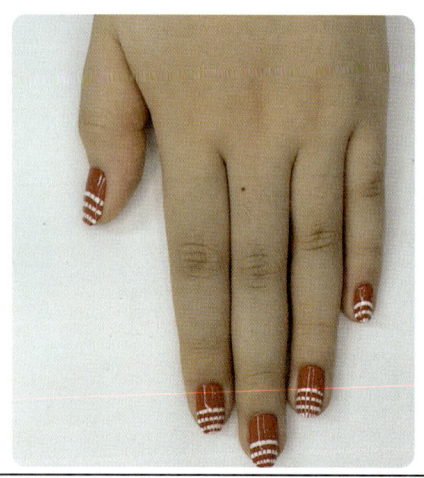

완성 후

부채꼴 마블링 젤 매니큐어 작업대 준비

부채꼴 마블링 젤 매니큐어 작업대 준비

정리함 세팅

준비물 리스트

(모델 기준 참조), 위생가운, 투병보호안경, 마스크, 손목받침대(흰타월), 작업대(흰색 페이퍼타월), 재료정리함(흰바구니), 안티셉틱(피부용, 소독용), 에탄올(기구소독용), 탈지면 용기, 멸균거즈, 탈지면(화장솜), 위생비닐, 큐티클 니퍼, 푸셔, 클리퍼, 자연 네일용 파일, 디스크패드, 샌딩 파일, 우드스틱, 지혈제, 흰색 젤 폴리시, 빨강 젤 폴리시, 베이스젤, 탑 젤, 젤 리무버, 철제기구 소독용기(유리볼), 파일꽂이, 세필 브러시, 라운드 브러시, 젤램프(핀타입도 사용가능), 네일 팔레트(호일 8×8cm 이하) 등.

◉ 요구사항

※ 지참도구 및 재료를 사용하여 요구사항에 따라 부채꼴 마블링 젤 매니큐어를 완성하시오.

(1) 과제를 수행하기 전 수험자와 모델의 손과 손톱을 소독하시오.

(2) 필요한 경우 손톱 주변의 각질이나 거스러미를 제거하기 위한 건식 케어를 실시할 수 있으며, 순서는 무관합니다.

(3) 손톱의 프리에지 형태는 라운드로 조절하시오.

　※ 라운드: 도면과 같이 스트레스 포인트에서부터 프리에지까지 직선이 존재하고, 끝부분은 라운드 형태를 이루어야 하며, 프리에지의 어느 곳에서도 각이 없는 상태

(4) 자연 손톱 표면을 버퍼로 정리한 후 주변의 잔여물 및 유·수분기를 제거하시오(표면에 네일 전처리제를 사용할 수 있음).

(5) 펄이 첨가되지 않은 순수 흰색과 빨강색 젤 네일 폴리시를 사용하여 왼손 1~5지 손톱 모두를 도면과 같이 부채꼴 마블링으로 완성하시오.

　① 교대배열 가로선 총 7개(흰색 4개, 빨강색 3개): 흰색과 빨강색을 번갈아 가며 총 7개의 둥근 부채꼴 모양의 교차된 가로선을 일정한 간격으로 5개의 손톱 모두 균일하게 작업하시오.

　② 마블링 부채꼴 세로선 7줄: 마블링을 표현하는 선은 구심점을 중심으로 7개의 세로선으로써 마블링이 되도록 명료하게 작업하시오.

　③ 개별 손톱 내에서 가로선의 폭은 동일해야 한다(단, 5지(새끼손가락)의 경우 가로선 총5개(흰색 3개, 빨강색 2개), 세로선 5줄로 줄여서 작업할 수 있음).

(6) 컬러 도포 시 프리에지 단면의 앞선까지 모두 도포하시오

(7) 젤 베이스 코트 1회 - 빨강색 젤 폴리시 1회 이상 - 흰색과 빨강색 젤 폴리시 선 마블링 - 젤 탑 코트 1회의 순서로 도포하시오.

(8) 젤 램프 기기는 수험자의 상황에 맞도록 적절히 사용하시오.

수험자 유의사항

(1) 모델 손톱의 준비상태는 사전에 큐티클 정리가 되어있는 상태를 유지하여야 합니다.
(2) 자연 네일 파일링 시 문지르거나 비비지 말고 한 방향으로 파일링하시오.
(3) 길이는 옐로우 라인의 중심에서 프리에지 길이가 5mm 이내(네일 바디 전체의 1/2 정도)로 일정하게 작업하시오.
(4) 큐티클 연화제(큐티클 오일, 리무버, 크림), 멸균거즈는 작업 상황에 맞도록 적절히 사용하시오.
(5) 젤 폴리시 외 부적합한 제품(물감, 통젤, 빨강색을 벗어난 색 등)을 사용하지 마시오.
(6) 컬러 도포 시 아트용 브러시를 사용할 수 있습니다.
(7) 젤 경화 시간을 준수하여 필요시 미경화된 부분이 남지 않도록 작업하시오.
(8) 젤 탑 코트 후 마무리 시 오일을 사용하지 마시오.
(9) 큐티클 니퍼, 큐티클 푸셔, 클리퍼, 네일 더스트 브러시, 오렌지 우드스틱(푸셔용)은 알코올 소독용기에 담가 두어야 합니다.

시험내용

손톱형태	시술	시간	배점
라운드	왼손 1~5지	35분	20점

시간분배

1	2	3	4	5	6	7	8	9	10	11	12	13	14	15	16	17	18	19	20	21	22	23	24	25	26	27	28	29	30	31	32	33	34	35
소독		쉐입, 표면 정리					베이스 젤 도포			부채꼴 마블링 젤 컬러링																				탑 젤 도포		마무리		

◉ 부채꼴 마블링 젤 매니큐어 작업순서

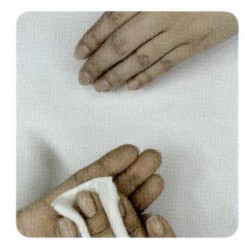

1. 시술자 손 소독하기 - 손 소독시에는 화장솜 또는 멸균거즈에 소독제를 분사하여 소독하여 준다.

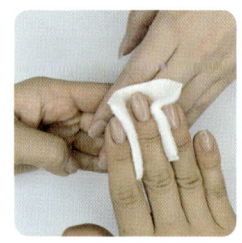

2. 모델 손 소독하기 - 손 소독 시에는 화장솜 또는 멸균거즈에 소독제를 분사하여 준다.

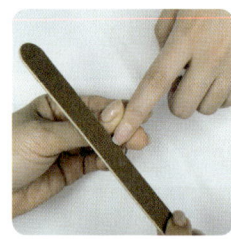

3. 쉐입 잡기 - 자연 네일용 우드파일을 사용하여 손톱의 왼쪽 코너에서 중앙으로, 손톱 오른쪽 코너에서 중앙으로 라운드 모양이 되도록 손톱 모양을 양측 균형감있게 잡아준다. 이때 파일링은 한 방향으로 한다.
※ 라운드 : 도면과 같이 스트레스 포인트에서부터 프리에지까지 직선이 존재하고, 끝 부분은 라운드 형태를 이루어야 하며, 프리에지의 어느 곳에도 각이 없는 상태
※ 손톱의 좌우대칭과 1~5지의 라운드형태가 동일한지 확인한다.
※ 파일링 시 문지르거나 비비지 않도록 주의한다.
※ 손톱의 길이는 옐로우 라인의 중심에서 3~5mm 정도로 균일하게 잡아준다.

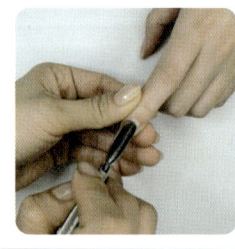

4. 큐티클 푸셔로 밀어주기 - 푸셔의 각도는 45°를 유지하여 발톱의 매트릭스 부분과 주변 피부가 손상되지 않도록 가볍게 밀어준다.
※ 젤 매니큐어 시술 전 모델의 손톱은 사전 케어 상태이므로 손톱 주변 거스러미 제거를 위한 건식케어를 실시한다.
※ 선택사항

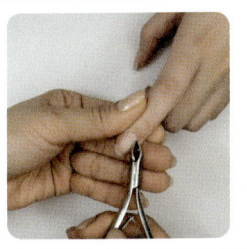
5. 큐티클 니퍼로 정리하기 - 니퍼의 날이 큐티클 부분의 피부를 과하게 제거하지 않고 손톱 표면을 손상시키지 않도록 주의하고, 니퍼의 날이 큐티클 부분과 45°를 유지하여 큐티클을 제거하도록 한다.
※ 선택사항 추가

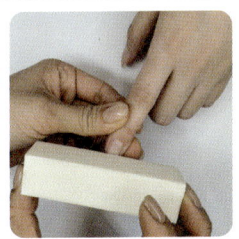
6. 손톱 표면 파일링 - 손톱 표면의 굴곡을 샌딩버퍼를 사용하여 매끄럽게 정리하여 준다.
※ 젤 시술 전 손톱에 유수분 제거를 위한 작업을 해준다.

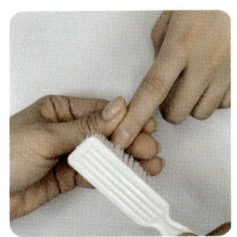
7. 손톱 주변 먼지 제거하기 - 손톱 주변에 남아있는 먼지를 더스트 브러시를 사용하여 털어낸다.

8. 베이스젤 바르기 - 자연 네일에 베이스젤을 도포한다. 소량의 베이스젤을 도포하여 피부에 흘러내리지 않도록 주의한다.
※ 젤 마블 시 프리에지 부분에 컬러의 뭉침 현상을 방지할 수 있도록 소량의 베이스젤을 도포하여 준다.

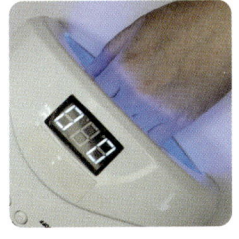
9. 큐어링하기 - UV 또는 LED 또는 핀타입 램프를 사용하여 경화한다.
※ 젤 클렌저를 사용하여 미경화젤을 제거하여 준다.

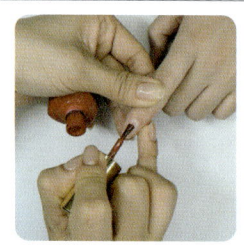
10. 빨강색 젤 컬러를 사용하여 풀 코트로 컬러링한다. 이때 프리에지 부분까지 컬러링하여 준다.

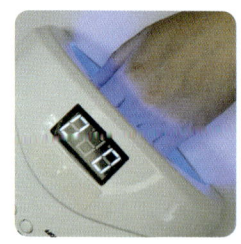
11. 큐어링하기 - UV 또는 LED 또는 핀디입 램프를 사용하여 경화한다.

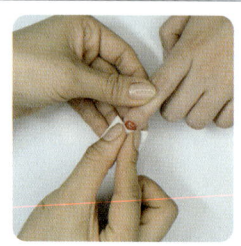
12. 미경화된 젤을 젤 클렌저를 이용하여 제거하여 준다.
※ 미경화젤이 남아있는 경우 부채꼴 라인이 번질 수 있으니 주의한다.

13. 재료와 도구 준비 - 부채꼴 마블에 필요한 재료와 도구를 호일에 준비하여 준다.
※ 세필 브러시, 컬러젤, 젤 클렌저를 묻힌 스펀지를 준비하여 준다.

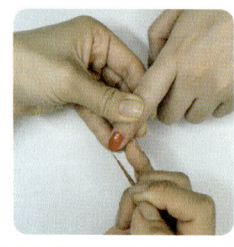
14. 손톱의 1/2 지점 아랫부분에 7개의 가로선의 간격을 유념하여 4개의 흰색 점을 찍어둔다.
※ 부채꼴 라인을 잡기 전 손톱의 중앙을 표시해두면 부채꼴 라인을 만들기 편리하다.

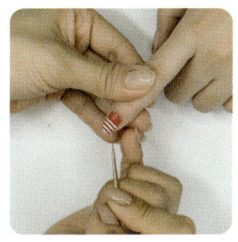
15. 가로선 그리기 - 흰색과 빨강색선의 교대배열로 손톱의 1/2선까지 둥근 부채꼴 모양의 가로선 총 7개(흰선 4줄, 빨강선 3줄)를 5개의 손톱에 균일하게 작업하여 준다.

16. 세로선 그리기: 마블링을 표현하는 선은 손톱 프리에지 중앙 구심점을 중심으로 7개의 세로선으로 명료하게 마블링 한다(단, 세로선이 구심점에 겹쳐지지 않도록 주의하여 작업한다).
※ 5지의 경우 가로선 총 5개(흰색 3개, 빨강색 2개), 세로선은 5줄로 줄여서 작업할 수 있다.
※ 컬러 도포 시 프리에지 단면의 앞선까지 모두 도포하시오.

17. 큐어링하기 - UV 또는 LED 또는 핀타입 램프를 사용하여 5~10초 경화한다.
※ 부채꼴 마블이 완성되면 한 손가락씩 경화하여 준다. 1~5지까지 순서대로 작업 후 큐어링하여 준다.

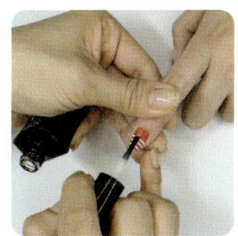
18. 탑 젤 도포하기 - 손톱 표면의 광택감과 완성된 마블 표면의 균일한 두께감을 위해 탑 젤이 두꺼워지지 않도록 주의한다.

19. 큐어링하기 - UV 또는 LED 또는 핀타입 램프를 사용하여 경화한다.

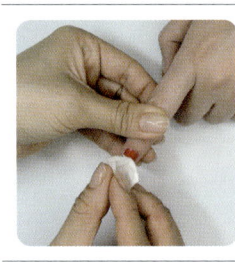
20. 미경화젤 제거 - 손톱 표면에 남아있는 미경화젤을 제거 하여 준다.
※ 마무리 시 오일 사용금지

21. 작업대 마무리 - 작업 시 사용한 재료와 도구를 정리하여 준다.

가로선 7개 도포순서

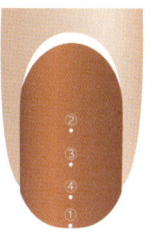  

| 손톱의 1/2 지점 아랫부분에 7개의 가로선의 간격을 유념하여 4개의 흰색 점을 찍어둔다. | 화이트 젤을 이용하여 좌우대칭을 맞추어 가로선 곡선을 그려준다. | 레드 젤을 이용하여 3개의 가로줄 간격과 좌우대칭을 맞춰 가로선 곡선을 그려준다. |

① 손톱의 1/2 지점 아랫부분에 7개의 가로선의 간격을 유념하여 4개의 흰색 점을 찍어둔다.

② 화이트 컬러를 이용하여 ①번 곡선 가로선을 좌우대칭을 맞춰 그려준다.

③ 화이트 컬러를 이용하여 ②번 곡선 가로선을 좌우대칭을 맞춰 그려준다.

④ 화이트 컬러를 이용하여 ③번 곡선 가로선을 좌우대칭을 맞춰 그려준다.

⑤ 화이트 컬러를 이용하여 ④번 곡선 가로선을 좌우대칭을 맞춰 그려준다.

⑥ 레드 컬러로 ①번과 ②번 화이트 컬러 사이에 ⑤번 곡선 가로선을 그려준다.

⑦ 레드 컬러로 ②번과 ③번 화이트 컬러 사이에 ⑥번 곡선 가로선을 그려준다.

⑧ 레드 컬러로 ③번과 ④번 화이트 컬러 사이에 ⑦번 곡선 가로선을 그려준다.

세로선 7개 도포순서

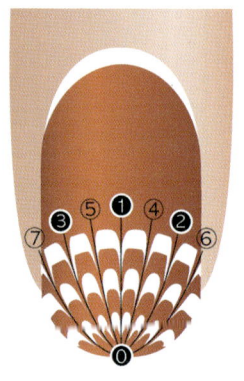

도면과 같이 교차하는 세로선 7개를 좌우측 교대 방향으로 마블링한다.

완성 사진

① 손톱의 중앙에서 프리에지 중앙으로 ①번 세로선을 그려준다.

② 손톱 중앙에서 오른쪽 구간을 1/2으로 나누어 동일한 간격으로 ②번 세로선을 그려준다.

③ 손톱 중앙에서 왼쪽 구간을 1/2로 나누어 동일한 간격으로 ③번 세로선을 그려준다.

④ 세필 브러시를 사용해서 ①번과 ②번 세로선 사이에 ④번 세로선을 그려준다.

⑤ 세필 브러시를 사용해서 ①번과 ②번 세로선 사이에 ④번 세로선을 그려준다.

⑥ 세필 브러시를 사용해서 손톱의 오른쪽에 ⑥번 세로선을 그려준다.

⑦ 세필 브러시를 사용해서 손톱의 왼쪽에 ⑦번 세로선을 그려준다.

⑧ 완성 사진

부채꼴 마블링 젤 완성사진

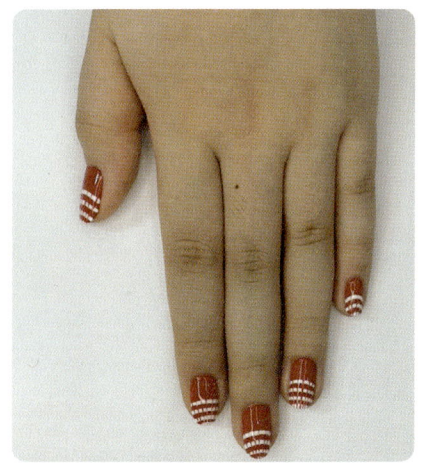
부채꼴 마블링 젤 매니큐어 정면

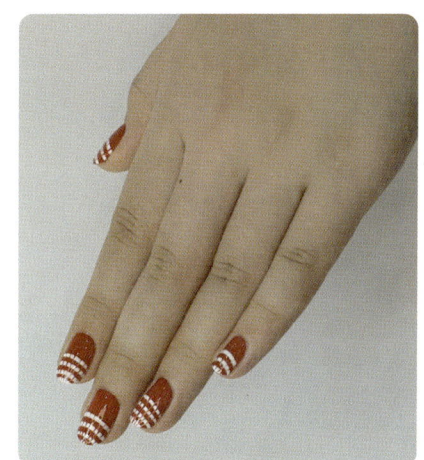
부채꼴 마블링 젤 매니큐어 측면

정면

오른쪽 측면

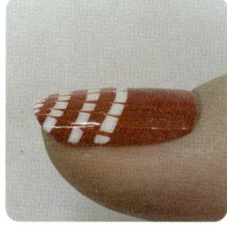
왼쪽 측면

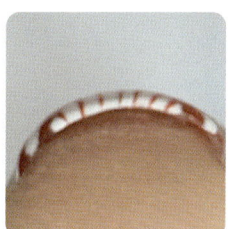
프리에지

05

인조 네일

Unit 0 • 인조 네일 스타일

Unit 1 • 내추럴 팁 위드 랩

Unit 2 • 젤 원톤 스컬프처

Unit 3 • 아크릴 프렌치 스컬프처

Unit 4 • 네일 랩 익스텐션

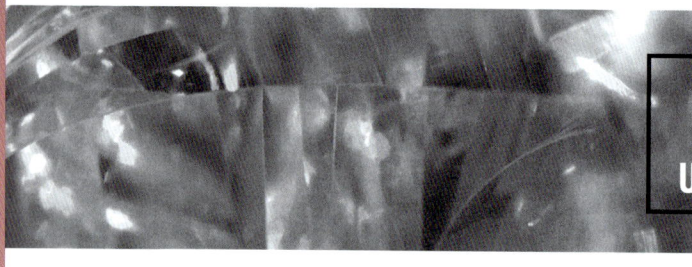

인조 네일 스타일

Unit 0

인조 네일의 종류

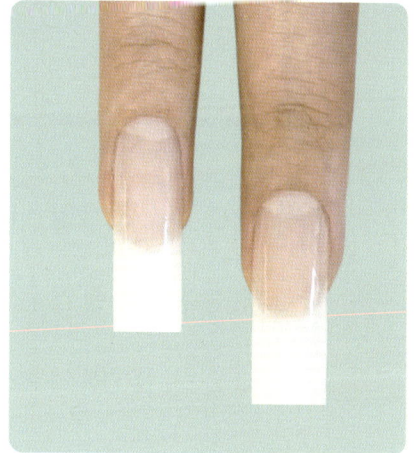

내추럴 팁 위드 랩

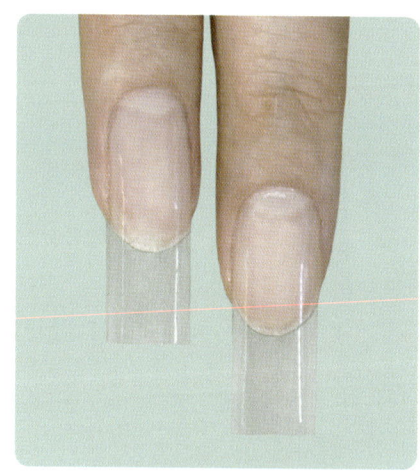

젤 원톤 스컬프처

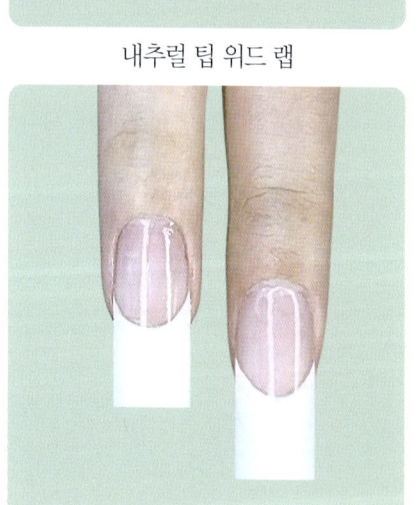

아크릴 프렌치 스컬프처

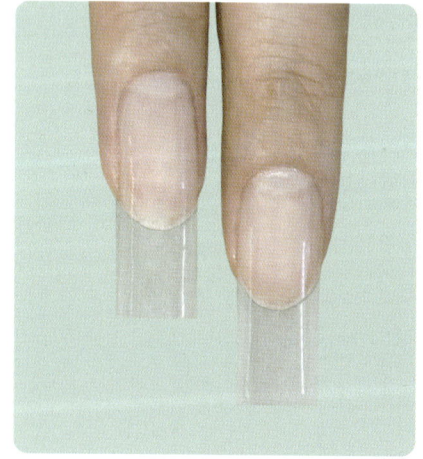

네일 랩 익스텐션

내추럴 팁 위드 랩

Unit 1

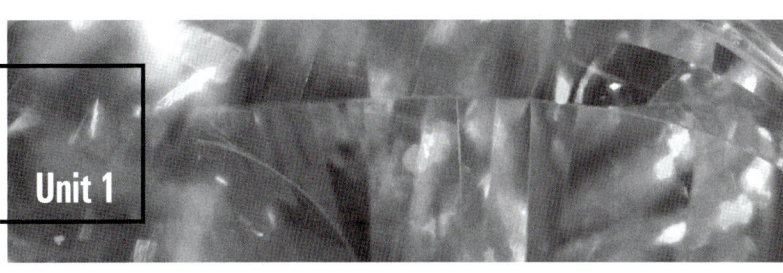

내추럴 팁 위드 랩 작업대 준비

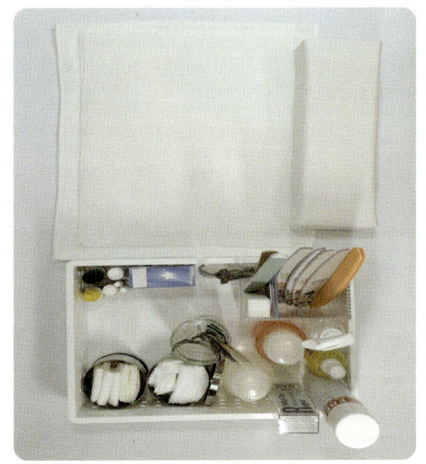

내추럴 팁 위드 랩 작업대 준비

정리함 세팅

준비물 리스트

(모델 기준 참조), 위생가운, 마스크, 손목받침대(흰타월), 작업대(흰색 페이퍼타월), 재료정리함(흰 바구니), 안티셉틱(피부용, 소독용), 에탄올(기구소독용), 탈지면 용기, 멸균거즈, 탈지면(화장솜), 위생비닐, 큐티클 니퍼, 푸셔, 클리퍼, 자연 네일용 파일, 인조 네일용 파일(그릿수별로), 디스크패드, 페이퍼타월, 샌딩 파일, 우드스틱, 지혈제, 라이트 글루, 젤 글루, 글루 드라이, 실크, 필러 파우더, 폴리시 리무버, 큐티클 오일, 철제기구 소독용기(유리볼), 파일꽂이, 팁 커터, 내추럴 하프 웰 팁(스퀘어)

🌸 요구사항

※ 지참 도구를 사용하여 아래의 요구사항대로 내추럴 팁 위드 랩을 완성하시오.

(1) 과제를 수행하기 위해서 수험자의 손 및 모델의 손과 손톱을 소독하시오.

(2) 1과제의 작업상태의 모델 손톱을 3과제 작업에 적합하도록 전처리하시오.

　① 사전 작업된 오른손 1~5지 손톱의 네일 폴리시를 모두 제거하시오.

　② 모델의 자연 손톱은 1mm 이하의 라운드 또는 오발(oval) 형태로 준비하시오.

　※ 라운드 : 도면과 같이 스트레스 포인트에서부터 프리에지까지 직선이 존재하고, 끝 부분은 라운드 형태를 이루어야 하며, 프리에지의 어느 곳에도 각이 없는 상태

(3) 자연 손톱 색을 띤 내추럴 색의 하프 웰 팁을 사용하여 오른손 중지, 약지 2개의 손톱에 도면과 같은 내추럴 팁 위드 랩을 완성하시오.

(4) 부착된 팁은 길이 0.5~1cm 미만으로 모두 일정하게 맞추어 잘라내고, 가로 세로 모두 직선의 스퀘어 모양으로 조형하시오.

(5) 팁의 경계선이 자연 손톱과 매끄럽게 연결되도록 안전하고 자연스럽게 파일링하시오.

(6) 글루(네일 글루, 젤 글루 등)는 수험자가 작업 상황에 맞도록 적절히 사용하되, 피부에 닿거나 흐르지 않도록 유의하시오.

(7) 실크는 손톱 범위에 따라 알맞게 큐티클 부분을 1mm 정도 남기고 재단 및 부착하여 사용하시오.

(8) 필러 파우더는 수험자가 작업 상황에 맞도록 적절히 사용하시오.

(9) 손톱 표면은 중심(하이포인트)에서 상하좌우 사방의 굴곡이 자연스럽게 연결되고, 기포없이 맑고 투명하게 완성하시오.

(10) 인조 손톱은 자연 손톱 전체에 조형되어야 하며, 그 경계선을 매끄럽게 연출하되, 주변의 피부가 손상되거나 출혈되지 않도록 유의하시오.

(11) 프리에지 C커브는 원형의 20~40% 비율로, 두께는 0.5~1mm 이하로 일정하게 조형하시오.

(12) 측면 사이드 스트레이트 선은 자연 손톱에서부터 프리에지까지 연결선이 너무 올라가거나 쳐지지 않도록 하며 직선을 유지하여 만드시오.

(13) 스퀘어 모양을 유지하여 2개 손톱 모두 일정하게 완성하시오.

(14) 파일로 인한 거친 표면을 샌딩 버퍼로 매끄럽게 정리하시오.

(15) 광택용 파일을 사용하여 광택 마무리하시오.

(16) 손과 손톱 주변의 먼지 혹은 사용된 오일을 깨끗이 제거하시오.

　① 핑거볼, 네일 더스트 브러시, 멸균거즈, 큐티클 오일을 사용할 수 있습니다.

　② 네일 더스트 브러시는 멸균거즈 등으로 물기를 완전히 제거한 후 사용하시오.

세부과제	요구사항
내추럴 팁 위드 랩	◆ 자연 손톱색을 띤 내추럴 하프웰 팁을 사용한다. ◆ 오른손 중지, 약지 2개의 손톱에 내추럴 팁 위드 랩을 완성한다. ◆ 연장된 팁의 길이는 0.5~1cm 미만 스퀘어 모양으로 조형한다. ◆ 팁의 경계선이 손톱과 매끄럽게 연결되어야 한다. ◆ 네일 글루가 피부에 닿거나 흐르지 않도록 유의한다. ◆ 실크는 큐티클 부분을 1mm 남기고 재단하여야 한다. ◆ 광택용 파일을 사용하여 광택을 마무리한다.
젤 원톤 스컬프처	◆ 오른손 중지, 약지 2개의 손톱에 젤 원톤 스컬프처를 완성한다. ◆ 폼과 투명젤을 사용하여 0.5~1cm 미만 스퀘어 모양으로 조형한다. ◆ 기포 없이 맑고 투명하게 완성한다. ◆ 탑 코트 젤로 도포하여 광택을 완성한다.
아크릴 프렌치 스컬프처	◆ 오른손 중지, 약지 2개의 아크릴 프렌치 스컬프처를 완성한다. ◆ 화이트 폴리머, 핑크 또는 클리어 폴리머, 모노머와 폼을 사용한다. ◆ 스마일 라인은 선명하게 표현되어야 하고 모양은 좌우대칭이 되어야 한다. ◆ 연장된 길이는 0.5~1cm 미만 스퀘어 모양으로 조형한다. ◆ 기포없이 맑고 투명하게 완성한다. ◆ 광택용 파일을 사용하여 광택을 마무리한다.
네일 랩 익스텐션	◆ 오른손 중지, 약지 2개의 손톱에 네일 랩 익스텐션을 완성한다. ◆ 실크랩, 네일 글루, 젤 글루, 필러 파우더를 사용한다. ◆ 실크는 큐티클 부분을 1mm 남기고 재단하여야 한다. ◆ 광택용 파일을 사용하여 광택을 마무리한다.

🌸 수험자 유의사항

(1) 시작 전 팁 크기를 선택해 놓거나, 재단을 하거나 미리 붙여 놓지 않아야 합니다.

(2) 자연 네일 파일링 시 문지르거나 비비지 말고 한 방향으로 파일링하시오.

(3) 모델의 손과 손톱에 지저분한 큐티클 및 거스러미, 먼지나 분진이 없도록 항상 깨끗이 정리 하시오.

(4) 수험자와 모델은 작업 시작부터 끝까지 눈을 보호할 수 있도록 하시오.

(5) 구조를 위한 네일 도구(핀칭봉, 핀칭팅, 핀셋)는 작업내용에 맞게 적절히 사용할 수 있습니다.

(6) 마무리 작업의 번지 및 오일 제거 시 핑거볼, 네일 더스트 브러시, 멸균거즈, 큐티클 오일을 사용할 수 있습니다.

(7) 큐티클 니퍼, 큐티클 푸셔, 클리퍼, 네일 더스트 브러시, 오렌지 우드스틱(푸셔용)은 알코올 소독용기에 담가 두어야 합니다.

🌸 시험내용

손톱형태	시술	시간	배점
스퀘어	오른손 3~4지	40분	30점

🌸 시간분배

1	2	3	4	5	6	7	8	9	10	11	12	13	14	15	16	17	18	19	20	21	22	23	24	25	26	27	28	29	30	31	32	33	34	35	36	37	38	39	40
소독, 쉐입			3, 4지 팁 부착 길이 조절					3,4지 팁 턱 갈기								필러 파우더 채우기					실크 재단 및 부착						젤 글루 도포 및 표면 정리							광택 및 마무리					

내추럴 팁 위드 랩 작업순서

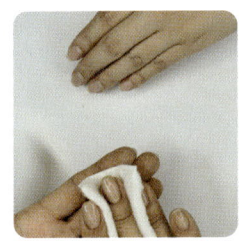

1. 시술자 손 소독하기 - 손 소독 시에는 화장솜 또는 멸균거즈에 소독제를 분사하여 소독한다.

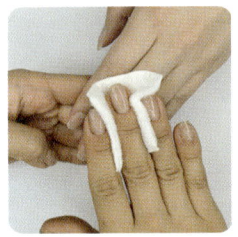

2. 모델 손 소독하기 - 손 소독 시에는 화장솜에 소독제를 분사하여 소독하여 준다.

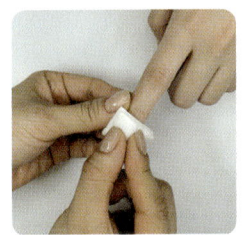

3. 컬러 지우기 - 1과제의 네일 폴리시를 말끔히 제거한다.

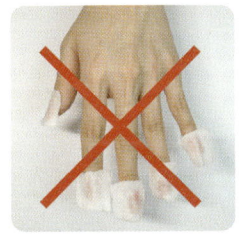

※ 폴리시 제거 시 1~5지 손가락에 리무버를 묻힌 솜을 올려놓지 않도록 주의한다.

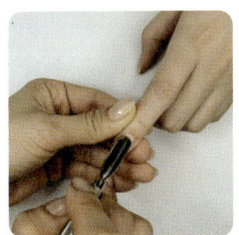

4. 이미 1과제에서 손톱 정리가 되어 있는 상태이므로 큐티클 부분의 잔여물을 푸셔로 밀어 올려준다.

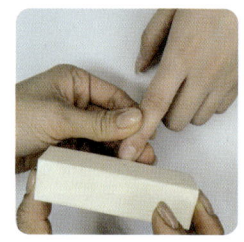
5. 손톱 표면 샌딩하기 - 손톱 표면 파일링을 하여 손톱의 굴곡 완화와 유분기를 제거하여 내추럴 하프 웰 팁의 접착력을 높여준다.

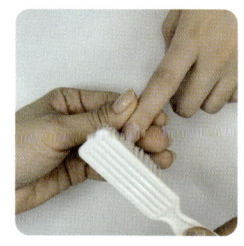
6. 손톱 주변 먼지 제거하기 - 손톱 주변에 남아있는 먼지를 더스트 브러시를 사용하여 털어낸다.

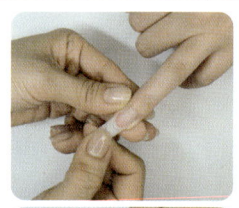
7. 팁 부착하기 - 연장부 손톱의 사이즈에 알맞은 팁을 선택하여 팁 턱과 자연 네일의 접착 부위에 공기 방울이 들어가지 않도록 글루의 양을 조절한다. 이때 손톱 프리에지 부분과 팁 턱의 각도가 45°를 이루어야 공기 방울이 들어가는걸 방지할 수 있다. 글루의 양이 너무 많으면 손톱 주변 피부에 흘러 내릴 수 있으므로 주의한다.
※ 기포가 생길 경우 팁 턱과 자연 네일의 경계 부위에 소량의 글루를 도포한다.

8. 팁 길이 자르기 - 완성된 인조 네일의 연장 길이가 0.5~1cm가 될 수 있도록 팁 길이를 너무 짧지 않게 자른다.

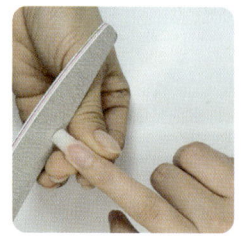
9. 쉐입 잡기 - 쉐입을 스퀘어로 잡아준다.
※ 스퀘어: 스트레스 포인트에서 프리에지까지 직선이 존재하고 끝부분은 직선의 형태(스퀘어)를 이루어야 하며, 각이 있는 모서리가 존재하는 형태

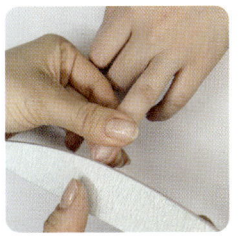
10. 팁턱 갈기 - 자연 네일과 매끄럽게 연결되도록 팁 턱을 갈아준다. 이때 파일의 각도는 0~10° 정도로 자연 네일이 손상되지 않도록 주의한다.

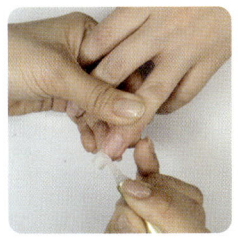
11. 팁턱 제거 확인 - 팁턱이 잘 제거되었는지 라이트 글루를 팁 턱 제거 부위에 소량 떨어뜨려본다.
※ 투명하게 자연 네일의 선홍빛이 보여야 완벽한 팁턱의 제거라 할 수 있다. 팁턱 부위가 불투명하게 보인다면 다시 한 번 팁턱을 갈아준다.

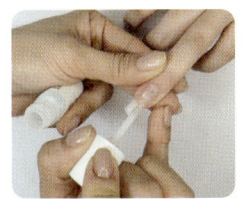
12. 하이포인트 채우기 - 자연 네일과 팁의 경계면이 너무 꺼져있다면 젤 글루를 사용하여 하이포인트를 채워준다.

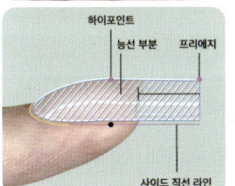
13. 스퀘어 형태 쉐입 잡기

14. 표면 샌딩하기 - 표면의 굴곡을 매끈하게 정리한다.

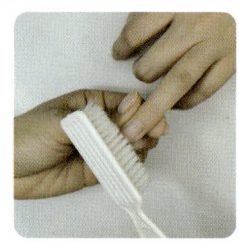
15. 손톱 주변 먼지 제거하기 - 손톱 주변에 남아있는 먼지를 더스트 브러시를 사용하여 털어낸다.

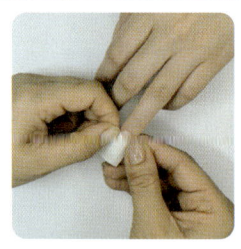
16. 실크 재단하기 - 손톱의 사이즈에 맞게 실크를 재단한다.

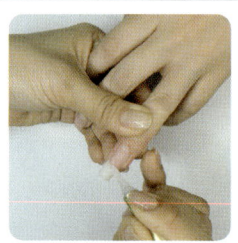
17. 실크 부착하기 - 손톱 사이즈에 맞게 재단한 실크는 라이트 글루를 사용하여 부착해준다. 글루의 양이 너무 많으면 피부에 흘러넘칠 수 있으므로 주의한다.

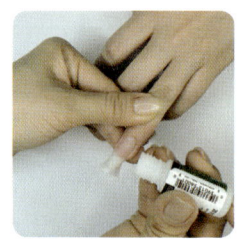
18. 필러 파우더 도포하기 - 한 번에 많은 양의 필러 파우더를 도포하지 않도록 주의한다. 필러 파우더와 라이트 글루의 양을 1:1의 비율로 혼합하여 준다. 손톱의 하이포인트 부분의 능선과 연장된 네일 표면의 사방 굴곡을 확인한다.

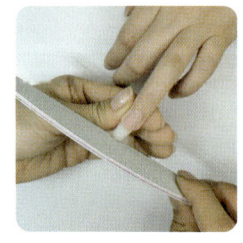
19. 파일링하기 - 180그릿 파일을 이용하여 프리에지 부분에 여분의 실크를 파일링하고 표면을 매끄럽게 정리해준다.

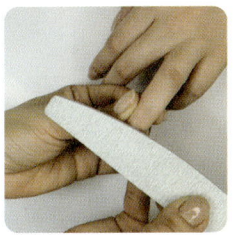
20. 실크턱 제거하기 - 180 또는 240그릿의 파일로 큐티클 라인과 사이드 부분의 실크턱을 파일링한다.

21. 표면 샌딩하기 - 샌딩 파일을 사용하여 인조 네일의 표면을 부드럽게 정리한다.

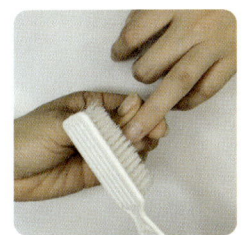
22. 먼지 제거하기 - 더스트 브러시를 이용하여 손톱 표면에 남아있는 먼지 및 이물질을 제거하여 준다.

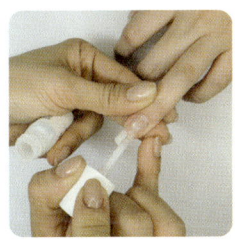
23. 젤 글루 바르기 - 네일 표면의 강도를 주기 위해서 젤 글루를 1~2회 도포한다.
※ 글루 드라이 분사 직후 젤 글루를 바르면 젤 글루의 브러시가 굳어지므로 주의한다.

24. 표면 샌딩하기 - 네일 표면이 매끈하도록 샌딩하여 준다. 그릿수가 낮은 샌딩 파일부터 단계적으로 사용하는 것이 표면 광택을 낼 때 효과적이다.

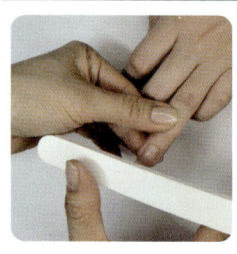
25. 광택내기 - 광택용 파일을 이용하여 광택을 낸다.

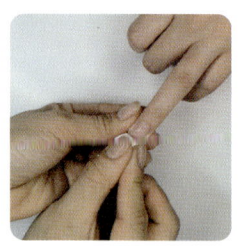
26. 마무리하기 - 큐티클 오일을 소량 바른 후 유분기를 제거하여 준다. 이때 유분기는 멸균거즈로 완벽히 제거한다.

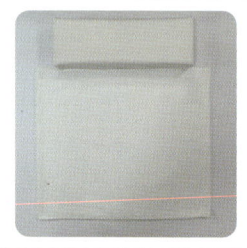
27. 작업대 마무리 - 작업 시 사용한 재료와 도구를 정리하여 준다.

올바른 팁 부착하기

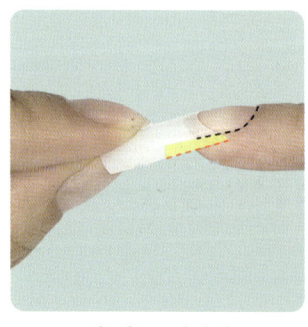
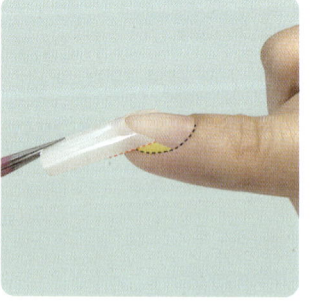

① 손톱에 맞는 네일팁을 선택하여 손톱 옆선에서 보았을 때 손톱의 직선 라인과 일직선이 되는 팁을 선택한다.

② 내추럴 하프웰 팁의 웰 부분에 소량의 글루를 도포한다.

③ 손톱 프리에지 부분과 팁턱의 각도가 45°를 이루어 부착되도록 한다.

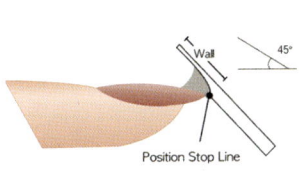 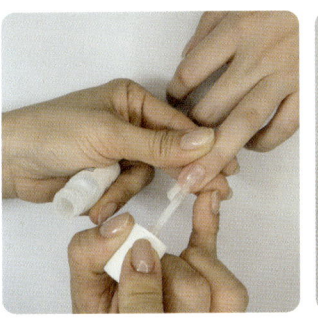 

④ Position Stop Line까지 네일 글루가 넘치지 않도록 웰의 경계선을 손톱 프리에지에 맞춰 팁을 접착한다.

⑤ 기포가 생길 경우 팁턱과 자연 네일의 경계 부위에 소량의 글루를 도포하여 준다.

⑥ 팁 부착 완성

팁 턱 파일링하기

 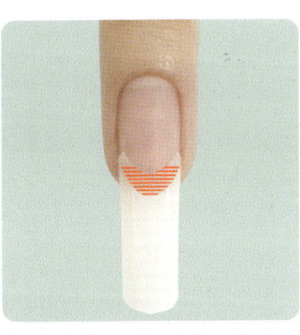 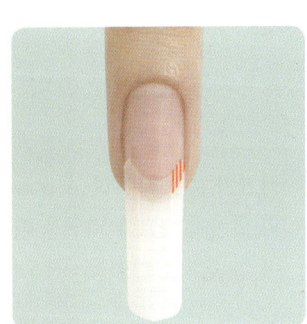

① 왼쪽 팁턱 제거 시 180그릿 인조 손톱용 파일을 세로 방향으로 사용하여 준다.

② 팁턱의 중앙 부위 제거 시 180그릿 파일을 가로 방향으로 자연 네일의 손상에 유의하여 파일링한다.

③ 오른쪽 팁턱 제거 시 180그릿 인조 손톱용 파일을 세로 방향으로 사용하여 준다.

실크 재단 및 부착하기

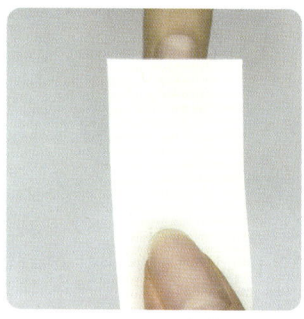
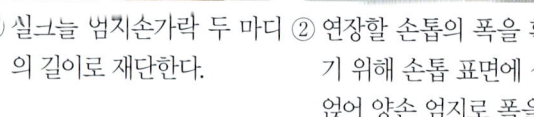
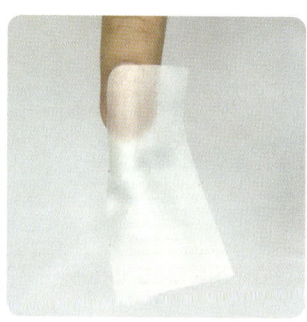

① 실크는 엄지손가락 두 마디의 길이로 재단한다.
② 연장할 손톱의 폭을 확인하기 위해 손톱 표면에 실크를 얹어 양손 엄지로 폭을 지그시 눌러준다.
③ 실크가위를 사용하여 왼쪽 큐티클 라인을 재단하여 큐티클 라인의 1~2mm 떨어진 지점에 실크를 부착한다.

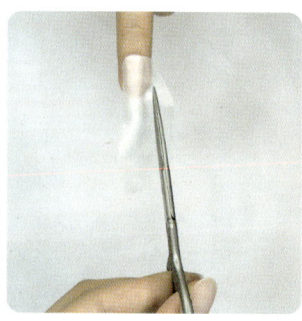
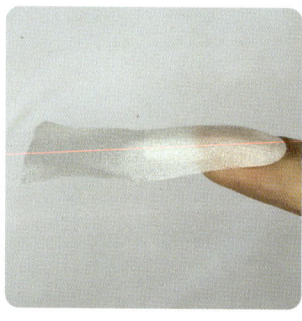

④ 실크가위를 사용하여 손톱의 오른쪽 큐티클 라인을 따라 실크를 재단한다.
⑤ 실크 재단 시 큐티클 라인 부분과 사이드 부분의 실크가 부족하거나 넘치지 않도록 정확히 재단 후 부착하여 준다.
⑥ 실크 부착 완성

내추럴 팁 위드랩 완성 사진

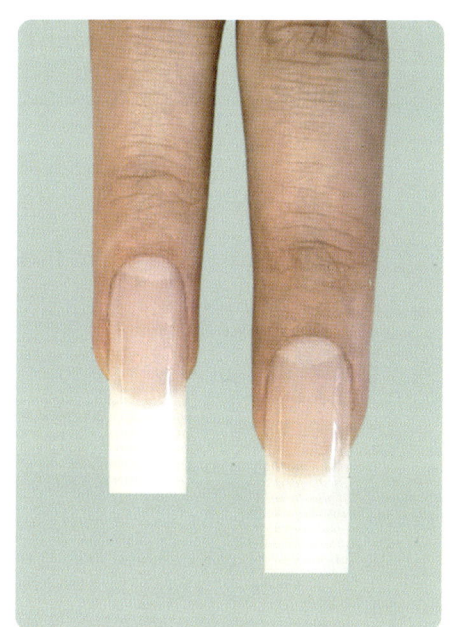
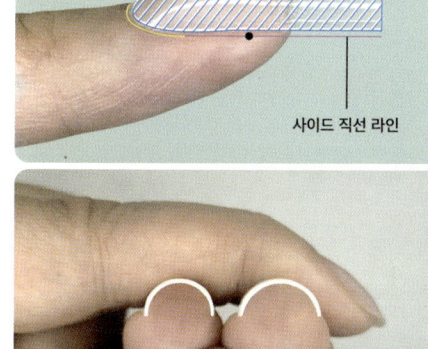

내추럴 팁 위드 랩 정면

내추럴 팁 위드 랩 형태

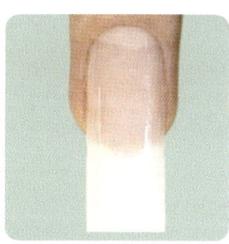
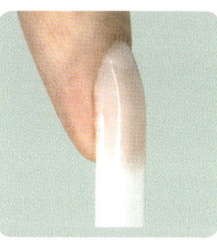
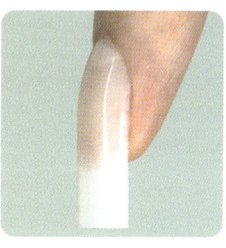

정면   오른쪽 측면   왼쪽 측면   프리에지

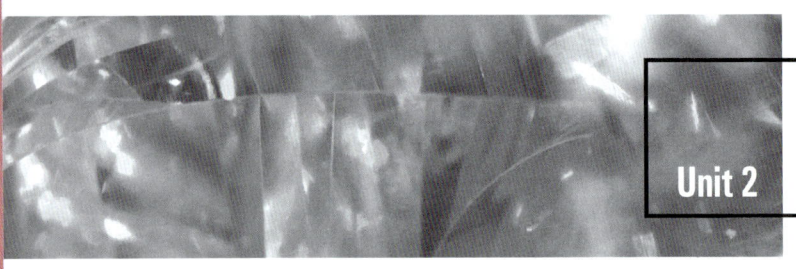

Unit 2 — 젤 원톤 스컬프처

● 젤 원톤 스컬프처 작업대 준비

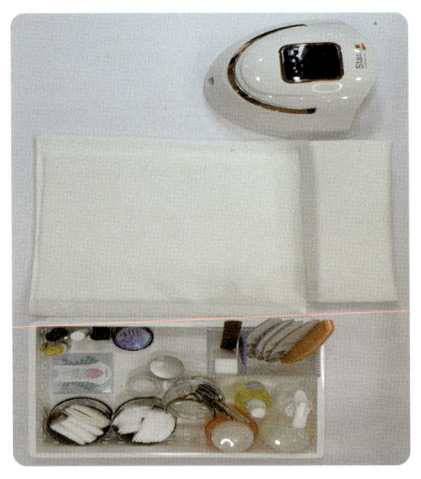

인조 네일 작업대 준비

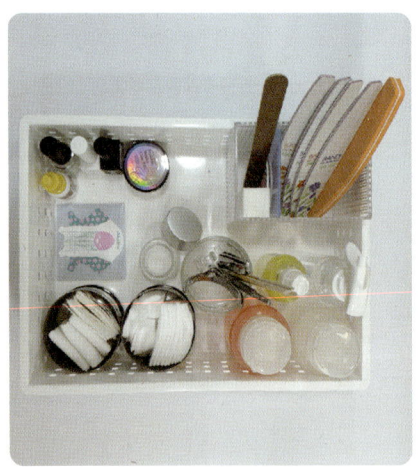

정리함 세팅

준비물 리스트

(모델 기준 참조), 위생가운, 마스크, 손목받침대(흰타월), 작업대(흰색 페이퍼타월), 재료정리함(흰 바구니), 안티셉틱(피부용, 소독용), 에탄올(기구소독용), 탈지면 용기, 멸균거즈, 탈지면(화장솜), 위생비닐, 큐티클 니퍼, 푸셔, 클리퍼, 자연 네일용 파일, 인조 네일용 파일(그릿수별로), 폼지, 페이퍼타월, 익스텐션용 젤 또는 클리어젤, 베이스 젤, 탑 젤, 젤램프 LED 또는 UV 또는 핀큐어, 디스크 패드, 샌딩 파일, 우드스틱, 지혈제, 폴리시 리무버, 큐티클 오일, 철제기구 소독용기(유리볼), 파일 꽂이, 젤 브러시

🌸 요구사항

※ 지참도구를 사용하여 아래의 요구사항대로 젤 원톤 스컬프처를 완성하시오.

(1) 과제를 수행하기 위해서 수험자의 손 및 모델의 손과 손톱을 소독하시오.

(2) 1과제의 작업상태의 모델 손톱을 3과제 작업에 적합하도록 전처리하시오.

　① 사전 작업된 오른손 1~5지 손톱의 네일 폴리시를 모두 제거하시오.

　② 모델의 자연 손톱은 1mm 이하의 라운드 또는 오발(oval) 형태로 준비하시오.

(3) 폼지와 투명젤을 사용하여 오른손 중지, 약지 2개의 손톱에 도면과 같은 젤 원톤 스컬프처 연장을 완성하시오.

(4) 연장된 프리에지의 길이는 중심기준으로 0.5~1cm 미만이며, 가로세로 모두 직선의 스퀘어 모양으로 조형하시오.

(5) 손톱 표면은 중심(하이포인트)에서 상하좌우 사방의 굴곡이 자연스럽게 연결되고, 기포 없이 투명하게 완성하시오

(6) 인조 손톱은 자연 손톱 전체에 조형되어야 하며, 그 경계선을 매끄럽게 연결하되, 주변의 피부가 손상되거나 출혈되지 않도록 유의하시오.

(7) 프리에지의 C커브는 원형의 20~40% 비율로, 두께는 0.5~1mm 이하로 일정하게 조형하시오.

(8) 측면 사이드 스트레이트 선은 자연 손톱에서부터 프리에지까지 연결선이 너무 올라가거나 쳐지지 않도록 하며 직선을 유지하여 만드시오.

(9) 스퀘어 모양을 유지하여 2개 손톱 모두 일정하게 완성하시오.

(10) 파일로 인한 거친 표면을 샌딩 버퍼로 매끄럽게 정리하시오.

(11) 탑 코트 젤로 도포하여 광택을 완성하시오.

(12) 손과 손톱 주변의 먼지 혹은 사용된 오일을 깨끗이 제거하시오.

　① 핑거볼, 네일 더스트 브러시, 멸균거즈, 큐티클 오일을 사용할 수 있습니다.

　② 네일 더스트 브러시는 멸균거즈 등으로 물기를 완전히 제거한 후 사용하시오.

🌀 수험자 유의사항

(1) 시작 전 폼을 재단하거나 미리 붙이지 않아야 합니다.

(2) 자연 네일 파일링 시 문지르거나 비비지 말고 한 방향으로 파일링하시오.

(3) 모델의 손과 손톱에 지저분한 큐티클 및 거스러미, 먼지나 분진이 없도록 항상 깨끗이 정리하시오.

(4) 수험자와 모델은 작업시작부터 끝까지 눈을 보호할 수 있도록 하시오.

(5) 젤 경화시간을 준수하여 필요시 미경화된 부분이 남지 않도록 작업하시오.

(6) 젤 글렌서와 셀 냄프기기 빛 구소들 위한 네일 도구(핀칭봉, 핀칭텅, 핀셋)는 작업내용에 맞게 적절히 사용할 수 있습니다.

(7) 마무리 작업의 먼지 및 오일 제거 시 핑거볼, 네일 더스트 브러시, 멸균거즈, 큐티클 오일을 사용할 수 있습니다.

(8) 큐티클 니퍼, 큐티클 푸셔, 클리퍼, 네일 더스트 브러시, 오렌지 우드스틱은(푸셔용)은 알코올 소독용기에 담가 두어야 합니다.

🌀 시험내용

손톱형태	시술	시간	배점
스퀘어	오른손 3~4지	40분	30점

🌀 시간분배

1	2	3	4	5	6	7	8	9	10	11	12	13	14	15	16	17	18	19	20	21	22	23	24	25	26	27	28	29	30	31	32	33	34	35	36	37	38	39	40
소독, 쉐입			베이스젤 도포			3, 4지 폼지 재단 및 부착					1차 클리어젤						2차 클리어젤							표면 정리 및 형태잡기										탑젤 및 마무리					

젤 원톤 스컬프처 작업순서

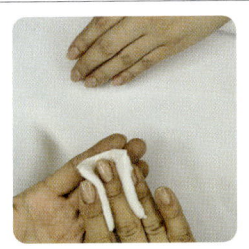
1. 시술자 손 소독하기 - 손 소독 시에는 화장솜에 소독제를 사용하여 소독하여 준다.
※ 스프레이 타입의 소독제는 호흡기에 좋지 않은 영향을 미칠 수 있다.

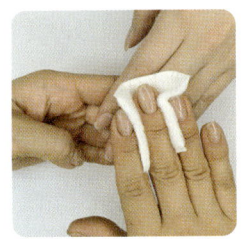
2. 모델 손 소독하기 - 손 소독 시에는 화장솜에 소독제를 분사하여 소독하여 준다.

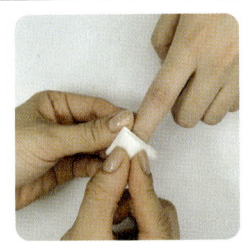
3. 폴리시 지우기 - 1과제의 네일 폴리시를 말끔히 제거한다.
※ 소지부터 엄지 또는 엄지부터 소지의 순서대로 하나씩 지워준다.
※ 다섯 손톱 전체에 리무버를 묻혀놓은 화장솜을 올리지 않도록 유의한다.

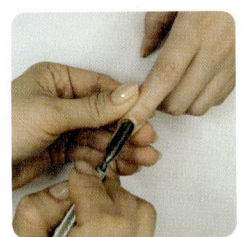
4. 큐티클 정리하기 - 이미 1과제에서 손톱 정리가 되어 있는 상태이기 때문에 큐티클 부분의 잔여물을 푸셔로 밀어 올려준다.

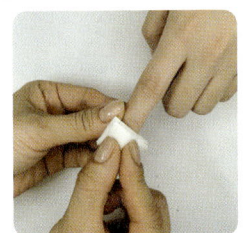
5. 소독하기 - 철제 기구가 닿은 부분은 멸균거즈를 사용하여 소독하여 준다.

6. 손톱 표면 샌딩하기 - 손톱 표면 파일링을 하여 손톱의 굴곡 완화와 유분기를 제거하여 젤의 접착력을 높여준다.

7. 베이스젤 바르기 - 자연 네일에 베이스젤을 도포한다. 적당한 양의 베이스젤을 도포하여 피부에 흘러내리지 않도록 주의한다.

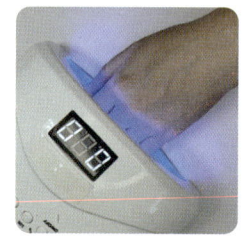
8. 큐어링하기 - UV 또는 LED 또는 핀타입 램프를 사용하여 경화한다.

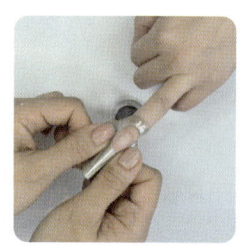
9. 폼지 끼우기 - 자연 네일에 폼지를 끼운다.
※ 폼지 앞면의 스티커를 폼지 뒷면에 붙여 폼지를 탄탄하게 해준다.
※ 손톱 옐로우 라인의 모양에 맞게 폼지를 재단하여 준다.
※ 폼지의 양쪽 면을 잡고 손톱의 커브에 맞도록 구부려준 뒤 손톱 밑부분에 끼워준다.
※ 폼지의 아랫면 접착 부위가 너무 느슨하면 손톱의 C 커브가 20~40%가 나오지 않을 수 있으므로 유의한다.

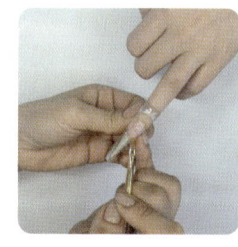
10. 클리어젤 올리기 - 클리어젤을 사용하여 프리에지와 자연 네일의 경계부를 연결한다. 이때 폼지에는 연장할 길이(0.5~1cm)만큼 스퀘어 모양을 유념하여 젤을 올려준다.
※ 브러시를 이용하여 젤을 떠올릴 때 기포가 생기지 않도록 한다.
※ 젤을 폼지 위에 올린 후 브러시의 모서리 부분을 이용하여 끌 듯이 젤을 이동시켜 스퀘어 형태를 조형한다.
※ 클리어젤 브러시로 여러 번 젤을 바르다 보면 기포가 발생할 수 있다.

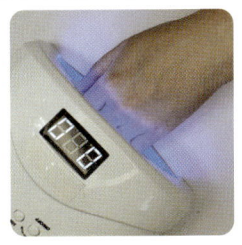
11. 큐어링하기 - UV 또는 LED 또는 핀타입 램프를 사용하여 5~10초 경화한다.

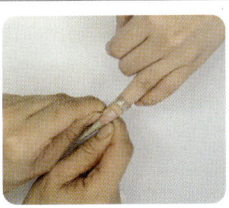
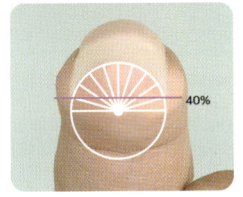
12. 핀칭주기 - 시술자의 양 엄지 손톱을 이용하여 연장된 네일의 스트레스 포인트 부분과 자연 네일의 경계부위를 지그시 눌러 연장된 부분의 C 커브를 만들어준다.
※ C 커브의 각도가 20~40%의 비율로 완성되도록 한다.

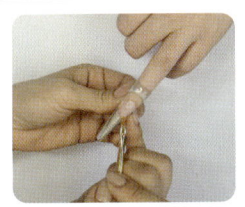
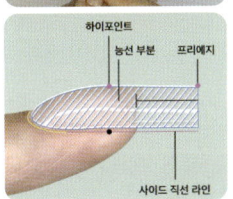
13. 2차 클리어젤 올리기 - 하이포인트 부분의 능선을 확인하고 표면의 굴곡을 확인하며, 한 번 더 클리어젤을 올려준다.

14. 큐어링하기 - UV 또는 LED 또는 핀타입 램프를 사용하여 경화한다.

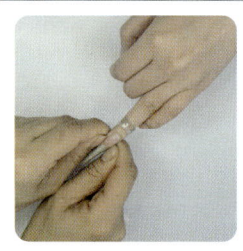

15. 핀칭주기 - 시술자의 양 엄지 손톱을 이용하여 연장된 네일의 스트레스 포인트 부분과 자연 네일의 경계부위를 지그시 눌러준다.
※ C 커브의 각도가 20~40%의 비율로 완성되도록 한다.

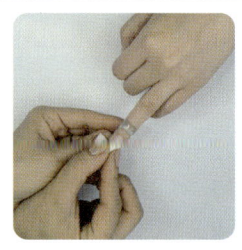

16. 폼지 제거하기 - 연장된 손톱 표면에 남아있는 미경화젤을 화장솜에 젤클렌저를 묻혀 닦아낸 후 폼지를 제거하여 준다.
※ 폼지 제거 시 느가락 윗부분의 폼지를 먼저 베어내고 손톱 밑부분의 폼지의 중앙부를 살짝 눌러 아랫방향으로 떼어내 준다.

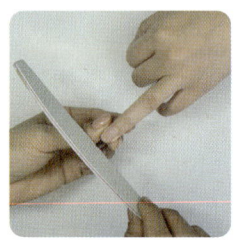

17. 쉐입 잡기 - 연장부의 쉐입이 스퀘어형으로 나올 수 있도록 파일의 각도를 90°로 유지하며 파일링한다.
※ 이때 연장된 인조 네일이 흔들리지 않도록 유의하며 파일링하여 준다.

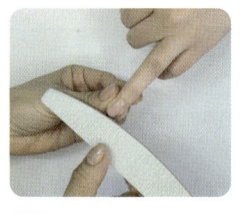

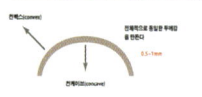

18. 표면 파일링하기 - 180그릿의 인조 네일용 파일을 사용하여 손톱 표면의 전체 굴곡이 자연스럽게 연결되도록 파일링하여 준다.
※ C 커브의 각도가 20~40%의 비율로 완성되도록 한다.
※ 컨벡스와 컨케이브의 두께는 0.5~1mm 동일하게 두께감을 준다.

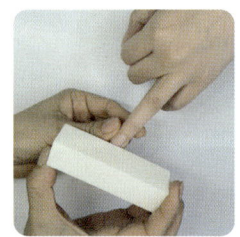

19. 표면 샌딩하기 - 연장된 인조 네일의 표면 굴곡을 샌딩하여 준다.

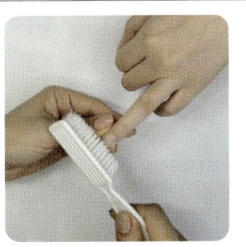
20. 먼지 제거하기 - 더스트 브러시를 사용하여 남아있는 손톱 표면의 이물질과 먼지를 제거하여 준다.

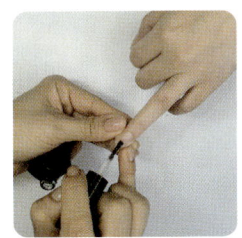
21. 탑 젤 도포하기 - 손톱 표면의 광택을 주기 위해서 탑 젤을 발라준다.
※ 논와이프 탑 젤을 사용하여도 무방하다.

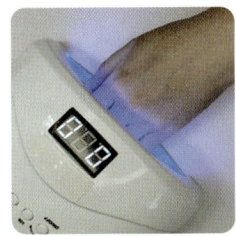
22. 큐어링하기 - UV 또는 LED 또는 핀타입 램프를 사용하여 경화한다.

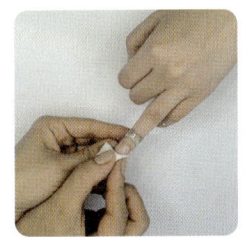
23. 미경화젤 제거 및 마무리 - 손톱 표면에 남아있는 미경화젤을 제거하고 큐티클 오일을 소량 바른 후 유분기를 제거하여 준다. 이때 유분기는 멸균거즈로 완벽히 제거한다.

24. 작업대 마무리 - 작업 시 사용한 재료와 도구를 정리하여 준다.

네일폼 재단 및 부착하기

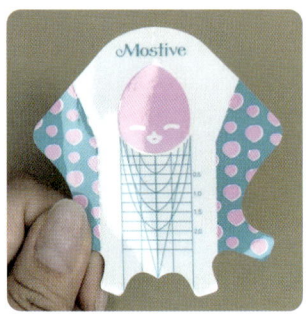

① 네일 폼시를 준비한다.

② 네일 폼지의 타원형의 스티커를 폼지 뒷면의 접착면에 부착한다.

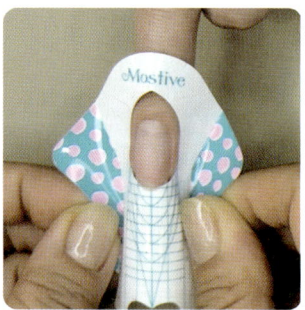

③ 자연 네일의 옐로우 라인과 폼지와 일치하는지 확인한다.

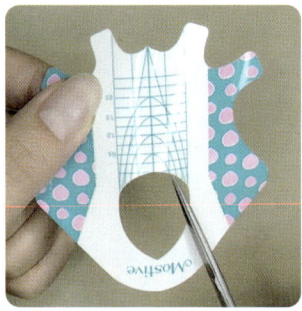

④ 손톱의 옐로우 라인에 맞게 폼지를 재단한다.

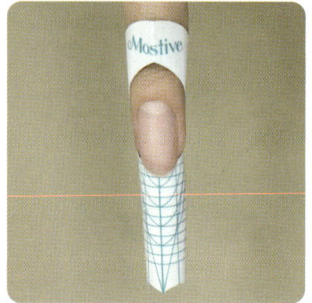

⑤ 손톱의 커브에 맞추어 폼지의 형태를 잡아준다.

⑥ 손톱에 끼워진 폼지

🌑 올바른 폼지 끼우기

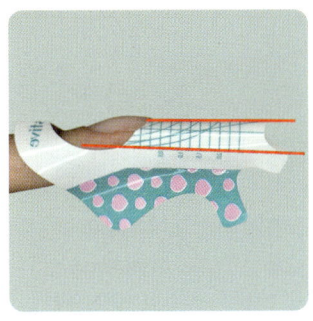 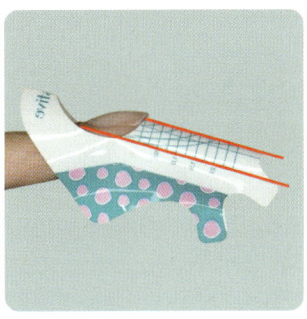 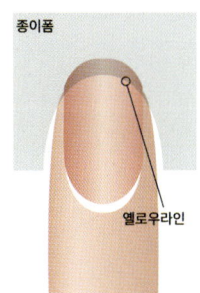

① 손톱 끝 프리에지 부분과 사이드 부분이 평행하고 큐티클 라인의 중심과 네일 폼이 흔들리지 않아야 한다.
　○

② 손톱 아래로 쳐져있는 폼지
　×

③ 옐로우 라인에 맞춰 손톱 아래(하이포니키움) 부분에 폼지를 끼워준다.

젤 원톤 스컬프처 완성사진

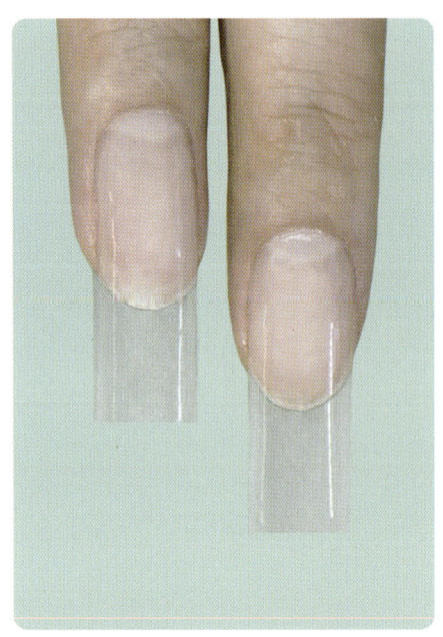

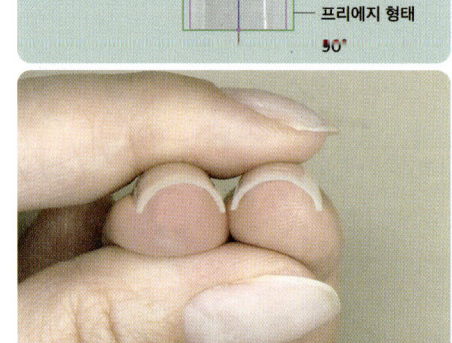

젤 원톤 스컬프처 정면

젤 원톤 스컬프처의 형태

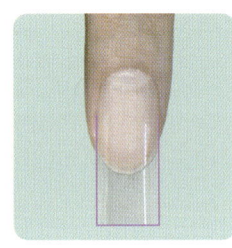
정면

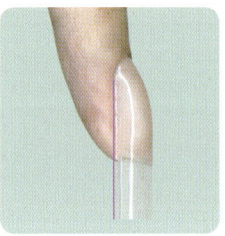
오른쪽 측면

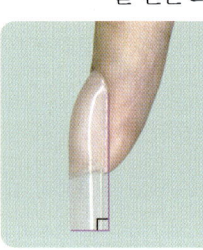
왼쪽 측면

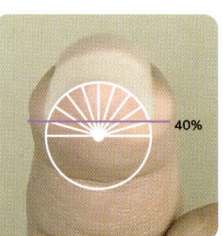
프리에지

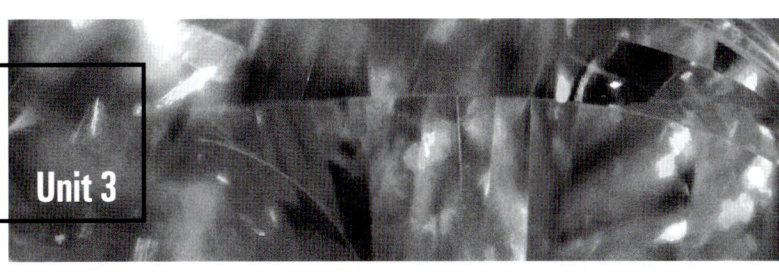

아크릴 프렌치 스컬프처 — Unit 3

아크릴 프렌치 스컬프처 작업대 준비

아크릴 프렌치 스컬프처 작업대 준비

정리함 세팅

준비물 리스트

(모델 기준 참조), 위생가운, 마스크, 손목받침대(흰타월), 작업대(흰색 페이퍼타월), 재료정리함(흰 바구니), 안티셉틱(피부용, 소독용), 에탄올(기구소독용), 탈지면 용기, 멸균거즈, 탈지면(화장솜), 위생비닐, 큐티클 니퍼, 푸셔, 클리퍼, 자연 네일용 파일, 인조 손톱용 파일(그릿수별), 리퀴드, 페이퍼타월, 클리어 폴리머 또는 핑크 폴리머, 화이트 폴리머, 아크릴 브러시, 디펜디쉬, 폼지, 디스크패드, 샌딩 파일, 광파일, 우드스틱, 지혈제, 폴리시 리무버, 큐티클 오일, 철제기구 소독용기(유리볼), 파일꽂이

요구사항

※ 지참도구를 사용하여 아래의 요구사항대로 아크릴 프렌치 스컬프처를 완성하시오.

(1) 과제를 수행하기 위해서 수험자의 손 및 모델의 손과 손톱을 소독하시오.
(2) 1과제의 작업상태의 모델 손톱을 3과제 작업에 적합하도록 전처리하시오.
　① 사전 작업된 오른손 1~5지 손톱의 네일 폴리시를 모두 제거하시오.
　② 모델의 자연 손톱은 1mm 이하의 라운드 또는 오발(oval) 형태로 준비하시오.
(3) 화이트 폴리머, 핑크 또는 클리어 폴리머와 폼을 사용하여 오른손 중지, 약지 2개의 손톱에 도면과 같은 아크릴 프렌치 스컬프처를 완성하시오.
(4) 스마일 라인은 선명하게 표현되어야 하고, 모양은 좌우대칭이 되도록 조형하시오.
(5) 제품 사용 시 기포가 생기거나 얼룩지지 않도록 주의하시오.
(6) 연장된 프리에지의 길이는 0.5~1cm 미만이며 가로 세로 모두 직선의 스퀘어 모양으로 조형하시오.
(7) 손톱 표면은 중심(하이포인트)에서 상하좌우 사방의 굴곡이 자연스럽게 연결되고, 기포없이 투명하게 완성하시오.
(8) 인조 손톱은 자연 손톱 전체에 조형되어야 하며, 그 경계선을 매끄럽게 연결하되, 주변의 피부가 손상되거나 출혈되지 않도록 유의하시오.
(9) 프리에지의 C커브는 원형의 20~40% 비율로, 두께는 0.5~1mm 이하로 일정하게 조형하시오.
(10) 측면 사이드 스트레이트 선은 자연 손톱에서부터 프리에지까지 연결선이 너무 올라가거나 쳐지지 않도록 하며 직선을 유지하여 만드시오.
(11) 스퀘어 모양을 유지하여 2개 손톱 모두 일정하게 완성하시오.
(12) 파일로 인한 거친 표면을 샌딩 버퍼로 매끄럽게 정리하시오.
(13) 광택용 파일을 사용하여 광택을 마무리하시오.
(14) 손과 손톱 주변의 먼지 혹은 사용된 오일을 깨끗이 제거하시오.
　① 핑거볼, 네일 더스트 브러시, 멸균거즈, 큐티클 오일을 사용할 수 있습니다.
　② 네일 더스트 브러시는 멸균거즈 등으로 물기를 완전히 제거한 후 사용하시오.

🌀 수험자 유의사항

(1) 자연 네일 파일링 시 문지르거나 비비지 말고 한 방향으로 파일링하시오.
(2) 모델의 손과 손톱에 지저분한 큐티클 및 거스러미, 먼지나 분진이 없도록 항상 깨끗이 정리하시오.
(3) 수험자와 모델은 작업 시작부터 끝까지 눈을 보호할 수 있도록 하시오.
(4) 폴리머 중 화이트 폴리머는 반드시 사용하여야 하며, 핑크 및 클리어 폴리머는 선택 가능합니다.
(5) 구조를 위한 네일 도구(핀칭봉, 핀칭텅, 핀셋)는 작업내용에 맞게 적절히 사용할 수 있습니다.
(6) 마무리 작업의 먼지 및 오일 제거 시 핑거볼, 네일 더스트 브러시, 멸균거즈, 큐티클 오일을 사용할 수 있습니다.
(7) 큐티클 니퍼, 큐티클 푸셔, 클리퍼, 네일 더스트 브러시, 오렌지 우드스틱(푸셔용)은 알코올 소독용기에 담가 두어야 합니다.

🌀 시험내용

손톱형태	시술	시간	배점
스퀘어	오른손 3~4지	40분	30점

🌀 시간분배

1	2	3	4	5	6	7	8	9	10	11	12	13	14	15	16	17	18	19	20	21	22	23	24	25	26	27	28	29	30	31	32	33	34	35	36	37	38	39	40
소독, 쉐입			3, 4지 폼지 재단 및 부착					3, 4지 화이트 아크릴 볼 올리기, 스마일 라인 조형, 핑크 또는 클리어 볼 올리기																핀칭 주기			표면 정리 및 형태 잡기							광택 및 마무리				

아크릴 프렌치 스컬프처 작업순서

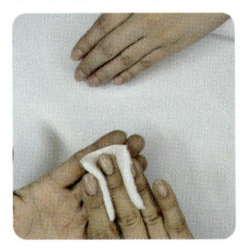
1. 시술자 손 소독하기 - 손 소독 시에는 화장솜에 소독제를 사용하여 소독하여 준다.
※ 스프레이 타입의 소독제는 호흡기에 좋지 않은 영향을 미칠 수 있다.

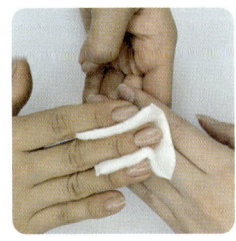
2. 모델 손 소독하기 - 손 소독 시에는 화장솜에 소독제를 분사하여 소독하여 준다.

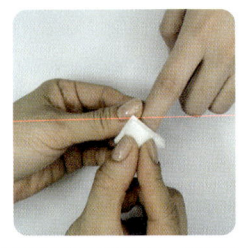
3. 폴리시 지우기 - 1과제의 네일 폴리시를 말끔히 제거한다.
※ 소지부터 엄지 또는 엄지부터 소지의 순서대로 하나씩 지워준다.
※ 다섯 손톱 전체에 리무버를 묻혀놓은 화장솜을 올리지 않도록 유의한다.

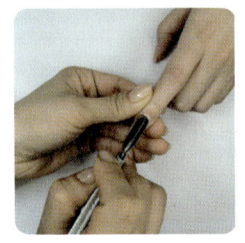
4. 큐티클 정리하기 - 이미 1과제에서 손톱정리가 되어 있는 상태이기 때문에 큐티클 부분의 잔여물을 푸셔로 밀어 올려준다.

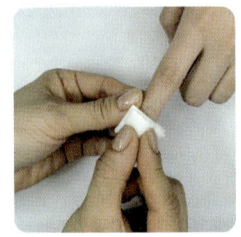
5. 소독하기 - 철제기구가 닿은 부분은 멸균거즈를 사용하여 소독하여 준다.

6. 손톱 표면 샌딩하기 - 손톱 표면을 샌딩하여 손톱의 굴곡 완화와 유분기를 제거하여 아크릴릭 제품이 자연 네일에 잘 부착될 수 있도록 한다.

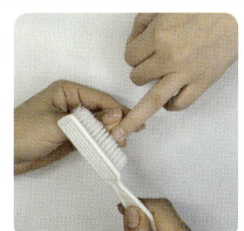
7. 손톱 주변 먼지 제거하기 - 손톱 주변에 남아있는 먼지를 더스트 브러시를 사용하여 털어낸다.

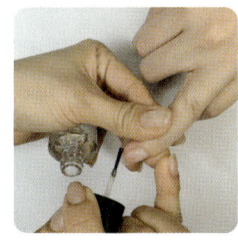
8. 프라이머 바르기 - 손톱의 유분기를 제거하기 위해 피부에 묻지 않도록 소량 사용하여 도포하여 준다.

9. 폼지 끼우기 - 자연 네일에 폼지를 끼운다.
※ 폼지 앞면의 스티커를 폼지 뒷면에 붙여 폼지를 탄탄하게 해준다.
※ 손톱의 옐로우 라인의 모양에 맞게 폼지를 재단하여 준다.
※ 폼지의 양쪽 면을 잡고 손톱의 커브에 맞도록 구부려 준 뒤 손톱 밑 부분에 끼워준다.
※ 폼지의 아랫면 접착 부위가 너무 느슨하면 손톱의 C 커브가 20~40%가 나오지 않을 수 있으므로 유의한다.

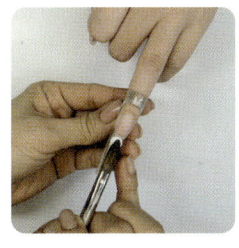
10. 화이트 폴리머 올리기 - 화이트 파우더를 이용하여 프리에지와 자연 네일의 경계부를 연결한다. 이때 폼지에는 연장할 길이 (0.5~1cm)만큼 스퀘어 모양을 유념하여 스마일 라인을 만든다.
※ 화이트 아크릴볼을 옐로우 라인 부분에 올려 스마일 라인을 좌우대칭이 되도록 만든다.
※ 아크릴 파우더와 리퀴드의 비율은 1 : 1.5의 비율로 너무 묽지 않게 믹싱하여 준다.
※ 화이트 파우더에 얼룩이 생기지 않도록 유의한다.

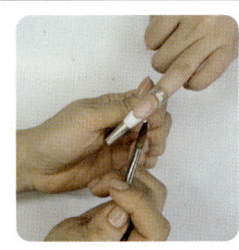
11. 스트레스 포인트 만들기 - 브러시의 팁 부분을 사용하여 작은 아크릴볼을 스트레스 포인트 부분에 올려준다.
※ 아크릴 파우더와 리퀴드의 비율은 1:1.5의 비율로 너무 묽지 않게 믹싱하여 준다.
※ 스마일 라인에 아크릴볼을 올려 선명하고 세밀하게 만든다.
※ 양쪽 스마일 라인이 대칭을 이루는지 확인한다.

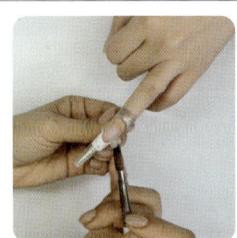
12. 클리어 파우더 올리기 - 클리어 또는 핑크 파우더를 스마일 라인과 자연 네일의 경계 부위에 올려준다.
※ 하이포인트의 능선이 자연 네일과 연결될 수 있도록 모양을 잡아준다.
※ 너무 많은 양의 파우더볼을 올리지 않도록 한다.
※ 아크릴볼에 기포가 생성되지 않도록 유의한다.

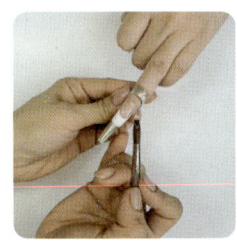
13. 2차 클리어 파우더 올리기 - 첫 번째 올린 아크릴과 경계가 생기지 않도록 루눌라 부위의 빈 부분을 채워준다.
※ 너무 많은 양의 파우더볼을 올리면 큐티클 부분의 피부가 묻힐 수 있으므로 주의한다.

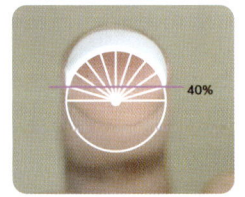
14. 핀칭주기 - 시술자의 양 엄지 손톱을 이용하여 연장된 네일의 스트레스 포인트 부분과 자연 네일의 경계 부위를 지그시 눌러 연장된 부분의 C 커브를 만들어준다.
※ C 커브의 각도가 20~40%의 비율로 완성되도록 한다.

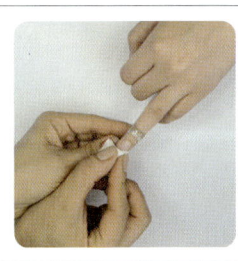
15. 폼지 제거하기 - 아크릴릭이 완벽히 굳은 뒤에 폼지를 제거한다.
※ 아크릴릭이 완벽하게 굳어지지 않으면 연장된 부분이 손상될 수 있으므로 확인 후 폼지를 제거하여 준다.
※ 아크릴 브러시의 자루 부분으로 연장된 인조 네일을 살짝 터치하여 맑은소리가 난다면 건조가 됐음을 확인할 수 있다.

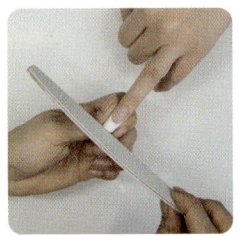
16. 쉐입 잡기 - 연장부의 쉐입이 스퀘어형으로 나올 수 있도록 파일의 각도를 90° 유지하며 파일링한다.

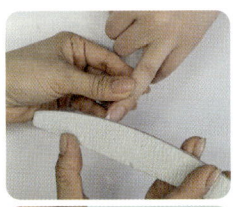
17. 표면 파일링하기 - 낮은 그릿부터 높은 그릿의 인조 네일용 파일을 사용하여 손톱 표면의 전체 굴곡이 자연스럽게 연결되도록 파일링하여 준다.
※ C 커브의 각도가 20~40%의 비율로 완성되도록 한다.
※ 컨벡스와 컨케이브의 두께는 0.5~1mm 동일하게 두께감을 준다.

18. 표면 샌딩하기 - 연장된 네일의 표면 굴곡을 샌딩하여 준다.

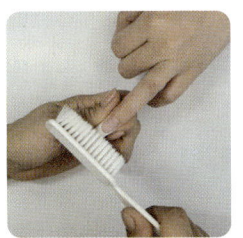
19. 먼지 제거하기 - 더스트 브러시를 이용하여 손톱 표면의 남아있는 먼지 및 이물질을 제거해준다.

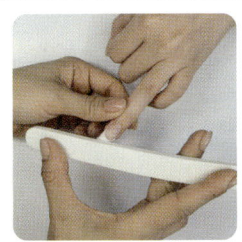
20. 광택내기 - 광택용 파일을 이용하여 광택을 낸다.

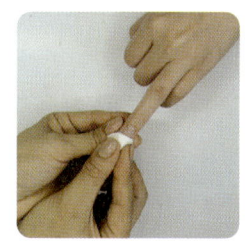

21. 마무리하기 - 큐티클 오일을 소량 바른 후 유분기를 제거하여 준다. 이때 유분기는 멸균거즈로 완벽히 제거한다.

22. 작업대 마무리 - 작업 시 사용한 재료와 도구를 정리하여 준다.

🌸 아크릴 브러시의 구조

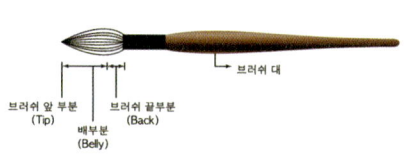

- 브러시의 앞부분(Tip): 세밀한 작업, 스마일 라인 또는 큐티클 라인 작업 시 사용한다.
- 브러시의 중간부분(Belly): 아크릴 연장 시 길이 조절, 두께 및 표면 정리에 사용한다.
- 브러시의 끝부분(Back): 아크릴볼을 전체적으로 펴줄 때 사용한다.

- 브러시의 앞부분(Tip) - 작은볼 - 스마일 라인 작업 시
- 브러시의 중간부분(Belly) - 중간볼 - 프리에지 실이 및 두께
- 브러시의 끝부분(Back) - 큰볼 - 아크릴을 펴주는 작업 시
  *브러시의 기울기를 눕힐수록 아크릴볼의 크기는 점점 커진다.

컨벡스와 컨케이브

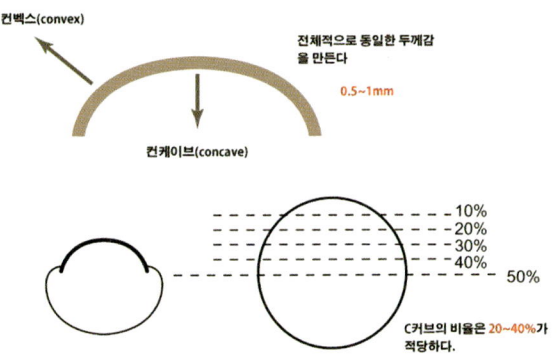

- 컨벡스(convex) - 연장된 인조 네일 표면의 파일링을 고르게 해줘야 컨벡스(convex)의 사방 굴곡이 매끈하다.
- 컨케이브(concave) - 연장할 인조 네일의 제품을 일정한 두께로 올려주어야 컨케이브(concave)의 형태가 일정하게 만들어진다.

스마일 라인 조형하기

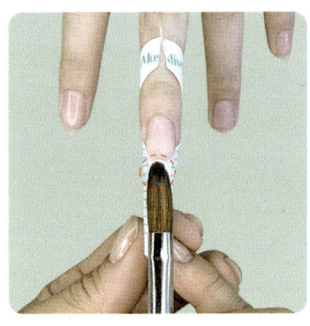

① 화이트볼을 폼지의 중앙에 올린다.

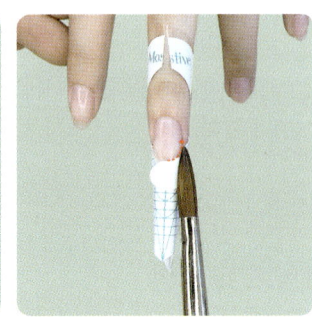

② 오른쪽 스마일 라인 조형하기

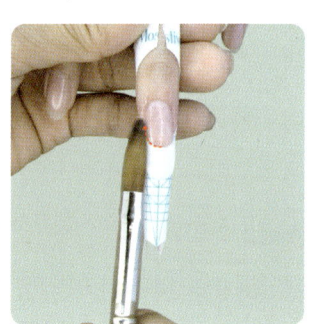

③ 왼쪽 스마일 라인 조형하기

④ 손톱 중앙 스마일 라인과 좌우 스마일 라인 자연스럽게 연결하기

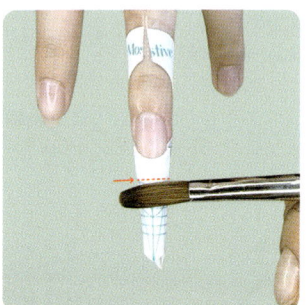

⑤ 연장된 인조 네일 길이 조절하기

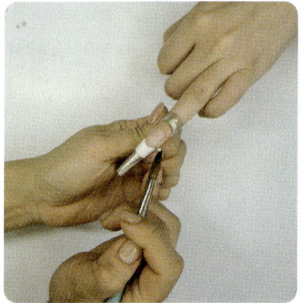

⑥ 스마일 라인의 좌우 스트레스 포인트 채워주기

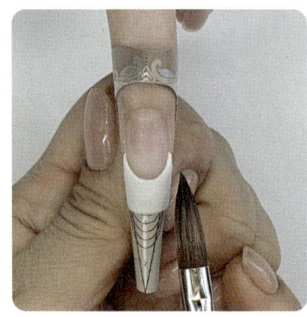
⑦ 스마일 라인 정리하기

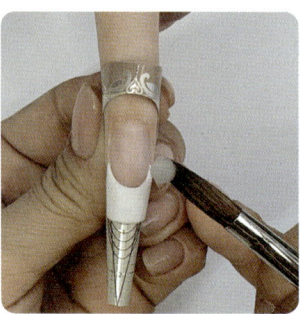
⑧ 클리어볼 또는 핑크 중간볼 올리기

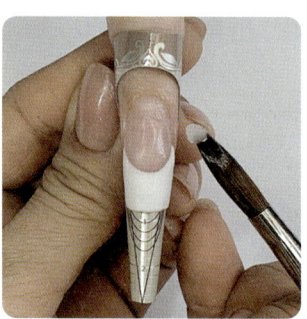
⑨ 클리어볼 또는 핑크 작은볼로 큐티클 라인 연결하기

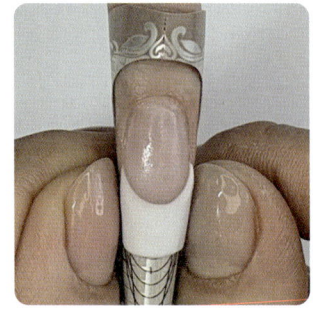
⑩ 핀칭하기

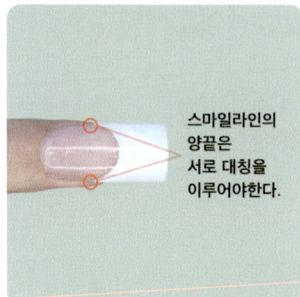
스마일 라인의 양끝은 대칭을 이뤄야 한다.

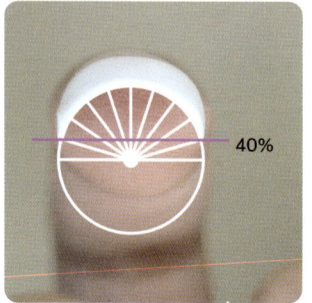
C 커브의 각도는 원형의 20~40%가 되어야 한다.

🟣 아크릴 브러시 부위별 네일 적용 부위

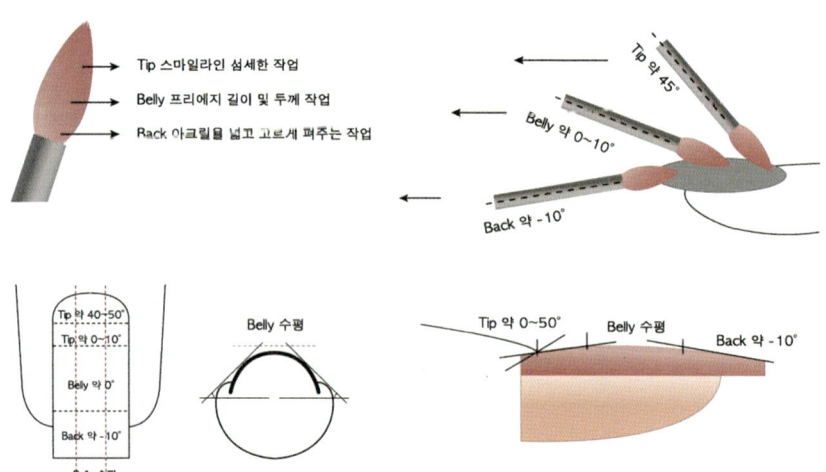

🔸 아크릴 프렌치 스컬프처 완성사진

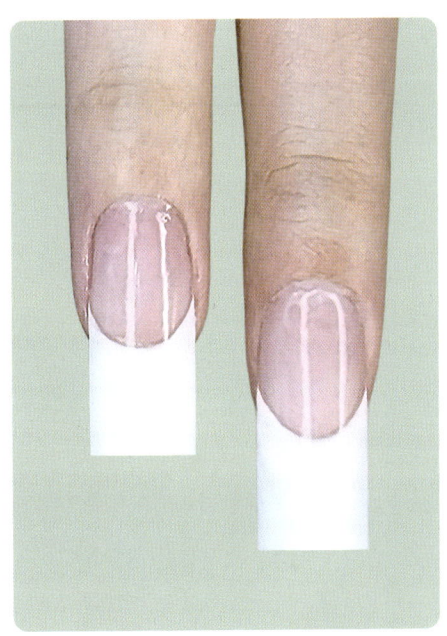

아크릴 프렌치 스컬프처 정면

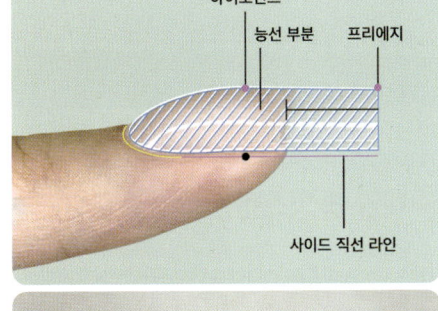

하이포인트 · 능선 부분 · 프리에지 · 사이드 직선 라인

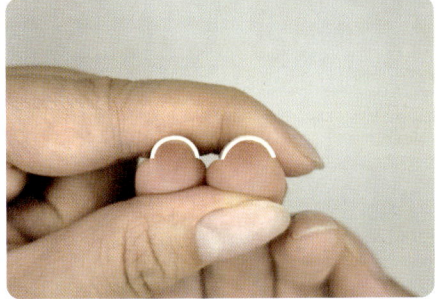

아크릴 프렌치 스컬프처의 형태

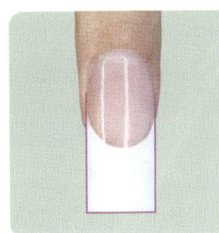

정면

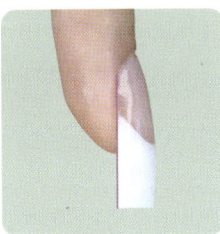

오른쪽 측면

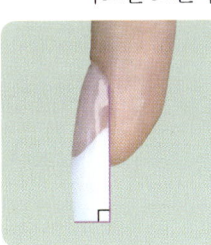

왼쪽 측면

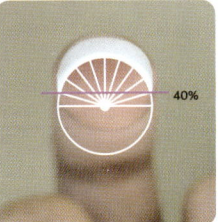

프리에지

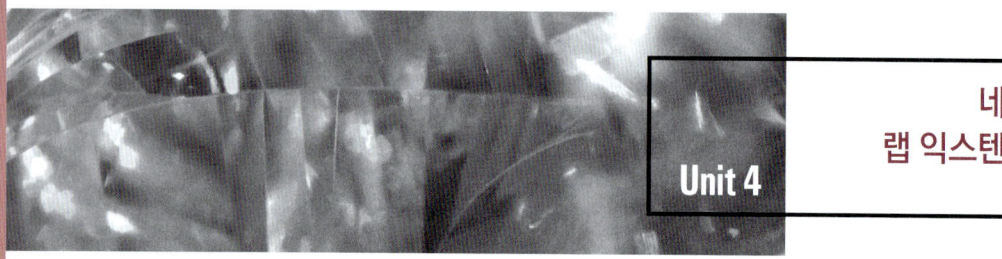

Unit 4   네일 랩 익스텐션

네일 랩 익스텐션 작업대 준비

네일 랩 익스텐션 작업대 준비

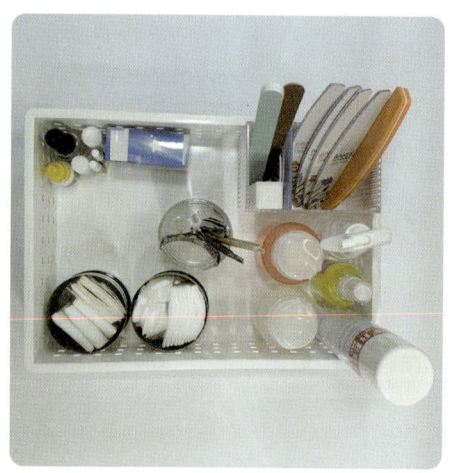

정리함 세팅

준비물 리스트

(모델 기준 참조), 위생가운, 마스크, 손목받침대(흰타월), 작업대(흰색 페이퍼타월), 재료정리함(흰바구니), 안티셉틱(피부용, 소독용), 에탄올(기구소독용), 탈지면 용기, 멸균거즈, 탈지면(화장솜), 위생비닐, 큐티클 니퍼, 푸셔, 클리퍼, 자연 네일용 파일, 인조 손톱용 파일(그릿수별), 필러 파우더, 라이트 글루, 젤 글루, 실크, 글루 드라이, 디스크패드, 샌딩 파일, 광파일, 우드스틱, 지혈제, 폴리시 리무버, 큐티클 오일, 철제기구 소독용기(유리볼), 파일꽂이, 페이퍼타월

요구사항

※ 지참도구를 사용하여 아래의 요구사항대로 네일 랩 익스텐션을 완성하시오.

⑴ 과제를 수행하기 위해서 수험자의 손 및 모델의 손과 손톱을 소독하시오.

⑵ 1과제의 작업상태의 모델 손톱을 3과제 작업에 적합하도록 전처리하시오.

    ① 사전 작업된 오른손 1~5지 손톱의 네일 폴리시를 모두 제거하시오.

    ② 모델의 자연 손톱은 1mm 이하의 라운드 또는 오발(oval) 형태로 준비하시오.

⑶ 실크 랩, 네일 글루, 젤 글루, 필러 파우더를 사용하여 오른손 중지, 약지 2개의 손톱에 도면과 같은 네일 랩 연장을 완성하시오.

⑷ 프리에지의 길이는 0.5~1 cm 미만으로 모두 일정하게 맞추어 잘라내고, 가로 세로 모두 직선의 스퀘어 모양으로 조형하시오.

⑸ 글루(네일 글루, 젤 글루 등)는 수험자가 작업상황에 맞도록 적절히 사용하시오.

⑹ 실크는 손톱 범위에 따라 알맞게 큐티클 부분을 1mm 남기고 재단 및 부착하여 사용하시오.

⑺ 필러 파우더는 수험자가 작업상황에 맞도록 적절히 사용하되, 피부에 닿거나 흐르지 않도록 유위하시오.

⑻ 손톱 표면은 중심(하이포인트)에서 상하좌우 사방의 굴곡이 자연스럽게 연결되고, 기포없이 투명하게 완성하시오.

⑼ 인조 손톱은 자연 손톱 전체에 조형되어야 하며, 그 경계선을 매끄럽게 연결하되, 주변의 피부가 손상되거나 출혈되지 않도록 유의하시오.

⑽ 프리에지의 C커브는 원형의 20~40% 비율로, 두께는 0.5~1mm 이하로 일정하게 조형하시오.

⑾ 측면 사이드 스트레이트 선은 자연 손톱에서부터 프리에지까지 연결선이 너무 올라가거나 쳐지지 않도록 하며 직선을 유지하여 만드시오.

⑿ 스퀘어 모양을 유지하여 2개 손톱 모두 일정하게 완성하시오.

⒀ 파일로 인한 거친 표면을 샌딩 버퍼로 매끄럽게 정리하시오.

⒁ 광택용 파일을 사용하여 광택을 마무리하시오.

(15) 손과 손톱 주변의 먼지 혹은 사용된 오일을 깨끗이 제거하시오.

 ① 핑거볼, 네일 더스트 브러시, 멸균거즈, 큐티클 오일을 사용할 수 있습니다.

 ① 네일 더스트 브러시는 멸균거즈 등으로 물기를 완전히 제거한 후 사용하시오.

◉ 수험자 유의사항

(1) 시작 전 실크 랩을 재단하거나 미리 붙이지 않아야 합니다.

(2) 자연 네일 파일링 시 문지르거나 비비지 말고 한 방향으로 파일링하시오.

(3) 모델의 손과 손톱에 지저분한 큐티클 및 거스러미, 먼지나 분진이 없도록 항상 깨끗이 정리하시오.

(4) 수험자와 모델은 작업 시작부터 끝까지 눈을 보호할 수 있도록 하시오.

(5) 구조를 위한 네일 도구(핀칭봉, 핀칭텅, 핀셋)는 작업내용에 맞게 적절히 사용할 수 있습니다.

(6) 마무리 작업의 먼지 및 오일 제거시 핑거볼, 네일 더스트 브러시, 멸균거즈, 큐티클 오일을 사용할 수 있습니다.

(7) 큐티클 니퍼, 큐티클 푸셔, 클리퍼, 네일 더스트 브러시, 오렌지 우드스틱(푸셔용)은 알코올 소독용기에 담가 두어야 합니다.

◉ 시험내용

손톱형태	시술	시간	배점
스퀘어	오른손 3~4지	40분	30점

시간분배

1	2	3	4	5	6	7	8	9	10	11	12	13	14	15	16	17	18	19	20	21	22	23	24	25	26	27	28	29	30	31	32	33	34	35	36	37	38	39	40
소독, 쉐입			3, 4지 네일 랩 재단 및 부착								C커브 만들기, 두께 만들기										표면 정리, 파일링						젤 글루 도포 및 표면 정리							광택 및 마무리					

네일 랩 익스텐션 작업순서

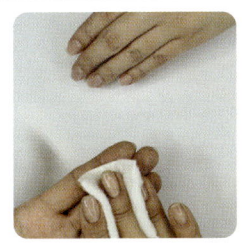

1. 시술자 손 소독하기 - 손 소독 시에는 화장솜에 소독제를 분사하여 소독하여 준다.
※ 스프레이 타입의 소독제는 호흡기에 좋지 않은 영향을 미칠 수 있다.

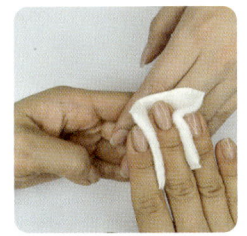

2. 모델 손 소독하기 - 손 소독 시에는 화장솜에 소독제를 분사하여 소독하여 준다.

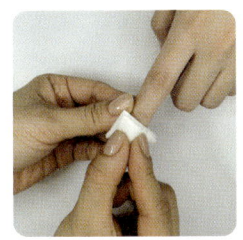

3. 폴리시 지우기 - 1과제의 네일 폴리시를 말끔히 제거한다.
※ 소지부터 엄지 또는 엄지부터 소지의 순서대로 하나씩 지워준다.
※ 다섯 손톱 전체에 리무버를 묻혀놓은 화장솜을 올리지 않도록 유의한다.

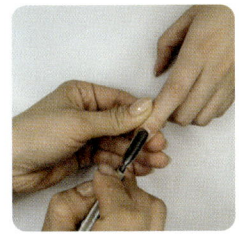

4. 큐티클 정리하기 - 이미 1과제에서 손톱 정리가 되어 있는 상태이기 때문에 큐티클 부분의 잔여물을 푸셔로 밀어 올려준다.

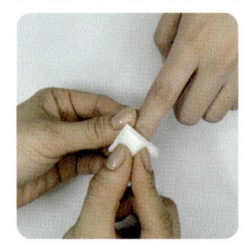

5. 소독하기 - 철제기구가 닿은 부분은 멸균거즈를 사용하여 소독하여 준다.

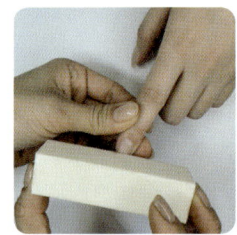

6. 손톱 표면 샌딩하기 - 손톱 표면을 샌딩하여 손톱의 굴곡 완화와 유분기를 제거하여 실크의 접착력을 높여준다.

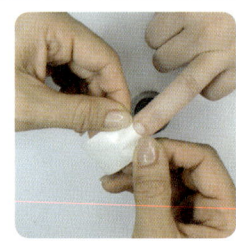

7. 실크 재단하기 - 엄지 손톱 두 마디 크기로 실크를 재단하여 연장할 손톱의 사이즈에 맞추어 사다리꼴로 실크를 자른다. 큐티클 라인 부분은 둥글게 재단한다.

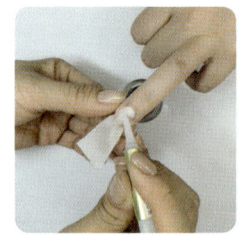

8. 실크 부착하기 - 손톱의 큐티클 라인에서 1mm 정도 떨어진 부위에 실크를 부착한다. 자연 네일 위쪽의 실크를 라이트 글루를 사용하여 접착한다.

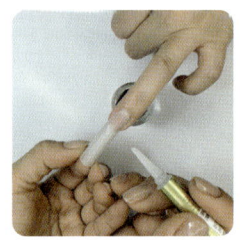

9. C 커브 만들기 - 연장 부위의 실크를 엄지와 중지로 커브를 만들어 잡아준 뒤 네일 바디 쪽에서 라이트 글루를 서서히 프리에지 쪽으로 끌고 내려온다.

※ 글루의 양을 한꺼번에 많이 흘려 내리면 실크와 커브를 잡은 손이 접착될 수 있으므로 소량씩 발라준다.
※ 글루가 손톱 주변 피부에 묻지 않도록 유의하며 글루가 넘쳤을 경우 페이퍼타월의 모서리 부분으로 글루를 흡수시킨다.
※ 글루 도포 시 글루의 입구 부분이 실크의 표면에서 1.5mm 정도 띄워질 수 있도록 한다. 글루의 입구 부분이 실크와 밀착되면 실크가 밀릴 수 있으므로 유의한다.

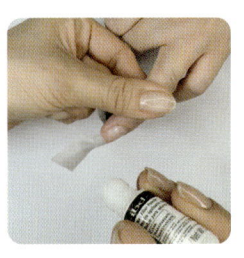

10. 필러 파우더 도포하기 - 글루가 묻은 실크 위에 필러 파우더를 소량씩 뿌려준다.

※ 한 곳에 필러 파우더가 뭉쳐지지 않도록 한다.

※ 필러 파우더와 손톱과의 거리를 5cm 미만으로 유지하여 필러 파우더 용기의 아랫면 부위를 살짝 터치하여 소량씩 뿌려질 수 있도록 한다.

※ 필러 파우더가 네일 주변 피부 부위에 묻었다면 우드스틱에 화장솜을 말아 제거한다.

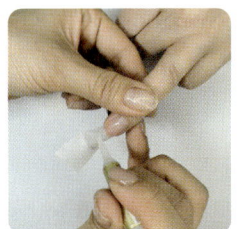

11. 글루 도포하기 - 도포된 필러 파우더가 밀리지 않도록 글루의 입구와 네일 표면의 거리를 1.5mm 정도 띄워 글루를 도포한다.

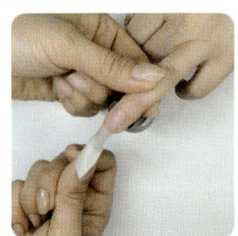

12. 두께 만들기 - 10~11번의 과정을 3~4차례 정도 반복하며 아래쪽에 남아 있는 실크의 양쪽 모서리 부분을 살짝 연장된 인조 네일의 안쪽으로 잡아 당겨준다.

13. 글루 드라이 분사하기 - 어느 정도 두께가 완성되었다면 글루 드라이를 분사하여 조형된 네일을 고정시킨다.

※ 글루 드라이는 손톱의 표면에서 20cm 정도의 거리를 두고 사용한다. 너무 가까이에서 분사하게 되면 옐로우잉 현상이 생길 수 있으므로 주의한다.

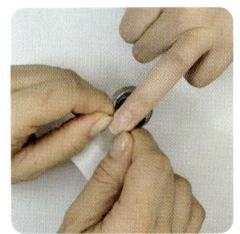

14. 핀칭주기 - 시술자의 양 엄지 손톱을 이용하여 연장된 인조 네일의 스트레스 포인트 부분과 자연 네일의 경계 부위를 지그시 눌러 연장된 부분의 C 커브를 만들어준다.

※ C 커브의 각도가 20~40%의 비율로 완성되도록 한다.

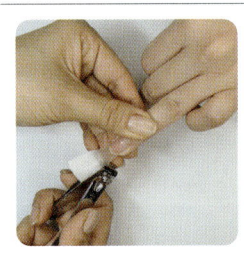
15. 실크길이 조절하기 - 클리퍼를 사용하여 0.5~1cm의 길이로 조절하여 준다.
※ 완성된 인조 네일의 길이가 너무 짧아지지 않도록 여유있게 길이를 남긴다.

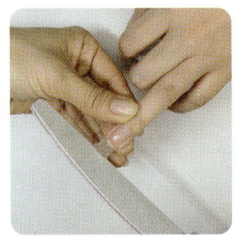
16. 쉐입 잡기 - 연장부의 쉐입이 스퀘어형으로 나올 수 있도록 파일의 각도를 90° 유지하며 파일링한다.

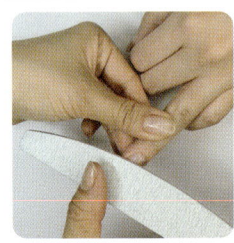
17. 표면 파일링하기 - 180그릿의 인조 네일용 파일을 사용하여 손톱 표면의 전체 굴곡이 자연스럽게 연결되도록 파일링하여 준다.
※ 실크의 조직은 얇은 섬유조직이므로 섬세한 파일링하여 준다.
※ C커브의 각도가 20~40%의 비율로 완성되도록 한다.
※ 컨벡스와 컨케이브의 두께는 0.5~1mm 동일하게 두께감을 준다.

18. 표면 샌딩하기 - 연장된 네일의 표면 굴곡을 샌딩하여 준다.

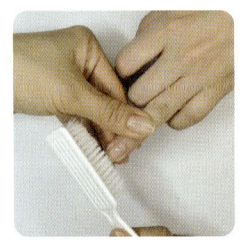
19. 먼지 제거하기 - 더스트 브러시를 이용하여 손톱 표면의 남아있는 먼지 및 이물질을 제거해준다.

20. 글루 도포하기 - 연장된 실크의 뒷면에 라이트 글루를 소량 바른다. 실크 연장 시 투명한 광택감을 얻을 수 있다.

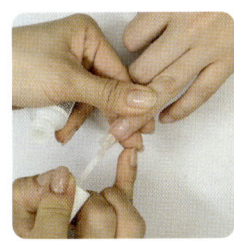
21. 젤 글루 도포하기 - 투명도와 두께감을 주기 위해 젤 글루를 손톱 표면에 골고루 도포한다.
※ 너무 많은 양의 글루를 도포하면 두께감이 커질 수 있으므로 유의한다.
※ 컨벡스와 컨케이브의 두께는 0.5~1mm 동일하게 두께감을 준다.

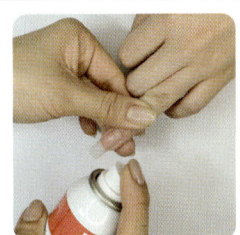
22. 글루 드라이 분사하기 - 어느 정도 두께가 완성되었다면 글루 드라이를 분사하여 조형된 네일을 고정시킨다.
※ 글루 드라이는 손톱의 표면에서 20cm 정도의 거리를 두고 사용한다. 너무 가까이에서 분사하게 되면 옐로우잉 현상이 생길 수 있으므로 주의한다. 글루 드라이 분사 시 인조 네일의 기포 발생을 줄이기 위해 짧게 끊어 분사한다.

23. 표면 샌딩하기 - 연장된 네일의 표면 굴곡을 샌딩하여 준다.

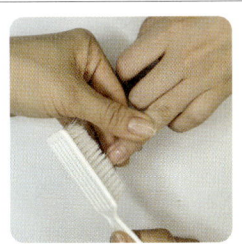
24. 먼지 제거하기 - 더스트 브러시를 이용하여 손톱 표면의 남아있는 먼지 및 이물질을 제거해준다.
※ 광택내기 전 더스트가 완벽히 제거되지 않으면 표면에 스크래치가 날 수 있으므로 완벽하게 손톱의 먼지 및 이물질을 제거하여 준다.

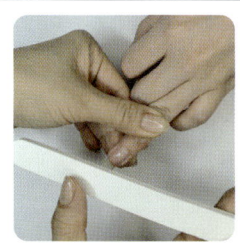
25. 광택내기 - 광택용 파일을 이용하여 광택을 낸다.

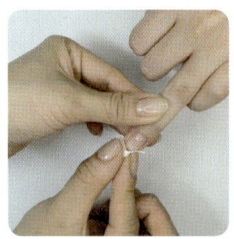
26. 마무리하기 - 큐티클 오일을 소량 바른 후 유분기를 제거하여 준다. 이때 유분기는 멸균거즈로 완벽히 제거한다.

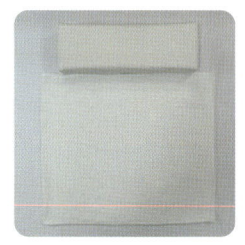
27. 작업대 마무리 - 작업 시 사용한 재료와 도구를 정리하여 준다.

네일 랩 접착 및 연장순서

 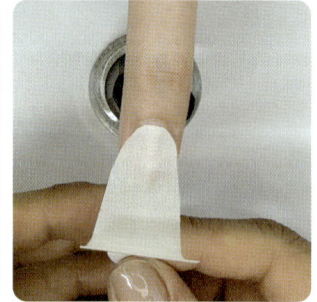

① 실크를 엄지손가락 두 마디 정도의 길이로 잘라준 뒤 양쪽 엄지로 실크의 폭을 지그시 눌러 표시한다.

② 연장할 부위 손톱 사이즈에 맞춰 아래쪽이 넓어지게 사다리꼴로 재단한다.

③ 큐티클 라인 부분에 맞춰 실크를 재단한 뒤 큐티클 라인과 1mm 정도 남기고 부착한다.

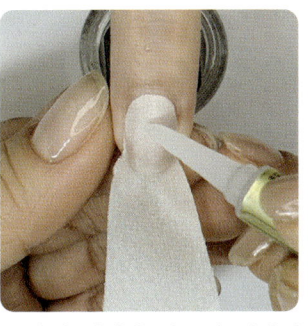 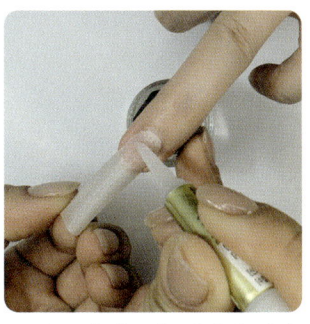 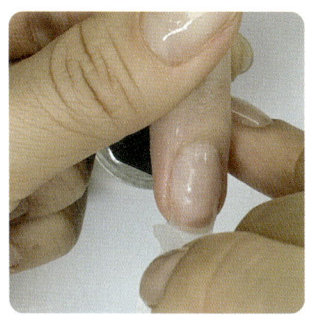

④ 자연 네일과 실크의 접착면에 소량의 글루를 도포하여 자연 네일 위 실크를 고정하여 준다.

⑤ 실크 아래쪽을 엄지와 검지로 고정하며 C 커브를 잡는다.

⑥ 손톱의 사이드월 부분 실크에도 글루를 소량 도포한다.

 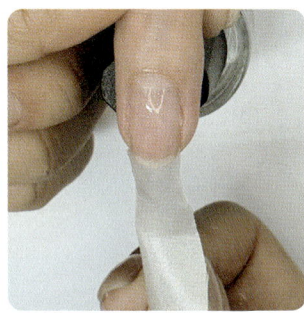 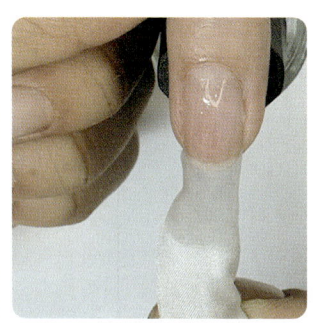

⑦ C 커브가 살짝 잡혔다면 글루 드라이를 분사한다. 손톱과 글루 드라이의 거리는 20cm 띄운다.

⑧ 실크의 좌측 모서리 부분을 잡고 연장된 실크의 손톱 안쪽으로 당기며 C 커브를 잡는다.

⑨ 실크의 우측 모서리 부분을 잡고 연장된 실크의 손톱 안쪽으로 당기며 C 커브를 잡는다.

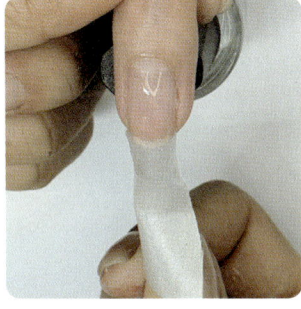 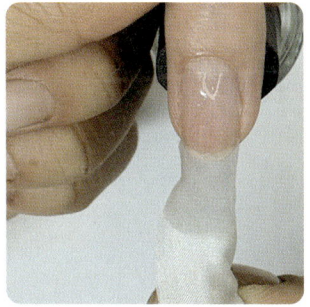 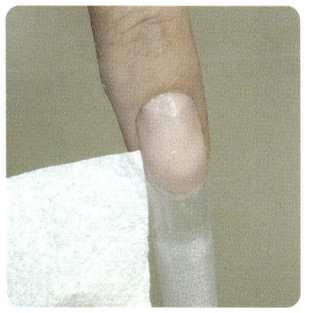

⑧ 연장된 실크의 두께를 만들기 위해 필러 파우더를 소량씩 나누어 뿌려준다.

⑨ 필러 파우더가 실크에 잘 흡수되도록 글루를 도포하여 준다.

⑩ 손톱 사이드월에 남아있는 글루를 페이퍼타월에 흡수시킨다.

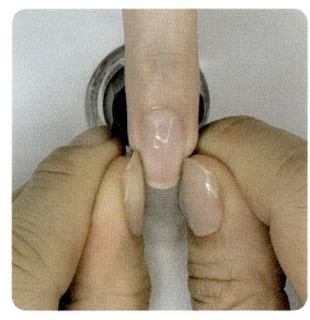
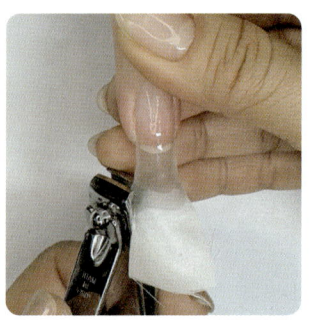
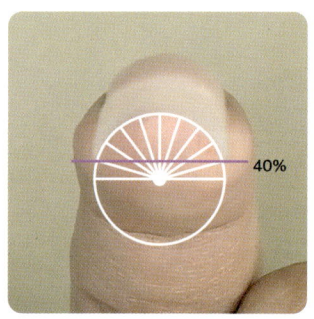

⑪ ⑧~⑩번 과정을 2~3회 정도 반복하여 준다.
⑫ 여분의 실크를 클리퍼를 사용하여 잘라준다(실크의 길이는 0.5~1cm).
⑬ C 커브의 각도가 20~40%의 비율로 완성되도록 한다.

네일 랩 익스텐션 완성사진

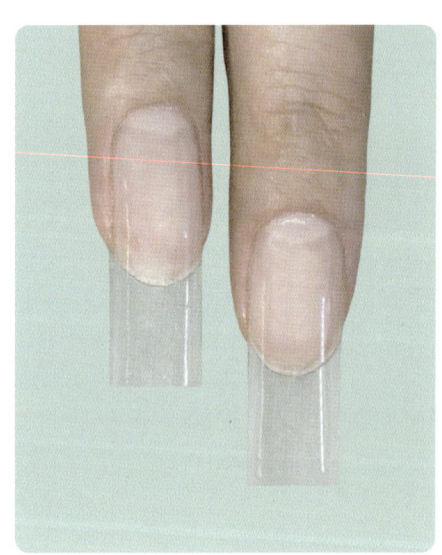
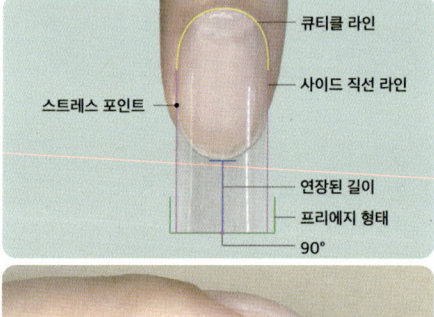
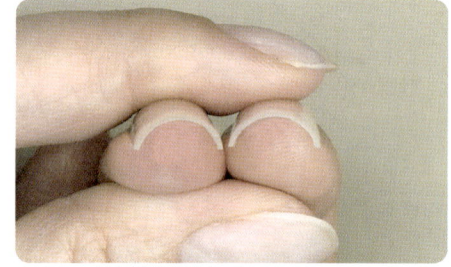

네일 랩 익스텐션 정면

네일 랩 익스텐션의 형태

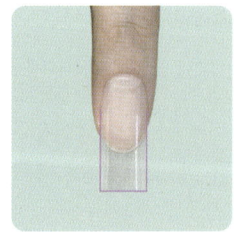
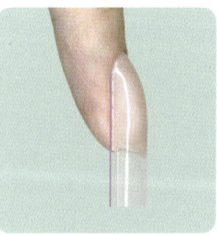
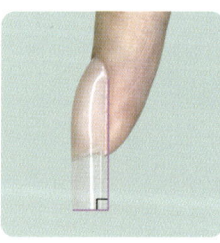
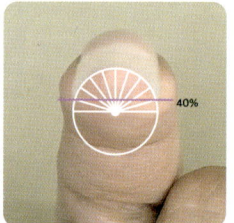

정면   오른쪽 측면   왼쪽 측면   프리에지

• Memo •

06

인조 네일 제거

Unit 1 • 인조 네일 제거

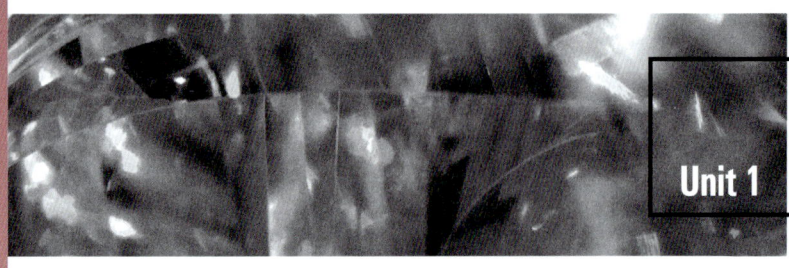

인조 네일 제거
Unit 1

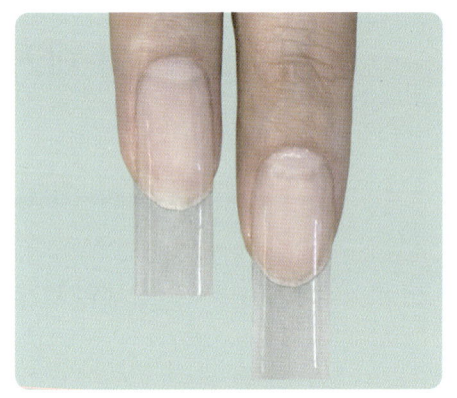

3과제의 연장사진

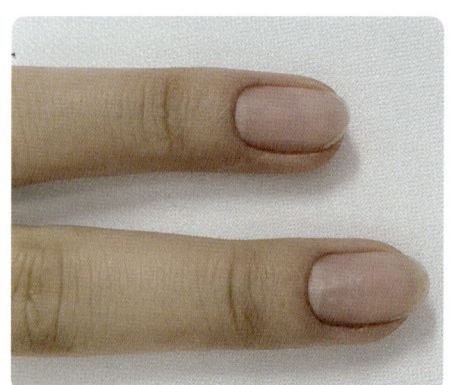

모델의 오른손

◉ 인조 네일 제거 작업대 준비

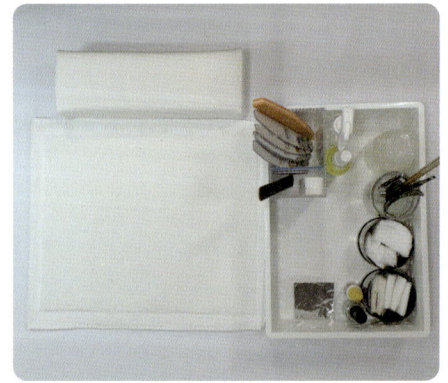

인조 네일 제거 작업대 준비

정리함 세팅

준비물 리스트

(모델 기준 참조), 위생가운, 마스크, 손목받침대(흰타월), 작업대(흰색 페이퍼타월), 재료정리함(흰 바구니), 안티셉틱(피부용, 소독용), 에탄올(기구소독용), 탈지면 용기, 멸균거즈, 탈지면(화장솜), 위생비닐, 큐티클 니퍼, 푸셔, 클리퍼, 자연 네일용 파일, 인조 네일용 파일, 디스크패드, 샌딩 파일, 오렌지 우드스틱, 지혈제, 폴리시 리무버, 큐티클 오일, 철제기구 소독용기(유리볼), 파일꽂이, 호일, 쏙오프 전용 리무버.

🌀 요구사항

※ 지참도구 및 도구를 사용하여 아래의 요구사항에 따라 인조 네일을 제거하시오.

(1) 과제를 수행하기 위해 수험자의 손 및 모델의 손과 손톱을 소독하시오.

(2) 전 과제에 조형된 인조 손톱 중 중지의 손톱을 제거하시오.

(3) 자연 손톱의 경계선을 파악한 뒤 연장된 프리에지를 안전하게 잘라내시오.

(4) 자연 손톱과 주변에 상처가 나지 않도록 유의하여 인조 손톱의 표면 두께를 적당히 갈아내시오.

(5) 아세톤을 적신 솜을 올리고 호일로 감싸듯 마감하시오(단, 피부의 보습을 위하여 큐티클 오일을 사용하여야 하며, 젤의 종류에 따라 쏙오프 과정을 생략할 수 있습니다).

(6) 일정한 시간이 흐른 후 녹은 부분을 적절히 제거하시오(단, 젤의 종류에 따라 쏙오프 시 호일마감 과정을 생략할 수 있습니다).

(7) 손톱 위 잔여물을 깨끗이 제거하시오.

(8) 자연 손톱의 프리에지 모양을 라운드 혹은 오발(oval)로 완성 후 표면을 매끄럽게 정리하시오.

(9) 마무리로 손과 주변의 먼지를 깨끗이 제거하시오.

　① 핑거볼, 네일 더스트 브러시, 멸균거즈, 큐티클 오일을 사용할 수 있습니다.

　② 네일 더스트 브러시는 멸균거즈 등으로 물기를 완전히 제거한 후 사용하시오.

수험자 유의사항

(1) 인조 손톱의 두께를 파일링으로 제거할 시 자연 손톱과 주변에 상처가 나지 않도록 유의하시오.
(2) 자연 네일 파일링 시 문지르거나 비비지 말고 한 방향으로 파일링하시오.
(3) 모델의 손과 손톱에 지저분한 큐티클 및 거스러미, 오일, 먼지나 분진 등의 잔여물이 없도록 항상 깨끗이 정리하시오.
(4) 필요시 요구사항의 4번과 5번 작업을 반복할 수 있으며, 우드스틱, 메탈 푸셔, 파일은 선택하여 중복 사용할 수 있습니다.
(5) 제거 작업 시 광택용 파일 및 전동 파일기기(전기 드릴기기)는 사용할 수 없습니다.
(6) 마무리 작업 시 핑거볼, 멸균거즈, 큐티클 오일을 사용할 수 있습니다.
(7) 큐티클 니퍼, 큐티클 푸셔, 클리퍼, 네일 더스트 브러시, 오렌지 우드스틱(푸셔용)은 알코올 소독 용기에 담가 두어야 합니다.

시험내용

손톱형태	시술	시간	배점
라운드 또는 오발(oval)	오른손 3지	15분	10점

시간분배

1	2	3	4	5	6	7	8	9	10	11	12	13	14	15
3지의 인조 네일 길이 자르기, 두께 파일링					3지의 쏙오프 리무버, 호일 감싸기					인조 네일 제거하기 (푸셔, 우드스틱)			표면 정리 및 마무리	

🏵 인조 네일 제거 작업순서

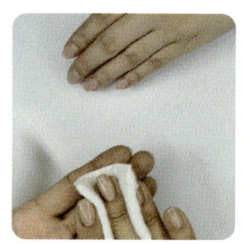

1. 시술자 손 소독하기 - 손 소독 시에는 화장솜에 소독제를 분사하여 소독하여 준다.
※ 스프레이 타입의 소독제는 호흡기에 좋지 않은 영향을 미칠 수 있다.

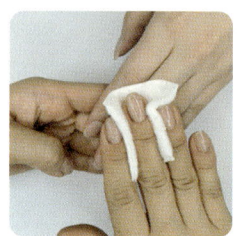

2. 모델 손 소독하기 - 손 소독 시에는 화장솜에 소독제를 분사하여 소독하여 준다.

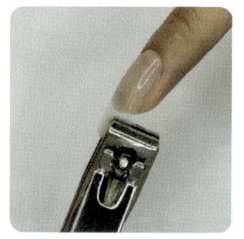

3. 인조 네일 자르기 - 연장된 인조 네일과 자연 네일의 경계 부위를 클리퍼를 사용하여 잘라낸다.

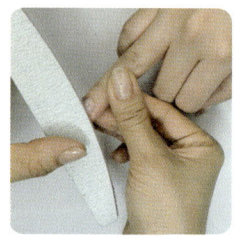

4. 표면 파일링하기 - 180그릿의 파일을 사용하여 인조 네일의 두께를 제거한다.

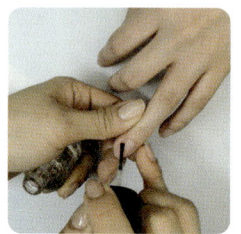

5. 큐티클 주변 오일 바르기 - 손톱 주변 피부의 보습을 위해 오일을 발라준다.

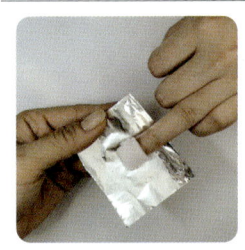

6. 쏙오프용 리무버 올리기 - 탈지면에 쏙오프용 리무버를 적셔서 손톱에 올려준다.

7. 호일로 감싸기 - 호일을 사용하여 탈지면과 손톱을 호일로 감싼 후 5분 뒤 손톱의 상태를 확인한다.

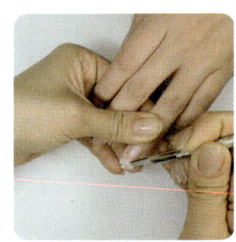

8. 손톱 위 잔여물 제거하기 - 우드스틱, 메탈 푸셔, 파일을 선택하여 손톱 위 잔여물을 자연 네일에 손상 없이 제거한다.
※ 우드스틱, 메탈 푸셔, 파일은 중복 사용할 수 있다.

9. 손톱 표면 파일링 - 손톱 표면의 잔여물을 샌딩 버퍼를 사용하여 매끄럽게 정리해준다.

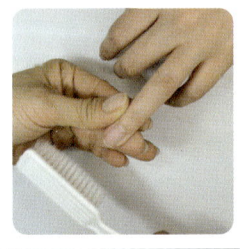

10. 손톱 주변 먼지 제거하기 - 손톱 주변에 남아있는 먼지를 더스트 브러시를 사용하여 딜이낸다.
※ 더스트 브러시를 사용할 때는 멸균거즈를 이용하여 물기를 제거한다.

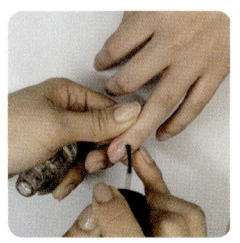
11. 큐티클 오일 바르기 - 큐티클 주변 피부에 오일을 바른다.

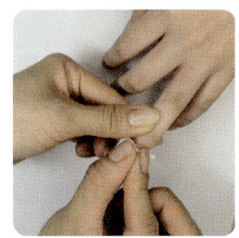
12. 유분기 제거하기 - 손톱의 유분기를 멸균거즈를 이용하여 제거한다.

13. 작업대 마무리 - 작업 시 사용한 재료와 도구를 정리하여 준다.

참고문헌

임주이(2022). 피부미용사. 구민사.

최경희, 허선영, 윤은기(2022). 미용사네일. 다락원.

한국네일협회출제위원(2014). 미용사(네일).

민방경(2022). 네일미용사. 에듀윌.

권지우, 윤상웅(2022). 네일미용사. 에듀웨이.

노지운, 염희숙, 김미정, 김은수(2015). 네일국가자격. BEAUYT LESHA.

저자약력

이선희

- 서경대학교 미용예술대학원 피부 미용학 석사
- 대덕대학교 뷰티과 겸임교수
- 전주기전대학교 메디컬스킨케어과 겸임교수
- 더나은 네일 대표
- 더나은뷰티협동조합이사장
- 대전뷰티산업 발전위원회 네일 교육 부위원장
- (사)대한네일미용사회대전광역시지회장
- (사)한국메이크업미용사회대전세종사무장
- IBQC 국제 뷰티 교육 자격인증원 네일 파트장
- ISO17024 국제표준화인증네일감독위원
- 슈가 왁싱을 이용한 발 보습 관리 저작권
- 2023. 하드 왁스를 이용한 핸디 팩 보습 관리 저작권
- 퍼스널 컬러 코디네이트 강사
- 맞춤형 왁싱 디자인 컨설턴트 교육강사

감수

임주이

- CHA의과학대학교 일반대학원 보건학(뷰티메디컬) 박사
- 건국대학교 산업대학원 미용향장학 석사
- 원광디지털대학교 한방미용예술학과 겸임교수
- 한국미용기술교육협회 회장
- 한국건강보전뷰티연구소 소장
- 아인플러스 수출입회사 대표
- 모블링코스메틱 대표
- 모블링 토탈뷰티 대표
- 모블링왁싱피부관리 대표
- 모블링왁싱 대표
- 이태리 SENSE 천연 왁스 한국지사장
- 일본 PCCS 국제퍼스널컬러뷰티컨설턴트 & 교육강사
- 컬러심리테라피스트 & 컬러테라피 교육강사
- 맞춤형 화장품 조제관리사
- 화장품책임판매관리자
- 미용색채전문가
- 안면왁싱 및 피부관리 & 근육관리 방법 특허 보유
- 고객 연령별 맞춤형 디자인 왁싱피부관리 저작권 등록
- 모블링 블랙마스크왁싱 저작권 등록
- 맞춤형왁싱 피부관리 디자인 컨설턴트 교육강사
- 맞춤형왁싱 디자인 컨설턴트 교육강사
- 국제무역사

저서)
- 이·미용인을 위한 공중보건학
- 미용색채학

2024 미용사 네일 필기+실기+무료동영상

초판 인쇄 2024년 1월 04일
초판 발행 2024년 1월 10일

지 은 이	이선희
감 수	임주이
발 행 인	조규백
발 행 처	도서출판 구민사
	(07293) 서울특별시 영등포구 문래북로 116, 604호(문래동3가 46, 트리플렉스)
전 화	(02)701-7421(~2)
팩 스	(02)3273-9642
홈 페 이 지	www.kuhminsa.co.kr
신 고 번 호	제 2012-000055호(1980년 2월 4일)
I S B N	979-11-6875-272-6 (13590)
정 가	25,000원

이 책은 구민사가 저작권자와 계약하여 발행했습니다.
본사의 서면 허락 없이는 어떠한 형태나 수단으로도 이 책의 내용을 이용할 수 없음을 알려드립니다.